“十四五”国家重点出版物出版规划项目

中国区域协调发展研究丛书

范恒山　主编

黄河流域生态保护和高质量发展

金凤君　马丽 等 

辽宁人民出版社

图书在版编目（CIP）数据

黄河流域生态保护和高质量发展 / 金凤君等著. —
沈阳：辽宁人民出版社，2023.11
（中国区域协调发展研究丛书 / 范恒山主编）
ISBN 978-7-205-10959-2

Ⅰ.①黄… Ⅱ.①金… Ⅲ.①黄河流域—生态环境
保护—关系—区域经济发展—研究 Ⅳ.①X321.22 ②F127.2

中国国家版本馆 CIP 数据核字（2023）第 218802 号

出版发行：辽宁人民出版社
地址：沈阳市和平区十一纬路 25 号 邮编：110003
电话：024-23284321（邮 购） 024-23284324（发行部）
传真：024-23284191（发行部） 024-23284304（办公室）
http://www.lnpph.com.cn
印 刷：辽宁新华印务有限公司
幅面尺寸：170mm × 240mm
印 张：23
字 数：306 千字
出版时间：2023 年 11 月第 1 版
印刷时间：2023 年 11 月第 1 次印刷
策划编辑：郭 健
责任编辑：郭 健 何雪晴
封面设计：胡小蝶
版式设计：留白文化
责任校对：吴艳杰
书 号：ISBN 978-7-205-10959-2
定 价：98.00 元

总 序

区域发展不平衡是世界许多国家尤其是大国共同面对的棘手难题，事关国家发展质量、民族繁荣富强、社会和谐安定。鉴此，各国都把促进区域协调发展作为治理国家的一项重大任务，从实际出发采取措施缩小地区发展差距、化解突出矛盾。

我国幅员辽阔、人口众多，各地区自然资源禀赋与经济社会发展条件差别之大世界上少有，区域发展不平衡是基本国情。新中国成立以来，党和国家始终把缩小地区发展差距、实现区域协调发展摆在重要位置，因应不同时期的发展环境，采取适宜而有力的战略与政策加以推动，取得了积极的成效。新中国成立初期，将统筹沿海和内地工业平衡发展作为指导方针，为内地经济加快发展从而促进区域协调发展奠定了坚实基础；中共十一届三中全会以后，实施东部沿海率先发展战略，为快速提升我国综合实力和国际竞争力提供了强劲驱动力。“九五”时期开始，全面实施区域协调发展战略，以分类指导为方针解决各大区域板块面临的突出问题，遏制了地区差距在一个时期不断拉大的势头。党的十八大以来，协调发展成为治国理政的核心理念，以区域重大战略为引领、以重大区域问题为抓手，多管齐下促进区域协调发展，区域经济布局和国土空间体系呈现崭新面貌。在新中国七十多年发展的辉煌史册中，促进区域协调发展成为最亮丽、最动人的篇章之一。围绕发挥地区比较优势、缩小城乡区域发展和收入分配差距，促进人的全面发展并最终实现全体人民共同富裕这个核心任务，中国从自身实际出发开拓进取，推出了一系列创新性举措，形成了一大批独特的成果，也积累了众多的富有价值的宝贵经验，成为大国解决区域发展不平衡问题的一个典范，为推动全人类更加公平、更可持续的发展做出了重要贡献。中国的探索，不仅造就了波澜壮阔、撼人肺腑的伟大实践，也形成了具有自身特色的区域协调发展的理论体系。

我国已经开启全面建设社会主义现代化国家的新征程。促进区域协调发展既是推进中国式现代化的重要内容，也是实现中国式现代化的重要支撑。缩小不合理的两极差距，实现区域间发展的动态平衡，有利于推动经济高质量发展，有利于增进全体人民幸福美好生活，有利于实现国家的长治久安。我国促进区域协调发展取得了长足的进步，但面临的任务依然繁重，一些积存的症疾需要进一步化解，一些新生的难题需要积极应对。我们需要认真总结以往的成功做法，适应新的形势要求，坚持目标导向和问题导向的有机统一，继续开拓创新，把促进区域协调发展推向一个新高度，努力构建优势互补、高质量发展的区域经济布局和国土空间体系。

顺应新时代推进现代化建设、促进区域协调发展的要求，中国区域协调发展研究丛书出版面世。本套丛书共10册，分别是《中国促进区域协调发展的理论与实践》《四大区域板块高质量发展》《区域发展重大战略功能平台建设》《京津冀协同发展》《长江经济带发展》《粤港澳大湾区高质量发展》《长江三角洲区域一体化发展》《黄河流域生态保护和高质量发展》《成渝地区双城经济圈建设》《高水平开放的海南自由贸易港》，既有关于区域协调发展的整体分析，又有对于重大战略实施、重点领域推进的具体研究，各具特色，又浑然一体，共同形成了一幅全景式展示中国促进区域协调发展理论、政策与操作的图画。从目前看，可以说是我国第一套较为系统全面论述促进区域协调发展的丛书。担纲撰写的均是经济、区域领域的著名或资深专家，这一定程度地保障了本丛书的权威性。

本丛书付梓面世凝聚了各方面的心血。中央财办副主任、国家发展改革委原副主任杨荫凯同志首倡丛书的撰写，并全程给予了积极有力的推动和指导；国家发展改革委地区振兴司、地区经济司、国土地区所等提供了重要的支撑保障条件，各位作者凝心聚力进行了高水平的创作，在此谨致谢忱。

期待本丛书能为加快中国式现代化建设，特别是为促进新时代区域协调发展提供有益的帮助，同时也能为从事区域经济工作的理论研究者、政策制定者和实践探索者提供良好的借鉴。让我们共同努力，各尽所能，一道开创现代化进程中区域经济发展的新辉煌。

孙久文

2023年10月

前 言

黄河是中华民族的母亲河，孕育了古老而伟大的中华文明。早在石器时代，黄河流域就形成了中国最早的新石器文明。6000多年前，黄河流域内就开始出现农事活动，是中国农耕文化的重要发源地之一。从夏朝以来的4000多年历史时期中，有3000多年黄河流域都是中国的政治、经济和文化中心。目前，黄河流域也是我国区域经济发展中的重要板块。2020年底，沿黄经济区总人口3.3亿，占全国人口的23.2%，地区生产总值19.9万亿元，占当年国内生产总值的20.0%，是我国经济发展的重要支撑区域之一。同时，作为我国重要的生态功能区域和华北地区重要的生态屏障，黄河中上游地区生态环境的质量直接关系到国家中长期生态安全和环境质量的演变趋势。

但是，黄河流域生态环境本底脆弱，关键性水土资源匹配条件差。上游的甘肃、宁夏等地，气候多干旱少雨，荒漠化问题严重；中游黄土高原地区水土侵蚀严重；下游地区人多地少，人地关系紧张。更为突出的是，黄河流域水资源相对短缺，且时空分布不均，利用难度大，山西、山东、河南、宁夏等省区的人均水资源量不足全国平均水平的1/5，水资源供需矛盾形势严峻。同时，黄河含沙多，桃花峪以下为地上悬河，宁蒙河段也有地上悬河，黄河水患的威胁始终存在。此外，黄河流域作为我国重要的能源重化工生产基地与煤炭消费基地，部分城市大气复合型污染凸显，城市水体、湖泊和内陆河水污染较重，局部地区重金属累积性风险加重，尤其在黄河中上游地区部分河段已经完全丧失生态功能，资源环境承载力已经处于严重过载状态。

2019年9月，习近平总书记在郑州主持召开黄河流域生态保护和高质量发展座谈会并发表重要讲话，强调“黄河流域生态保护和高质量发展是重大国家战略”。这是黄河流域生态保护和发展的重大战略布局，也是黄河治理史上的一个里程碑。2020年习近平总书记在中央财经第六次会议又指出，“要推进兰州—西宁城市群发展，推进黄河‘几’字弯都市圈协同发展……推动沿黄地区中心城市及城市群高质量发展。要坚持以水定地、以水定产，倒逼产业结构调整，建设现代产业体系”。2021年习近平总书记在济南主持召开深入推动黄河流域生态保护和高质量发展座谈会并发表重要讲话，强调“要科学分析当前黄河流域生态保护和高质量发展形势，把握好推动黄河流域生态保护和高质量发展的重大问题，咬定目标、脚踏实地，埋头苦干、久久为功，确保‘十四五’时期黄河流域生态保护和高质量发展取得明显成效，为黄河永远造福中华民族而不懈奋斗”。在中共中央的领导下，《黄河流域生态保护和高质量发展规划纲要》编制并发布，沿黄各省区也相继编制和发布了本省区的黄河流域生态保护和高质量发展规划纲要或实施方案，积极落实沿黄的生态保护工作。

为了科学阐释黄河流域生态保护和高质量发展在国家区域发展战略格局中的地位与重要意义，总结党的十八大以来中共中央、国务院在该地区的决策部署和总体要求，研究相关政策实践的进展和成效、典型经验和做法，科学甄别“十四五”时期黄河流域生态保护、产业和城市群高质量发展的形势和问题，探索“十四五”及今后一个时期的总体思路和重点任务，在国家发展改革委有关部门的指导下，本书作为中国区域协调发展研究丛书的重要组成部分进行编写。全书以国家《黄河流域生态保护和高质量发展规划纲要》为指导，共包括十章，在回顾新中国成立以来黄河流域发展历程的基础上，阐释了黄河流域生态保护和高质量发展的战略定位与要求，并从生态保护、节水调沙、绿色转型、城乡融合、弘扬保护、补齐民生、机制优化等角度总结和梳理已有的发展成就和问题，并结合国家规划和战略提出“十四五”及今后时期的发展思路和任务。最后，基于国内外流域的经验启示以及黄河流域的特点，提出了流域综合治理与开发的科学模式。

（一）

新中国成立以来，我国的区域发展战略经历了区域经济均衡发展战略（1949—1978年）、区域经济非均衡发展战略（1979—2000年）和区域经济协调发展战略（2000年以来）三个阶段，但黄河流域始终没有作为一个完整的独立区域成为国家统筹区域发展的重要战略板块。党的十八大以来，随着我国区域发展战略与政策不断深化完善，逐步形成了“区域总体战略＋区域重大战略”的新区域发展战略政策体系，战略重心也逐步从关注经济目标向经济、社会、环境共同目标转变，区域战略实施的空间单元也逐步由经济区向经济区域和流域单元并重的社会—生态复合区域单元转变。流域、湾区等地理单元逐步成为国家区域治理的重点。所以，黄河流域生态保护和高质量发展上升为重大国家战略，是适应新时代我国国民经济和社会发展形势、生态文明建设等时代背景的必然产物，被赋予了“大江大河治理的重要标杆、国家生态安全的重要屏障、高质量发展的重要实验区、中华文化保护传承弘扬的重要承载区”四大定位。黄河流域作为新时期我国实践新发展理念、构建新发展格局的实验田，将成为我国加快形成以国内大循环为主体、国内国际双循环相互促进的新发展格局的重要承载区，实践新发展理念的重要试验区，贯彻生态文明理念、构建区域发展新格局的新高地。

落实黄河流域生态保护和高质量发展战略，是践行我国生态文明战略、探索人与自然和谐发展的现代化道路的重要实践。党的二十大报告也提出，全面尊重自然、顺应自然、保护自然，是全面建设社会主义现代化国家的内在要求。必须牢固树立和践行绿水青山就是金山银山的理念，站在人与自然和谐共生的高度谋划发展。通过落实生态保护和高质量发展两手都要抓、两手都要硬，破解黄河流域生产力布局与生态环境安全格局间、发展规模与资源环境承载间两对尖锐矛盾，探索绿色转型发展的新模式，构建双循环的新发展格局，有助于推进我国的区域协调发展。但在实践过程中，需要处理好生态保护与绿色发展、因地制宜与分类施策、重点突破与整体提升等关系。

生态保护只有通过地区的绿色高质量发展才能实现，同时，生态保护也是黄河流域实现高质量发展的重要途径。因此，必须尊重系统性、整体性的规律和原则，坚持系统观念，用系统工程方法解决现实问题。把握好全局和局部的关系，增强上中下游、左右岸一盘棋意识，一体化保护山水林田湖草沙生态要素，在重大问题上以全局利益为重，加快建立共抓大保护的体制机制，防止因局部利益损害整体利益。同时，要把握好发展和保护的关系、当前和长远的关系、发展和安全的关系，既不能为了保护而忽视当地群众对于经济发展、改善民生的需求，也不能为了发展而牺牲环境和生态；既不能为了短期的经济利益而牺牲长远的资源和生态环境，也不能固执于全面的保护而忽视民众发展的渴望。

（二）

黄河流域生态系统复杂多样，由于地质、地貌、水文、土壤、气候和植被的特殊性，该区既是全球气候变化的敏感区，又是生态环境的脆弱区，是我国重要的生态安全屏障区，也是我国人地矛盾突出的区域。党的十八大以来，黄河流域各级政府积极推进退耕还林还草、天然林资源保护、重点防护林建设、水土流失综合治理、废弃工矿整治、湿地保护等重点生态工程建设，加大植树造林、封山育林力度，加强森林管护，强化自然保护区建设和监管，加强湿地等生态系统的保护和修复，实施江河湖泊综合整治，取得了良好的效果。黄河流域生态恶化趋势基本得到遏制，自然生态系统总体稳定向好，服务功能逐步增强，国家生态安全屏障骨架基本构筑。今后，在深入贯彻习近平生态文明思想基础上，以全面提升黄河流域生态安全屏障质量、促进生态系统良性循环和永续利用为目标，坚持山水林田湖草沙一体化保护和系统治理，因地制宜科学布局和组织实施生态环境保护和修复工程。在上游重点筑牢三江源“中华水塔”，提升甘南、若尔盖等区域水源涵养能力，在中游黄土高原积极开展小流域综合治理、旱作梯田和淤地坝建设等治理水土流失，在下游继续加强黄河三角洲湿地保护和修复，同时，全流域继续开展农业面源污染治理，沿黄城镇和工业污水处理，矿山生态修复，以着力提高生态系统自我修复能力，切实增强生态系统稳定性，显著提升生态系统功能，为维护国家生态安全、推进生态系统治理体系和治理能力现代化、加快建设美丽中国奠定坚实生态基础。

水沙关系调节是确保黄河安澜的“牛鼻子”。新中国成立以来，通过实施大规模的黄土高原水土流失治理工程，开展小流域综合治理、坡耕地综合整治、淤地坝和林草植被建设，兴建一批重要的水利枢纽工程，构建了以黄河干流骨干梯级水库和南水北调东中线工程为骨架的流域水资源配置体系，初步形成了黄河水沙调控体系，保障了流域供水安全，初步改善了黄河水沙不协调关系，有效控制了洪涝灾害。为进一步优化黄河流域水资源配置，协调水沙关系，保障黄河的长治久安，“十四五”时期及到2030年，应坚持“四水四定”，把水资源作为最大刚性约束，全面实施最严格的水资源保护利用制度，倒逼经济结构、产业和城市布局优化调整；坚持生态优先、节水优先，推动南水北调西线工程规划；做好“八七”分水方案优化调整，科学配置全流域水资源，推进水资源节约集约利用；加大农业和工业节水力度，推进灌区现代化改造，推行工业企业水循环的梯级利用，严格落实总量强度双控制度，加强非常规水资源开发利用，全面建成节水型社会；坚持“上拦下排、两岸分滞”思路处理洪水，坚持“拦、调、排、放、挖”方针综合处理泥沙，加快古贤等重点水库建设，加强黄土高原水土流失治理，优化水沙调控调度机制，构建流域综合防洪应对体系，持续实施全河生态调度，实现健康水生态和宜居水环境。

黄河流域是我国重要的区域经济板块和人口密集区，也是国家重要的能源原材料基地、粮食主产区。但是，区域产业依能依重特点突出，有超过1/2的资源型城市和老工业城市，先进制造业不发达，产业创新能力低，转型动力不足，并带来严重的生态环境问题、低质量的经济韧性以及不平衡不充分的发展格局。要实现黄河流域的高质量发展，必须以“创新、协调、绿色、开放、共享”新发展理念为指导，构建创新驱动、绿色引领、特色突出的现代产业体系。因此，为实现流域产业的绿色创新转型，需营造良好的产业创新生态氛围，提升科技创新支撑能力，促进产业链创新链融合，提升流域产业创新能力，加强创新对产业发展的支撑作用；继续做优做强特色农业，在保障国家粮食安全的基础上，建设特色农产品优势区，积极发展富民乡村产业；稳步建设国家重要能源基地，优化能源开发布局，促进煤炭石油等传统能源产业绿色化智能化发展，鼓励新能源发展，加强能源资源一体化发展，完善能源输储运设施建设；加快战略性新兴产业和先进制造业发展，打造竞争力产业集群，推动产业升级。数字化赋能，推动优势制造业绿色化转型，并积极建设沿海地区产业转移承接基地，促进新旧动能转换。

分工协作的城乡融合格局是保障区域高质量发展的重要基础。改革开放 40 多年来，黄河流域已经基本形成了以城市群为核心带动区域经济发展的格局，乡村建设和脱贫减困也取得一定成效。全流域 274 个贫困县实现摘帽。但是区域经济发展不平衡、不充分的问题依然存在。为营造良好的区域发展格局，要高质量推进城镇化和沿黄城市群建设，提升城市群的要素集聚与辐射能力，严控城市发展边界并提升城市发展效率，优化城市产业集聚区布局，协调城市群之间的分工协作；要促进乡村振兴和生态宜居美丽乡村建设，继续通过实施产业振兴、人才振兴、生态振兴、文化振兴等措施落实乡村振兴战略，建设生态宜居美丽乡村；因地制宜推动城乡融合和城城联动，统筹县城和乡村建设，优化中心城市和城市群发展格局，加强基础设施建设，促进流域性合作和跨省经济圈建设，并积极提升特殊类型地区发展能力。

黄河流域是中国重要生态屏障和经济地带，也是打赢脱贫攻坚战的重要区域，消除贫困、改善民生、逐步实现共同富裕，是高质量发展的基本要求，让黄河流域人民更好分享改革发展成果是推动黄河流域生态保护和高质量发展的出发点，是全面实现社会主义现代化的重要组成内容。社会民生体系的完善是高质量发展的基本保障。黄河流域各省区必须坚持以人民为中心的发展思想，加强普惠性、基础性、兜底性民生事业发展，提高重大公共卫生事件应对能力和医疗水平，建立全流域突发公共卫生事件应急应对机制，健全重大突发公共卫生事件医疗救治体系，强化公共卫生应急物资储备与保障体系建设；加强医疗卫生教育事业发展，改善义务教育和基层卫生服务条件，鼓励特色教育医疗学科发展、创新教育与就业培训，统筹城乡社会救助体系，增强民生保障能力；加快扶持特殊类型地区发展，以上中游民族地区、革命老区、生态脆弱地区等为重点，巩固拓展脱贫攻坚与乡村振兴有效衔接，创新巩固脱贫攻坚多元方式，继续做好东西部扶贫协作、对口支援、以工代赈等工作，精准扶持培育地区特色优势企业，完善现代化基础设施体系建设，让人民群众共建共享高质量发展成果。

为切实推进黄河流域生态保护和高质量发展战略的实施，还需要推动黄河的系统治理和全流域治理，完善流域生态保护机制，建立黄河流域治理体系、提升流域治理水平、优化国土开发布局；健全黄河流域生态产品价值实现机制、完善黄河流域横向生态保护补偿机制、健全黄河流域生态环境损害补偿制度；加大市场机制改革，优化黄河流域营商环境，活跃市场主体，加强要素市场的一体化建设。此外，要深度融入“一带一路”共建，提升对外贸易便利化水平，优化流域内部合作机制，完善重大通道与平台建设，发挥重要节点功能作用，深入推进国内国际合作，形成国内国际新发展格局；健全区域间开放合作机制，推进上游地区的生态保护修复合作、中游产业环境共治合作，深化与京津冀、长江流域的协同合作。

（三）

流域是通过水、土等自然要素交互作用过程塑造形成的相对完整且具有地域差异性的空间单元。随着可持续发展理念的日益深入，尤其是生态文明建设日益得到重视，重视经济社会与生态环境协调发展的流域将是我国区域治理的重要单元。在流域综合治理过程中，应把生态保护作为高质量发展的前提和主要组成部分，强调保护中开发以及资源环境承载力的作用，强调发挥比较优势优化生产力布局等。

流域综合治理具有综合性、复杂性、阶段性特征。党的十八大以来，习近平总书记多次发表治水重要论述，明确提出“节水优先、空间均衡、系统治理、两手发力”的治水思路，对长江经济带共抓大保护、不搞大开发，黄河流域共同抓好大保护、协同推进大治理等作出重要部署，发出了“让黄河成为造福人民的幸福河”的伟大号召。因此，新时期的流域综合治理与开发要遵循综合发展、空间均衡、系统管理、全社会参与的原则，确定流域发展为基本道路，注重流域经济发展的生态转型，强调流域生态安全建设，推进流域五大体系建设。基于流域的开发与治理是一个涉及多种自然社会要素、多种社会经济主体以及流域上中下游、左右岸不同空间单元的复杂巨系统，且随着流域系统中人地关系的演变，不同时期的治理目标也不同。因此，本书提出新时期流域的开发与治理具有多维性特征，包括多要素的综合利用、多目标的统筹调度、多时间的开发管理方向、多空间的合作联动及多主体的系统性管理。科学的流域综合开发与治理模式就是在空间和时间尺度，在多方主体参与下，实现多要素的协调与多目标的统一。

（四）

本书研究内容得到国家自然科学基金项目“黄河流域城市群与产业高质量发展的协同推进路径与模式（72050001）”的支持。全书总体结构由金凤君和马丽设计。各章节编写的分工情况如下：第一章，金凤君、孙慧娟、马丽；第二章，马丽、金凤君；第三章，宁佳；第四章，李丽娟、姜德娟；第五章，马丽、龚忠杰；第六章，孙久文，张皓；第七章，虞虎、徐琳琳、张喆；第八章，康蕾；第九章，席振鑫、马丽、金凤君；第十章，付邦宁、马丽、金凤君。全书由金凤君、马丽修改定稿。

金凤君 马丽

2023年10月

目 录

第一章
认识域情，推动流域发展进入新阶段

黄河是中华民族的母亲河，治理与开发历史久远，孕育了古老而伟大的中华文明。新中国成立以来，黄河流域治理取得了巨大成就，资源开发规模不断扩大，开发强度不断提高，经济社会发展水平不断提升，形成了快速工业化和城镇化为标志的发展格局。过去70年，黄河流域省级行政区域范围人口从1.4亿人增加到3.3亿人；经济规模从128.7亿元增加到19.96万亿元；土地、水资源、能源资源的开发规模大，强度高，在世界大江大河流域开发中是罕有的。但长期的开发累积形成了开发布局与生态安全格局、开发规模与资源环境承载间的矛盾不断加剧。在国家提出黄河流域生态保护和高质量发展战略的大背景下，科学认识其资源环境、开发历程、面临的问题和特点是非常重要的，必须协调好治理保护与开发间的关系，努力推动流域可持续发展。

第一节　区域范围与基本特点

一、自然与经济地理区域范围

（一）流域自然地理范围

黄河发源于我国青藏高原的巴颜喀拉山脉，流经青藏高原、黄土高原、内蒙古高原、华北平原，注入我国渤海，干流长度5464千米，流域面积79.5万平方千米（含内流区面积4.2万平方千米），沿途接纳流域面积1000平方千米的一级支流河流76条。流域的地域范围主要位于我国西北和华北地区，介于东经95°53′—119°05′、北纬32°10′—41°50′之间，西起巴颜喀拉山，东临渤海，北抵阴山，南达秦岭，跨越高原、盆地、平原、山区等多个地貌类型，上中下游自然环境和自然条件差异显著。干流自西向东逐级下降，落差4480米，属于落差比较大的河流。

其中，河源至内蒙古托克托县的河口镇为上游，干流长度3472千米，主要流经青藏高原和黄土高原，面积42.8万平方千米，汇入一级支流43条。河口镇到河南郑州桃花峪为中游，干流长度1206千米，绝大部分流经黄土高原，流域面积34.4万平方千米，汇入一级支流30条。桃花峪以下至入海口为下游，干流长度786千米，全部流经华北平原，河流走向和流域范围主要受人工工程的控制，流域面积2.3万平方千米，汇入一级支流3条。自然地理形态上属于上中游面积大、下游面积小且狭窄的流域。

（二）流域涉及的行政区域范围

黄河流域行政区划涉及青海、四川、甘肃、宁夏、陕西、内蒙古、山西、河南和山东9省区，土地面积359万平方千米，占全国国土面积的37.4%；2020年底总人口4.2亿，占全国29.8%，地区生产总值25.4万亿元，占全国25.0%。

以地级行政区域为单元考察，黄河流域涉及上述9省区的69个地级市行政单元（市、州、盟），土地面积217万平方千米，占全国国土面积的22.6%；2019年底总人口2.22亿，占全国15.85%；2020年地区生产总值13.41万亿元，占全国13.20%。

以县级行政区划为单元考察，黄河流域涉及上述9省区的427个县级行政单元，土地面积126.37万平方千米，占全国国土面积的13.16%；2019年底总人口1.82亿，占全国13.01%，地区生产总值9.55万亿元，占全国9.63%。其中整个县域都属于黄河流域的县有334个，土地面积71.55万平方千米，占全国国土面积的7.45%，占黄河流域面积的81.4%；2019年底总人口1.43亿，占全国10.24%，地区生产总值7.73万亿元，占全国7.80%。

《黄河流域生态保护和高质量发展规划纲要》（简称《规划纲要》）中确定的区域范围为9省区与黄河流域涉及的县级单元，土地面积130万平方千米。但明确提出为保持重要生态系统的完整性、资源配置的合理性、文化保护传承弘扬的关联性，在谋划实施生态、经济、文化等领域举措时，根据实际情况可延伸兼顾联系紧密的区域。已经出台的山东省、宁夏回族自治区等省区黄河流域实施规划，均将全部辖区纳入。

（三）流域的经济地理范围

依据黄河流域的自然地理范围和各层级行政区划的范围，遵循生态系统的完整性、资源配置的合理性、文化保护传承弘扬的关联性等原则，考虑数据分析、研究的科学性和可行性，兼顾长江、东北振兴等国家区域战略覆盖的区域范围，黄河流域的经济地理范围应涵盖青海、甘肃、宁夏、山西、陕西、河南、山东的全域，内蒙古的呼和浩特、包头、乌海、乌兰察布、巴彦淖尔、鄂尔多斯和阿拉善7盟市，涉及面积243万平方千米；资源环境分析部分以县级行政单元划定的区域范围为基础（表1–1–1）。青海省经济社会发展的主体区域在黄河流域，故从区域发展角度应归属黄河流域，三江源等地保护可兼顾长江流域。甘肃、宁夏、陕西和山西经济的主体在黄河流域，考虑其区域政策的统一性，全省区应全部纳入，陕南地区兼顾长江流域的政策。下游的河南和山东，虽然黄河流域占的比重不大，但水资源利用、防洪、生态保护等主要受黄河的影响，且经济上是黄河流域的龙头，故将其全省纳入分析。内蒙古地理范围比较大，考虑其与黄河流域的关系，经济地理范围包括呼和浩特、包头、鄂尔多斯、乌海、巴彦淖尔、乌兰察布6市和阿拉善盟。四川绝大部分在长江流域，黄河流域涉及的区域较小，且经济的主体也在长江流域，所以，从经济地理分析上不涉及四川部分。

表 1-1-1　黄河流域研究范围基本情况

省区	区域面积（万平方千米）	流域自然地理范围			流域经济地理范围		
		面积（万平方千米）	占流域（%）	占省区（%）	面积（万平方千米）	人口（万人）	地区生产总值（万亿）
青海	72.23	15.22	19.14	21.07	72.23	592	0.30
甘肃	42.58	14.32	18.01	33.63	42.58	2502	0.90
宁夏	6.64	5.14	6.47	77.41	6.64	720	0.39
陕西	20.58	13.33	16.77	64.77	20.58	3953	2.62
内蒙古	118.3	15.1	18.99	12.76	52.6	1237	1.17
山西	15.67	9.71	12.21	61.97	15.67	3492	1.77
河南	16.7	3.62	4.55	21.68	16.7	9937	7.31
山东	15.79	1.36	1.71	8.61	15.79	10153	5.50
合计	308.49	77.8	97.85	25.22	242.79	32586	19.96

注：根据《黄河年鉴》《中国人口普查年鉴》和《中国统计年鉴》整理；四川面积 1.7 万平方千米，未计入；人口与地区生产总值为 2020 年数据。

二、区域基本特点

（一）自然区位与国土位置

黄河流域位于我国国土版图的北中部，流域南界与长江流域和淮河流域相邻，北界与西北内流河流域和海河流域相接；中下游流域与海河和淮河有着千丝万缕的联系。区域气候整体属于大陆性气候，位于温带和暖温带。山东和河南部分多属于半湿润季风气候，中上游地区多属于干旱半干旱大陆性气候。

在我国21世纪国土开发和区域发展战略框架中，黄河流域处于“联系南北方、统筹东中西”的战略区位。在全国区域总体发展战略（“四大板块”战略）中，黄河流域各省区分别被纳入到西部大开发、中部崛起、东部率先发展战略中（表1-1-2）；黄河流域是“一带一路”倡议的核心承载区，随着这一倡议的不断深入推进，流域的核心区区位不断强化；黄河流域生态保护和高质量发展战略的提出，则使其战略区位得到进一步强化。

从经济地理区位看，虽然京津冀、长三角、珠三角等发达区域不位于本流域内，但黄河流域与这些区域毗邻，或联系方便，相对区位具有一定的优势。中下游的河南、山东的经济地理区位相对优越，山西、陕西次之，其他省区经济地理区位优势不显著。从双循环发展格局的视角看，黄河流域的区位优势也不显著，但内部差异明显，呈东西递减的特色。

表1-1-2　国家重大区域战略中黄河流域各省区的地位

<table>
<tr><th colspan="2" rowspan="2">重大战略</th><th colspan="4">区域总体战略</th></tr>
<tr><th>东北</th><th>中部</th><th>东部</th><th>西部</th></tr>
<tr><td colspan="2">京津冀
协同发展</td><td>邻近：辽</td><td>邻近：晋、豫</td><td>京、津、冀
邻近：鲁</td><td>邻近：内蒙古</td></tr>
<tr><td colspan="2">长江经济带</td><td></td><td>鄂、湘、赣、皖</td><td>苏、浙、沪</td><td>川、渝、滇、黔</td></tr>
<tr><td colspan="2">黄河
保护与发展</td><td></td><td>晋、豫</td><td>鲁</td><td>陕、甘、宁、青、川、内蒙古</td></tr>
<tr><td rowspan="2">“一带一路”</td><td>丝绸之路</td><td>黑、辽、吉</td><td>豫、晋</td><td>苏、鲁</td><td>陕、甘、青、宁、新、渝、川、滇、桂、藏、内蒙古</td></tr>
<tr><td>海上丝绸
之路</td><td>辽</td><td></td><td>浙、闽、粤、沪、琼
联动：辽、津、鲁</td><td>桂</td></tr>
</table>

（二）资源环境特点

（1）生态环境脆弱。黄河流域受其所处区域的地势、地貌、气候、经纬度、海陆关系等自然环境条件影响，生态环境本底脆弱。干旱半干旱区占流域面积的2/3左右，在8省区（除四川省）上述面积占86%。生态脆弱区分布广、类型多。流域内高原生态系统、干旱与半干旱地区的草原或农业系统，脆弱性突出，支撑经济社会发展的能力有限；即使沿黄的河谷盆地、平原与三角洲地区也存在旱涝、水资源短缺引起的突出生态环境问题。上游的高原冰川、草原草甸和三江源、祁连山，中游的黄土高原，下游的黄河三角洲等，都极易发生退化，恢复难度极大且过程缓慢。与我国长江、珠江、黑龙江、淮河、辽河、海河等流域比较，黄河流域是生态环境最脆弱的流域。

（2）自然资源丰富。与世界各地的大江大河流域比较，黄河流域属于资源丰富、开发历史长、农业文明特色突出的流域。尤其是中上游地区，能源资源富集，煤炭、石油、天然气、风能、光伏能都有分布，种类齐全，蕴藏量大，是世界上罕有的多种类能源资源富集区，且区位上紧邻消费区。流域内光热土地资源丰富，具备发展农业的有利条件。尤其是下游的华北平原、中上游的河套地区和汾渭河谷，水土光热组合优良，是农业发展的优势区域，农业文明历史较长。除此之外，黄河流域的有色矿产资源和牧业资源也非常丰富。

（3）与水相关的生态环境治理是流域可持续发展的核心问题。一是洪水风险。尤其是下游区域，南达江淮、北抵天津的25万平方千米的广大区域长期受黄河洪水风险威胁，历史上的黄河决溢都曾对这些区域造成严重灾难。下游“地上悬河”长达800千米，形势严峻，滩区防洪运行和经济发展矛盾长期存在。由于全球气候变化，处于季风气候区的黄河流域，发生极端天气和气候事件的概率增大，防范风险的难度增大。另一方面，经过新中国成立后的建设与发展，黄河流域的人口、城镇、产业和基础设施等形成了巨大规模，分布范围广泛，保护居民和财富不受洪水等灾害威胁，压力巨大。二是水资源短缺，总量有限和人均占有量偏低。流域水资源总量647亿立方米，仅占全国2%，不到长江的7%，人均占有量仅为全国平均水平的27%，水资源短缺明显。三是水土流失问题仍然突出。流域内的黄土高原地区是水土流失最严重的区域。虽然经过长期治理，黄河流域的水土流失治理取得了显著成效，水沙关系得到显著改善，但仍是影响黄河安全的关键因素。四是流域水环境问题突出。工业污染和农业面源污染比较突出。

（4）资源环境负载比较重。有限的资源环境基础承载着巨大的人口规模和快速扩大的经济社会活动规模是黄河流域的基本状态。黄河流域属于世界上人口和经济规模比较大、开发历史长、开发强度大的流域，形成了流域资源环境高负载的特征（表 1–1–3），人类活动对资源环境的胁迫作用显著。由于流域具备适宜农业文明发展的自然环境和支撑工业化发展需要的关键资源，且优势突出，导致黄河流域长期处于高强度的开发过程中，尤其是农业开发具有悠久的历史；土地、水、能源、部分金属与非金属资源开发时间长，强度大，不断积累形成了流域资源环境高负载的状态。无论是农牧业区域，还是能源等矿产资源开发的城市，其资源环境一定程度上都呈现高负载的状态。

表 1–1–3　世界典型河流流域概况与人口

河名	长度（千米）	流域面积（万平方千米）	水资源（亿立方米）	流域内人口（亿人）
尼罗河	6671	287.5	770	2.5
亚马孙河	6480	705	66000	0.15
长江	6397	180	9856	6.06
密西西比河	6262	322	9992	0.75
黄河	5464	79.5	647	2.6
刚果河	4640	368	13024	1.0
伏尔加河	3690	136	2523	0.62
多瑙河	2850	81.6	2028	0.8
恒河	2700	90.5	5487	7.0
莱茵河	1320	22.4	788	0.54

资料来源：根据中国地图出版社《世界地图集》等资料整理。

（5）人类活动对流域生态系统的影响比较大。以河流为纽带的流域自然生态系统，受人类活动的长期影响，且人类的主导作用不断加强，形成了自然—人类复合生态系统。尤其是中下游区域的生态系统和生态格局，是人类活动与自然交互作用的结果，人类活动的主导作用较世界上的大江大河强烈。

（三）社会发展特点

（1）华夏文明发展的重要区域，具有丰富多彩的地域文化。早在上古时期，黄河流域就是华夏先民繁衍生息的重要家园。中华文明上下五千年，在长达 3000 多年的时间里，黄河流域一直是全国政治、经济和文化中心，以黄河流域为代表的我国古代发展水平长期领先于世界。我国历史上民族大融合大多发生在黄河流域，体现了显著的多民族集聚融合特征；中上游区域是我国农耕文明和草原文明交融的关键区域。黄河流域历史文化底蕴丰厚，孕育了河湟文化、关中文化、河洛文化、齐鲁文化等特色鲜明的地域文化，历史文化遗产星罗棋布，现代文化灿烂辉煌。九曲黄河奔流入海，以百折不挠的磅礴气势塑造了中华民族自强不息的伟大品格，成为民族精神的重要象征。

（2）区域发展差距比较大。无论是流域间比较还是流域内比较，区域间、城市间和城乡间发展差距均比较大。相对贫困地区集中是黄河流域社会发展的突出问题，发展压力比较大。城市化水平快速发展，但城市化发展质量与先进地区存在明显的差距。公共服务、基础设施等历史欠账较多。医疗卫生设施不足，重要商品和物资储备规模、品种、布局急需完善，保障市场供应和调控市场价格能力偏弱，城乡居民收入水平低于全国平均水平。

（3）劳动力资源较丰富。黄河流域是我国劳动力资源比较丰富的区域，有 1.5 亿以上的就业人口，是经济发展的重要社会资源。但从发展的人才与劳动力素质看，较其他地区存在一定差距。

（四）经济发展特点

（1）经济发展水平。2020 年流域地区生产总值 20 万亿元，占全国的 20%，已经具备较好的经济基础。其中第一产业生产总值 1.7 万亿元，占全国的 21.5%；第二产业生产总值 8.1 万亿元，占全国的 21.2%；第三产业生产总值 10.2 万亿元，占全国的 19.1%。一二三产业比重为 8.5∶40.5∶51.0（全国为 7.7∶37.8∶54.5）。人均地区生产总值 6.1 万元，相当于全国平均水平的 84%。

（2）以自然资源开发为导向的经济发展特色明显。与农业相关的水土光热等资源开发与利用历史长、强度大、深度深、范围广，农业经济特色突出，形成了具有全国意义的农业主产基地和牧业基地。能源等矿产资源在促进流域经济增长和经济体系形成中，发挥了举足轻重的作用，是我国重要的能源、化工、原材料和基础工业基地。

（3）经济分布不平衡。下游山东和河南两省经济总量达 12.8 万亿元，占整个流域的 64%。人均经济总量方面只有山东一省与全国平均水平持平，其余均低于全国平均水平，甘肃省的人均水平只有全国平均水平的 50%。中心城市和城市群建设较快，经济增长显著，但带动力、影响力和竞争力均有限。

三、黄河流域在全国发展中的历史地位

（一）全国生态与国土安全的核心区

由于所处的地理位置非常重要，以及自然环境的特殊性，黄河流域是我国生态安全的重要屏障，其生态系统的稳定性直接影响着国家的发展安全。纵观黄河流域在我国历史发展中的作用，可以发现，其河道和流域生态稳定时期都是我国历史上繁荣稳定、疆域面积比较大、大一统的时代。黄河洪水泛滥、生态遭到破坏的时期，也是我国经济社会动荡、国土安全不稳定或遭受破坏的时期。所以，流域生态安全稳定始终是国土安全和社会稳定的基础。新中国成立以来，黄河的治理与开发利用，既保障了黄河流域的安澜，也为我国全国范围的发展提供了坚实的基础，保障了我国经济社会发展和区域战略实施的稳定性和连续性。尤其是中下游洪水灾害风险得到有效控制，为黄淮海地区的社会和经济发展提供了长久稳定的基础。

（二）国家粮食安全的主要保障区

纵向比较全国各地在全国经济社会发展中的作用，可以发现，黄河流域作为全国农业基地的地位始终没有改变，一直发挥着国家粮食安全保障区的

作用。新中国成立以来，黄河流域粮食产量始终占全国粮食产量的 1/4 左右（2020 年产量达 2.03 亿吨，占全国的 30%）。华北平原、汾渭谷地、河套地区、河西走廊始终是我国的农业基地，地位越来越重要。从结构上看，黄河流域是我国小麦的主产区，是我国居民主粮的主要提供区。河南和山东是我国重要的粮食产区，产量合计占全国产量的比重近 20%。

（三）国家能源安全的关键支撑区

纵观黄河流域在我国工业化发展进程中的作用，最重要的是提供了丰富的能源和基础原材料，尤其是能源供应的比重不断提高，是国家能源安全的关键支撑区。目前，黄河流域提供了全国 3/4 的煤炭产量，37% 的火力发电量，32.5% 的原油，37% 的天然气，是名副其实的综合能源保障基地（表 1–1–4）。除此之外，基础原材料的地位也非常重要。如 10 种有色金属的产量，黄河流域占比超过 50%。

表 1–1–4　黄河流域部分行业工业总产值占全国该部门产值比重（%）

工业部门	1990	2000	2005	2010	2015	2020
煤炭开采和洗选业	46.48	54.70	65.00	61.71	65.38	78.34
石油和天然气开采业	27.75	28.18	30.95	32.02	41.61	31.86
黑色金属矿采选业	14.17	17.31	24.18	19.62	21.20	19.20
有色金属矿采选业		53.55	58.93	55.31	61.87	35.90
石油加工、炼焦及核燃料加工业	21.57	20.14	27.04	31.65	37.29	39.07
黑色金属冶炼及压延加工业	14.97	17.43	22.08	19.81	22.43	24.40
有色金属冶炼及压延加工业		28.80	30.41	32.97	37.78	35.39

注：1991 年《中国工业经济统计年鉴》中未统计有色金属矿采选业和有色金属冶炼及压延加工业产值。

第二节　区域发展历程与特点

一、黄河流域治理与开发功能的变化

（一）从相关区域发展战略的组成部分上升为重大国家战略

新中国成立以来，我国的区域发展战略经历了区域经济均衡发展战略（1949—1978 年）、区域经济非均衡发展战略（1979—2000 年）和区域经济协调发展战略（2000 年以来）三个阶段。尤其是在“十五”至“十四五”期间，我国区域经济协调发展战略内容不断完善，逐渐形成了区域总体战略与重点区域战略相互促进、区域发展格局逐渐优化的局面。黄河流域在我国区域发展战略中的地位也不断提升，逐步上升为国家战略。

在 20 世纪 60 年代和 70 年代，黄河流域内部各区域均曾被纳入国家的相关区域战略中，如陕西汉中等地曾作为“三线”建设的重点城市；20 世纪 80 年代和 90 年代的“三大地带”区域发展战略中，黄河流域下游的山东被归入东部沿海地带，中游的河南和山西归入中部地带，中上游的陕西、内蒙古、宁夏、甘肃、青海归入西部地带，落实相应的战略政策。进入 21 世纪后，在“四大板块”区域总体战略中，黄河流域各省区依据地理区位，中上游 5 省区被纳入西部大开发战略，河南和山西被纳入中部崛起战略，山东被纳入东部率先发展战略，落实相应的区域政策。可以看出，党的十八大以前的国家区域发展战略中，黄河流域始终没有作为一个完整独立的战略区域，成为国家统筹协调区域发展的重要战略板块。

党的十八大以来，我国区域发展战略与政策不断深化完善，逐步形成了“区域总体战略 + 区域重大战略”的新区域发展战略政策体系，战略重心也逐步从关注经济目标逐渐向经济、社会、环境共同目标转变，区域战略实施的空间单元也逐步由经济区向经济区域和流域单元并重的空间单元等社会—

生态复合区域单元转变。流域开发与保护得到重视，长江经济带、黄河流域生态保护和高质量发展等重大国家战略就是在这一大背景下提出的。所以，黄河流域生态保护和高质量发展上升为重大国家战略，是适应新时代我国国民经济和社会发展形势、生态文明建设等时代背景的必然产物，其被赋予的“大江大河治理的重要标杆、国家生态安全的重要屏障、高质量发展的重要实验区、中华文化保护传承弘扬的重要承载区”四大定位，是未来流域高质量发展的重要方向。毋庸置疑，黄河流域将与“一带一路”倡议、京津冀协同发展、长江经济带建设、长三角一体化发展、粤港澳大湾区建设、成渝双城经济圈建设等区域重大战略一起，推动我国经济社会高质量发展和人与自然和谐发展。

（二）从关注单一方面的治理转向全面系统治理

新中国成立后，中共中央、国务院始终将黄河治理作为治国兴邦的大事，放到极其重要的战略高度给予关注。21 世纪前，治理手段上“重”在水患防治、“要”在水利开发是黄河治理的普遍认知，尤其强调从被动防治的视角关注黄河的水沙调控、防洪减淤、水土流失、水资源配置和水生态保护等。如 1955 年 7 月，全国人大一届二次会议审议通过的《关于根治黄河水害和开发黄河水利的综合规划的决议》，提出了治黄河水害和开发黄河水利，建设水库和水电站，开展黄河中游地区的水土保持等一系列举措；20 世纪下半叶实施的一系列重大工程，均以单方面防范或局部区域治理为重点。党的十八大以来，随着“节水优先、空间均衡、系统治理、两手发力”的治水思路确立，黄河治理开始强调立足于全流域和生态系统的整体性，共同抓好大保护，协同推进大治理，实现了治黄思路从被动到主动的历史性转变，并且强调三个统筹：统筹谋划上中下游、干流支流、左右两岸的开发、保护和治理，统筹推进堤防建设、河道整治、滩区治理、生态修复等重大工程，统筹水资源分配利用与产业布局、城市建设。

（三）从资源开发基地定位转向高质量发展的重要实验区定位

黄河流域拥有丰富的自然资源，尤其体现在能源和农牧业方面。鄂尔多斯盆地是我国最重要的能源富集区，所蕴藏的能源资源约占全国的35%，能源调出量常年占全国的一半左右；黄淮海平原、汾渭平原、河套平原粮食和肉类产量约占全国1/3。《全国矿产资源规划（2016—2020年）》中确立的14个煤炭基地中，9个基地全部或部分位于黄河流域。虽然对黄河流域资源的开发利用与生态修复一直是我国相关规划的重点内容，但党的十八大以前，资源开发基地的战略定位非常突出。如20世纪实施的三大地带战略中能源开发与农业发展是黄河流域各省区的重要发展职能；21世纪初国务院批准的《全国主体功能区规划》《全国矿产资源规划》等，同样给予了黄河中上游油气、煤炭、黑色、有色资源等的勘查和开发、能源基地建设的战略定位。党的十八大以来，以资源合理开发与生态保护相结合的思路逐步成为流域发展的新定位。如《全国土地整治规划（2011—2015年）》将黄土高原作为农用地整治重点区域，提出加强森林、草原等天然植被保护与恢复；《全国国土规划纲要（2016—2030年）》将黄河龙门至三门峡流域西段划为环境质量维护区，将秦巴山区、黄河三角洲等地区划为生物多样性保护区，充分体现了资源开发利用与生态修复相结合的发展思路。《黄河流域生态保护和高质量发展规划纲要》中也突出强调了统筹流域资源开发与保护，着力促进全流域高质量发展的方向。

（四）强调以生态保护推动高质量发展为主线

以生态保护推动高质量发展是黄河流域未来的发展主线。黄河战略中特别强调了该主线和战略定位。随着我国社会主要矛盾转化为人民日益增长的美好生活需要和不平衡不充分的发展之间的矛盾，良好的生态环境已经成为建设高品质美好生活的重要组成部分和推动高质量发展的生产要素之一。水少、沙多的自然禀赋，广泛分布的生态脆弱区以及倚能倚重的产业体系决定了黄河流域的高质量发展需要以生态保护为抓手，践行绿水青山就是金山银山理念，加强区域联防联控和重大生态工程协同，统筹推进水资源分配利用与产业布局、城市建设，变被动为主动、变约束为机遇、变倒逼为动力，积极防范和化解生态安全风险，推动流域经济社会发展向绿色低碳转型，促进全流域的高质量发展。

二、流域的综合治理与水利资源开发

（一）流域综合治理与安澜

治理与利用黄河是治国兴邦的大事，历朝历代都设置专门的机构和官员负责治理黄河，防范水害。从大禹治水到潘季驯“束水攻沙”，从汉武帝时期“瓠子堵口”到清康熙帝时期把“河务、漕运”刻在宫廷的柱子上，中华民族始终在同黄河水旱灾害作斗争。先民们治理与利用黄河的历史进程中，积累了丰富的治河实践经验。下游的堤防修建、引黄灌溉和开凿运河，都处于世界大江大河治理与利用的前列。新中国成立前，黄河流域的治理与利用主要集中在防洪、灌溉和漕运等方面。

新中国成立后，治黄工作始终坚持全面规划、统筹安排、标本兼治、除害兴利的指导思想，全面系统地开展流域的治理开发，保证了黄河流域的长久安澜，也为世界大河治理与保护提供了成功范例。历届领导人和政府都十分关心治黄事业，主导了一系列重大决策和工程的实施。1950 年 1 月 25 日，中央人民政府决定成立黄河水利委员会作为流域性机构，直属水利部领导，统一领导和管理黄河的治理与开发，并在地方设立河务部门，既是地方政府的职能部门，又是黄河水利委员会的直属部门。这种条块结合的体制，对保障黄河防洪安全起到了很好的作用。1955 年制定了黄河流域规划，并于第一届全国人民代表大会第二次会议上审议通过了《关于根治黄河水害和开发黄河水利的综合规划的决议》。从此，开启了规划指导、全流域治理与开发、突出综合利用、水沙调控为核心的黄河综合治理与利用新纪元。20 世纪 80 年代的黄河治理开发规划修订、90 年代的《黄河治理开发规划纲要》与《黄土高原水土保持专项治理规划》、21 世纪的系列流域综合规划，与时俱进地指导了黄河流域的治理与开发。党的十八大以来，黄河战略的提出和黄河流域规划纲要的出台，更是将流域生态保护和高质量发展提高到国家战略层面，强化水患治理、科学保护与开发是时代使命和主题。

经过 70 多年的治理与利用，黄河流域发生了天翻地覆的变化。一是流域防洪工程的建设，确保了黄河岁岁安澜，创造了伏秋大汛70年不决口的历史奇迹。二是通过泥沙源头治理等措施，遏制了“悬河”淤积抬升步伐。黄土高原累计治理面积20多万平方千米，平均每年减少入黄泥沙近3亿吨。通过调水调沙，打破了“河淤堤高”“人沙赛跑”的恶性循环。三是初步控制了水质恶化趋势。强化了纳污红线控制，初步建立了涵盖入河排污、饮用水水源地监管等内容的监督管理体系，积极探索建立流域联合治污机制，妥善处置重大水污染事件，在涉河经济活动强度不断加大的情况下，初步控制了水质恶化趋势。全面推进依法治河管河，保障了和谐稳定的水事秩序。四是开创了开发与保护并重的新局面，黄河健康状况明显改善，河口三角洲再现草丰水美、鸟鸣鱼跃的动人景象。

（二）工程建设

系统的工程建设实现了黄河化害为利、造福人民的目标。到目前为止，流域内建成19000多座蓄水供水工程，有效调节了水资源的时空分布。黄河流域及下游引黄灌溉面积发展到新中国成立初期的10倍，成为国家重要的粮棉生产基地。黄河还为60多座大中城市、340个县（市、旗），以及晋陕宁蒙地区能源基地、中原和胜利油田等提供了水源保障。引黄济青、引黄入冀缓解了青岛市、天津市和河北省部分地区缺水的燃眉之急。龙羊峡、李家峡、刘家峡、万家寨、小浪底等一座座水电站相继建成，为经济社会发展提供了源源不断的清洁能源（表1–2–1、表1–2–2）。

表1–2–1 黄河干流主要水利工程

名称	建成时间	地点	功能	规模
三门峡水利枢纽	1961年	河南省三门峡市	防洪、发电	控制流域面积68.84万平方千米，装机42万千瓦
三盛公水利枢纽	1961年	内蒙古磴口县	灌溉、防洪、发电、防凌、供水	灌溉面积940多万亩（1亩=0.0667公顷）
盐锅峡水电站	1961—1975年	甘肃省永靖县	发电	50.96万千瓦

续表

名称	建成时间	地点	功能	规模
八盘峡水电站	1975 年	甘肃省兰州市西固区	发电	22 万千瓦
青铜峡水电站	1978 年	宁夏青铜峡市	发电	32.7 万千瓦
刘家峡水电站	1974 年	甘肃省永靖县	发电、防洪、灌溉	166 万千瓦
龙羊峡水电站	1989 年	青海省共和县与贵南县交界处	发电	128 万千瓦
李家峡水电站	1999 年	青海省尖扎县和化隆县交界处	发电	200 万千瓦
万家寨水利枢纽	2000 年	山西省偏关县与内蒙古准格尔旗交界处	供水、发电	装机 108 万千瓦 供水 15 亿立方米
小浪底水利枢纽	2001 年	河南省孟津县与济源市之间	减淤、防洪、防凌、供水、灌溉、发电	控制流域面积 69.4 万平方千米，装机 180 万千瓦
公伯峡水电站	2004 年	青海省化隆县与循化县交界处	发电	150 万千瓦
拉瓦西水电站	2009 年	青海省贵德县	发电	420 万千瓦
积石峡水电站	2010 年	青海省循化县	发电	102 万千瓦
班多水电站	2011 年	青海省兴海县与同德县交界处	发电	总装机容量 36 万千瓦
引黄济青工程	1989 年	横跨胶东半岛，途经滨州、东营、潍坊、青岛 4 个市（地）和 10 个县（市）	供水	全长 290 千米，建成通水 30 年来累计引水 94.09 亿立方米
引黄济冀	引黄入卫工程: 1994 年 引黄入冀补淀工程: 2017 年	引黄入卫工程：从山东省聊城地区位山引黄灌区引黄河水至河北省东南部平原； 引黄入冀补淀工程：自河南省濮阳县渠村引黄河水，入河北省白洋淀	供水、灌溉	引黄入卫工程：总干渠全长 182 千米； 引黄入冀补淀工程：线路总长 482 千米，年平均引黄水量 9 亿立方米

资料来源：根据《黄河年鉴》等资料整理。

表 1-2-2　黄河流域重要灌区

名称	建成时间	地点	功能	规模
内蒙古黄河灌区	河套灌区始于秦汉	西起乌兰布和沙漠东缘，东至呼和浩特市东郊，北界狼山、乌拉山、大青山，南倚鄂尔多斯台地，包括河套、土默川、黄河南岸灌区	农业灌溉	土地总面积 2891 万亩，耕地 1878 万亩，灌溉面积 936 万亩
宁夏引黄灌区	始于秦汉，20 世纪五六十年代整修、改造、扩建	黄河上游下河沿—石嘴山两水文站之间	农业灌溉、节水灌水	我国四大古老灌区之一，总面积 6573 平方千米，灌溉面积 828 万亩
汾河灌区	最早在明代出现直接引汾灌溉的渠道	山西省中部太原盆地	农业灌溉、公益事业供水	控制土地面积 205.55 万亩，设计灌溉面积 149.55 万亩
引沁灌区	1969 年	河南省西北部，涉及济源市、孟州市和洛阳市吉利区 15 个乡镇	农业、工业、生态、养殖供水和水力发电	规划灌溉面积 54 万亩，设计灌溉面积 40.03 万亩
河南引黄灌区	1952 年	河南省，涉及三门峡、洛阳、郑州、新乡、安阳、开封、濮阳、商丘 9 个省辖市	引黄灌溉	设计灌溉面积 2064 万亩
位山引黄灌区	1958 年	聊城市东阿县	工农业用水、城市生态水系、居民生活用水、跨流域调水	中国 6 个特大型灌区之一，设计灌溉面积 540 万亩，年均农业灌溉供水近 10 亿立方米
小浪底水库北岸灌区	—	河南省黄河北岸，涉及济源、沁阳、孟州和吉利三市一区	农业灌溉、城乡生活、工业用水	总控制面积 760.71 平方千米，正常灌溉和节水灌溉面积 46.8 万亩

资料来源：根据《黄河年鉴》《黄河志》等整理。

（三）水资源管理与利用

黄河流域水资源有限，强化资源管理是流域可持续发展的基础。新中国成立之初，由于经济发展落后，水资源利用量较小（1949年农业耗黄河径流量仅为74亿立方米）。改革开放前，由于经济规模小，水资源利用量的增长主要来自农业用水。改革开放以后，随着农业、工业和城镇化的快速发展，用水量急剧增长，流域内人水矛盾变得越来越突出。1987年《关于黄河可供水量分配方案报告的通知》（“八七分水”方案）是黄河流域水资源量管理的里程碑事件，在综合考虑沿黄各省区的灌溉规模、工业和城市用水增长，节约用水，统筹安排的原则下，确定了沿黄各省区分配耗用的黄河河川径流量为370亿立方米，1999年起实施黄河干流水量统一管理和调度，2006年《黄河水量调度条例》实施，实施了最严格的水资源管理制度，促进了水资源节约保护。1999年至今，黄河干流再未出现断流，一定程度上保障了流域的生态安全。

三、黄河流域经济社会发展历程

（一）人口的增长

从流域角度看，黄河流域属于世界上人口规模比较大的流域，不断增长的人口规模且分布密集对流域生态系统的演化影响比较大，对资源环境的胁迫作用显著。

新中国成立以来，黄河流域的人口从1953年的1.41亿人，增长到2020年的3.3亿人，增长1.3倍（同期全国增长1.38倍）。净增了1.85亿人，其中1953—1982年增9754万，1982—2000年增5635万，2000—2020年增3073万。2000年前平均每年净增人口327万，之后每年净增155万。2020年黄河流域人口总量占全国人口的23.11%，2000年前保持在24%以上，之后占比缓慢下降，总体上保持了与全国同步增长的水平。

山东与河南人口占整个流域的比重在60%以上（1953年65.9%，1982年62.3%，2000年61.4%，2020年61.7%），2020年达2.0亿；人口密度达595人/平方千米和648人/平方千米；新中国成立以来两省净增人口1.08亿（1953—1982年增5600万，1982—2000年增3200万，2000—2020年增2000万），占整个黄河流域人口净增量的58.7%。上游四省区净增0.32亿人，占净增人口的 17.4%，山西和陕西两省净增 0.44 亿人，占净增人口的 23.9%。从上述数据中可以看出，黄河下游的华北平原资源环境压力比较大，稠密的人口使得该区域的发展与保护矛盾突出，也是流域可持续发展需要重点关注的区域。

从黄河流域 8 省区（除四川省）人口增长的情况看，上游省区的人口相对增长较快，如青海、宁夏和内蒙古的人口增长了 2.52、4.65 和 2.69 倍，甘肃增长了 1.15 倍，陕西增长 1.49 倍，山西增长 1.44 倍，河南增长 1.25 倍，山东增长 1.08 倍（表 1–2–3）。

表 1–2–3　黄河流域人口增长状况（1953—2020）

项目	省区	范围	1953	1964	1982	1990	2000	2010	2020
人口总量（万人）	青海	全省	168	215	388	446	486	563	592
	甘肃	全省	1165	1263	1957	2237	2512	2558	2502
	宁夏	全区	128	211	390	466	549	630	720
	内蒙古	西部	335	573	870	963	1061	1204	1237
	陕西	全省	1588	2077	2890	3288	3537	3733	3953
	山西	全省	1431	1802	2499	2876	3247	3571	3492
	河南	全省	4421	5033	7442	8554	9124	9403	9937
	山东	全省	4888	5552	7442	8439	8997	9579	10153
	合计		14124	16726	23878	27269	29513	31241	32586
人口总量占全国总人口的比重（%）	青海	全省	0.29	0.31	0.39	0.39	0.39	0.42	0.42
	甘肃	全省	2.00	1.83	1.95	1.98	2.02	1.92	1.77
	宁夏	全区	0.22	0.30	0.39	0.41	0.44	0.47	0.51
	内蒙古	西部	0.57	0.83	0.87	0.85	0.85	0.90	0.88
	陕西	全省	2.73	3.00	2.88	2.91	2.85	2.80	2.80
	山西	全省	2.46	2.61	2.49	2.54	2.61	2.68	2.48
	河南	全省	7.59	7.28	7.42	7.57	7.34	7.06	7.05
	山东	全省	8.39	8.03	7.42	7.47	7.24	7.19	7.20
	合计		24.25	24.19	23.81	24.12	23.74	23.44	23.11

注：根据历次人口普查资料整理。内蒙古西部指乌兰察布市（含）以西盟市。

（二）城镇化发展

目前流域的城镇人口1.96亿人，城镇化率为60.6%，略低于全国平均水平。改革开放以前，黄河流域人口中80%以上居住在农村，从事农业生产活动，体现的是农业社会的形态与特征。改革开放以来，城镇化进程加快，尤其是进入21世纪以来，流域的城镇化快速发展，城镇人口净增1亿人，城镇体系不断完善，流域的社会经济格局发生了巨大变化，人类与生态系统的关系发生了质的变化。从省区尺度分析，各省城镇化率差别比较大，内蒙古西部城镇化率最高，达76.1%，甘肃和河南相对较低（甘肃52.2%，河南55.4%），其余省区与全国平均水平接近（青海60.7%，宁夏65%，陕西62.7%，山西62.6%，山东63%）。河南和山东城镇人口占流域城镇人口的60.8%（表1–2–4）。

表1–2–4　黄河流域城镇化发展状况（1953—2020）

地区	项目＼年份	1953	1964	1982	1990	2000	2010	2020
黄河流域	城镇人口（万人）	1143	1448	4337	6261	9307	14043	19642
	城镇化率（%）	8.1	8.7	18.2	23.0	31.5	45.0	60.6
全国	城镇人口（万人）			20640	29624	45880	67000	89999
	城镇化率（%）			20.6	26.2	37.0	50.3	63.8

注：根据历次人口普查资料整理。

（三）经济发展

新中国成立以前，黄河流域是比较贫穷、落后的区域，现代化的工业近于空白，洪涝、干旱等自然灾害频繁交错，战乱更使社会动荡不安。新中国成立以来，在国家各类政策和区域战略的推动下，黄河流域的经济社会发展取得了巨大进步，可以说是沧桑巨变。尤其是进入21世纪以来，整个区域开始展现以工业化为特色的繁荣景象，走出了具有区域与流域特色的发展之路。

经济总量自1952年的128.7亿元，增长到2020年的19.96万亿元，按照可比价计算，增长了246倍；占全国的比重从1952年的18.97%，提高到2020年的19.67%，保持了相对稳定的地位。改革开放以前，流域经济增长相对缓慢，经济规模比较小，尤其是工业发展比较落后。改革开放以来，经济增长比较快，工业化进程加速（表1-2-5）。人均地区生产总值水平2020年已经达到61400元，接近1万美元的水平，按照联合国的标准，属于中等偏上收入水平。

从经济结构看，2020年黄河流域8省区（除四川省）的三次产业结构为8.3∶40.7∶51.0，第二和第三产业是流域经济的主体，这一变化发生在改革开放以来。如果将第一产业占地区生产总值的比重分别以30%、20%、15%、10%为阈值考察流域经济结构的发展变化，发现黄河流域产业结构演变具有明显的阶段性。2000年前第一产业比重占30%以上，之后快速下降。在2000年到2020年短短的20年中，黄河流域实现了从农业为主向工业经济为主的转变。相较于全国，这一转变滞后了大约20到30年时间，相较于沿海地区滞后30年以上。从流域内部看，各省区之间的差异较大。

表1-2-5　黄河流域地区生产总值增长状况（1952—2020）

项目	省区	1952	1965	1980	1990	2000	2010	2020
总量（亿元）	青海	1.6	6.1	17.8	66.3	263.6	1350.4	3005.9
	甘肃	13.3	25.0	73.9	234.0	983.4	4120.8	9016.7
	宁夏	1.7	4.66	16.0	61.1	265.6	1689.7	3920.7
	内蒙古	3.3	12.2	33.8	139.5	897.6	6156.3	11761.8
	陕西	12.9	35.9	94.9	374.1	1660.9	10123.5	26181.9
	山西	16	43.9	108.8	399.9	1643.8	9200.9	17651.9
	河南	36.1	63.0	229.16	895.74	5137.7	23092.4	54997.1
	山东	43.8	86.3	292.13	1333.4	8542.4	39169.9	73129.0
	合计	128.7	277.06	866.49	3504.04	19395.0	94903.9	199665

续表

项目	省区	1952	1965	1980	1990	2000	2010	2020
占全国比重（%）	青海	0.24	0.36	0.39	0.35	0.26	0.33	0.30
	甘肃	1.96	1.45	1.61	1.24	0.98	1.00	0.89
	宁夏	0.25	0.27	0.35	0.32	0.26	0.41	0.39
	内蒙古	0.49	0.71	0.74	0.74	0.90	1.49	1.16
	陕西	1.90	2.09	2.07	1.98	1.66	2.46	2.58
	山西	2.36	2.56	2.37	2.12	1.64	2.23	1.74
	河南	5.32	3.67	5.00	4.75	5.12	5.60	5.41
	山东	6.45	5.02	6.37	7.06	8.52	9.50	7.20
	合计	18.97	16.13	18.9	18.56	19.34	23.02	19.67

注：① 1952—1980 年数据来源于《内蒙古辉煌 60 年》，1980—2020 年数据来源于《内蒙古统计年鉴》。

②内蒙古自治区西部数据包括呼和浩特市、包头市、乌海市、鄂尔多斯市、巴彦淖尔市、乌兰察布市、阿拉善盟，其中，因为行政区划调整等原因，1952 和 1965 年乌海市、乌兰察布市、阿拉善盟三市（盟）生产总值数据缺失未统计，本次数据计算中未含 1952 年和 1965 年三市（盟）数据。

（四）资源开发与产品产量变化

资源开发始终在黄河流域经济发展中占有非常突出的地位，且规模不断扩大，突出体现在以下几方面。一是土地资源的开发。由于流域所处的气候条件适合农业的开发，耕地的开发不断增长。二是水资源的利用。随着农业、工业和城镇化的发展，水资源利用量不断增长，利用率不断提高，改变了流域的社会经济发展与生态系统的关系。三是能源矿产资源的开发规模不断扩大。以煤炭为例，改革开放初期的 1980 年，整个黄河流域煤炭产量为 2.7 亿吨；之后产量快速增长，到 2000 年达到 4.4 亿吨；进入 21 世纪后飞速增长，2020 年达到 28.5 亿吨，是 1952 年的 152.9 倍，1980 年的 10.6 倍，2000 年的 6.4 倍。中上游的晋、陕、蒙、宁四省区，2000 年以来，平均每年增加煤炭产量1.15亿吨，2010年后平均每年增加近9000万吨，是世界能源开发史上绝无仅有的高强度开发区域。目前黄河流域煤炭产量占全球煤炭产量的36.8%（2020年全球煤炭产量77.4亿吨），上述4省区就占33.2%，即全球每3吨煤炭产量中就有1吨来自黄河中上游地区。黄河流域典型资源开发状况与产量增长状况见表1-2-6。

表1-2-6 黄河流域典型资源开发状况与产量增长状况（1952—2020）

项目		单位	1952	1965	1980	1990	2000	2010	2019
规模	耕地面积	千公顷	34923	32254	29522	28026	29482	31032	30911
	粮食产量	万吨	3765	4239	7080	10666	12172	15598	20326
	煤炭产量	万吨	1864	8787	26928	52432	44493	213042	285058
	石油产量	万吨	14	136	2278	4556	4471	6732	6475
	钢铁产量	万吨	1	100	497	1058	2259	13584	24521
	发电量	亿千瓦时	6.21	121	724	1610	3363	11970	22937
	其中：火电	亿千瓦时	6.2	117	624	1486	32655	11602	19615
占全国比重	耕地面积	%	32.36	31.14	29.73	19.53	24.22	22.94	24.18
	粮食产量	%	22.97	21.79	22.09	23.90	26.34	28.54	30.36
	煤炭产量	%	28.24	37.87	43.43	48.55	34.25	62.14	73.06
	石油产量	%	58.33	11.99	21.50	32.94	27.43	33.16	33.25
	钢铁产量	%	7.08	8.22	11.36	15.95	17.58	21.32	23.03
	发电量	%	8.51	17.88	24.08	25.91	24.81	28.45	29.49
	其中：火电	%	10.33	20.49	25.75	30.04	29.31	34.82	37.58

注：根据《中国工业统计年鉴》整理。

（五）区域经济增长动力

从质量变革、动力变革和效率变革等方面衡量，黄河流域经济发展的增长动力主要来自本地资源的开发和资源导向型产业的发展，但区域内存在一定的差距。下游的河南和山东，利用两种资源、两个市场的条件相对较好，本地资源导向型的产业比重相对较低，中高端制造业占的比重相对较高。中上游的晋、陕、蒙、宁、甘、青六省区，自然资源的开发占比非常大。主要产业以资源型产业为主，重工业化特征显著。2020年，黄河流域的重化工行业的主营业务收入达13.2万亿元，占全国重化工行业主营业务收入的27.5%，是我国重要的能源基础原材料基地。

第三节　流域生态保护与发展的主要问题

一、发展阶段性与特征

（一）工业化进程

纵观黄河流域的经济社会发展进程，可以发现，目前整个流域已经进入工业化为主的发展阶段，经济规模、发展模式、增长方式都体现出工业化时期的一系列特征，导致流域生态保护与经济社会发展关系发生了重大结构性变化。改革开放前，黄河流域经济整体上以农业为主，在产业结构中占30%以上，就业结构中以农业劳动力为主，工业主要集中在流域的少数城市。改革开放以来，黄河流域工业化进程显著加快，尤其是21世纪以来，进入快速工业化发展阶段。2010年，第二产业产值占地区生产总值的比重达53%，2020年为41%（表1–3–1）。

表1–3–1　黄河流域三次产业比值变动状况（1952—2020）

省区	1952	1980	2000	2010	2020
青海	74 : 7 : 19	28 : 44 : 28	15 : 31 : 54	12 : 39 : 49	11 : 38 : 51
甘肃	65 : 13 : 22	22 : 54 : 24	19 : 45 : 36	15 : 48 : 37	13 : 32 : 55
宁夏	83 : 4 : 13	27 : 45 : 28	16 : 41 : 43	10 : 46 : 44	9 : 41 : 50
内蒙古	61 : 17 : 22	28 : 48 : 24	19 : 48 : 33	5 : 54 : 41	6 : 44 : 50
陕西	65 : 15 : 20	30 : 50 : 20	14 : 44 : 42	10 : 51 : 39	9 : 43 : 48

续表

省区	1952	1980	2000	2010	2020
山西	59 : 17 : 24	19 : 58 : 23	10 : 46 : 44	6 : 60 : 34	6 : 43 : 51
河南	57 : 21 : 22	41 : 41 : 18	22 : 45 : 33	14 : 54 : 32	10 : 41 : 49
山东	67 : 17 : 16	36 : 50 : 14	15 : 50 : 35	10 : 52 : 38	7 : 39 : 54
流域	65 : 17 : 18	33 : 49 : 18	17 : 47 : 36	10 : 53 : 37	8 : 41 : 51
全国	51 : 21 : 28	30 : 48 : 22	15 : 45 : 40	9 : 47 : 44	7.7 : 37.8 : 54.5

注：根据各省区统计年鉴整理。地区生产总值 =100。

推动黄河流域工业化发展的主要动力是资源开发和资源型产业的发展。从工业行业的发展看，流域内各省区的资源开发与资源型产业的发展始终是工业发展的主导产业和优势部门（图 1-3-1）。尤其是进入 21 世纪以来，黄河流域的能源矿产资源开发迅猛，中上游区域已经形成了世界上罕有的煤炭、油气、风能、光伏能大规模开发的区域，并形成了资源初加工产业集聚区。即使是消费类工业部门，也是以本地农牧业资源产品加工为主的。因此，21 世纪以来黄河流域的工业化表现为两个显著的特征：一是本地资源支撑

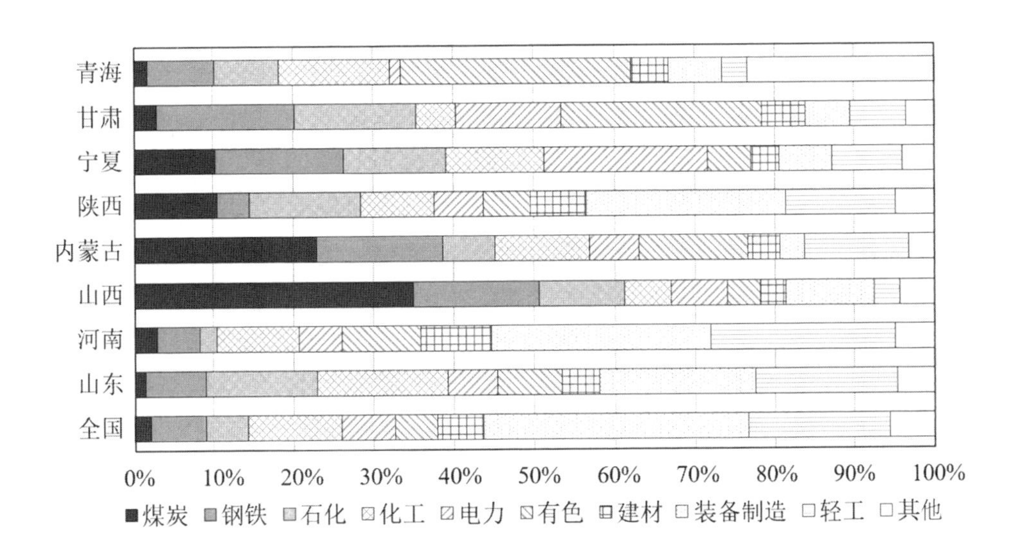

图 1-3-1 2019 年黄河流域各省区工业结构

型的工业化路径，与沿海发达地区利用国际国内两种资源推动工业化发展的路径有显著差异；二是高物耗、低产出的传统工业化路径，产业链短，附加值低。

上述工业化路径，改变了流域的生态格局和经济社会结构。从社会层面看，黄河流域近40年来的工业化进程使该区域从农业经济为主的社会快速进入以工业化与城镇化为主的社会，社会结构、空间结构发生了激烈变化。从生态系统看，迅速的工业化改变了流域的自然结构、生态安全格局。从经济层面看，经济发展模式、增长方式发生着激烈变化。

从五化协同视角看，黄河流域既有积极的方面，也有消极的方面。积极的方面是工业体系不断完善，规模不断壮大，为未来发展奠定了非常强的基础，有利于未来创新发展与产业的集群发展，推动产业链的延伸以及发展效率的提升。同时，由于基础设施、市场环境的变化等，总体上有利于该区域的开放发展。消极的方面是传统的工业化路径加大了资源环境的压力，经济发展对流域资源环境的胁迫作用明显，显著高于其他区域，这对生态环境本底脆弱的黄河流域而言，发展与保护的矛盾进一步尖锐。绿色发展、协调发展、可持续发展面临严峻的挑战，整个流域实现高质量发展的目标还任重道远。

（二）高强度开发与高负载状态

从开发角度看，无论是水资源利用和水利水电开发，还是土地、能源、矿产资源的开发，黄河流域都体现出高强度开发特征，尤其是进入21世纪后，开发强度迅速增大。一是水资源的利用。开发利用率已经达80%以上，这在世界大江大河流域开发中是少有的。有限的水资源面临同时满足农业、工业、城镇发展和生态保护需要的窘境。二是水电资源的开发。无论是干流还是支流，水利水电的开发已经达到相当规模。21世纪以来，黄河流域建设了一系列大型水利水电工程，总装机容量上千万千瓦，占干流可开发量的1/3，河流生态强硬改变。三是土地资源的开发。水土资源匹配比较好的地域，都已经得到充分开发，人类活动对流域的生态环境系统影响既历史悠久，又具有很高的开发强度。四是能源资源的开发。发展快，强度高，规模大。进入21世纪以来，煤炭资源的开发强度与规模迅速提高。中上游地区目前每年产量达25亿吨，占世界总量的近1/3，每年净增1亿吨左右。近年来，太阳能的开发也非常迅速，规模达数亿千瓦。除此之外，草原等资源的开发强度也比较大。

从资源环境承载方面看，黄河流域处于高负载的状态。有限的水土资源和生态环境需要承载3亿人口的基本活动，包括农业、工业和快速发展的城镇化。中下游地区，人口密度达600人/平方千米，是世界上人口比较稠密的地区。随着工业化和城镇化的发展，城市群地区发展空间有限，需要承载更大规模的人口和经济活动。总体看，资源环境承载与经济社会发展规模间的矛盾越来越突出。

（三）发展趋势与流域资源环境承载间的矛盾进一步凸显

经过长期建设和发展，黄河流域在经济社会发展方面取得了巨大成就，基本上形成了有利于未来发展的国土空间开发结构和经济社会分布格局，但也累积形成了生产力布局与生态环境安全格局之间、发展规模与资源环境承载之间的尖锐矛盾。突出体现在下列几方面。一是中上游区域能源等矿产资源的开发与本地生态环境保护的矛盾突出，尤其是流域内一系列重化工园区的布局与建设，对水环境、水资源的影响比较大。二是城镇化和工业化发展，导致重点区域资源环境压力增大，存在发展规模与承载能力间的不匹配，发展方式或模式与区域生态环境要求的不协调。三是重点城镇化地区基本农田保护、农业生产持续发展面临较大的压力。四是作为我国贫困区域比较集中的区域，贫困地区的发展与保护的矛盾比较突出。

总体看，保护与发展矛盾突出的态势，将长期困扰着黄河流域的经济社会发展。黄河流域是我国破解这一矛盾的难点区域，推动流域人与自然和谐共生发展任重道远。急需探索“人与自然”再平衡、在更高层次再协调的战略途径和措施，构建有利于生态文明建设的发展模式和行为，推动流域保护与经济发展良性互动，形成可持续的发展道路和格局。

虽然黄河流域生态保护和高质量发展战略明确了高质量发展的要求，但提升发展质量面临比较大的压力。主要是已经形成的经济系统，以重化工等传统产业为主，产业升级改造缺乏强大的动力，建立高效集约节约的产业链、产业集群的动力还不够强大，机制保障不足；新产业、新业态发展壮大的动力不足，市场竞争力和技术竞争力不强；高素质的劳动力队伍缺乏，等等。形成富有地域特色的高质量发展新路子还需要攻坚破难的长期努力。

（四）治黄与利用黄河进入新的阶段

从历史角度看，治黄和利用黄河进入新的阶段。经过新中国成立以来的发展，尤其是近20年的高强度开发和经济发展模式的转换，黄河流域的发展与资源环境关系发生了激烈变化，导致发展与保护关系调整进入新的阶段。

一是流域的生态治理与管理模式进入关键的调整期。以往以水资源管控、洪涝灾害防范、水土流失治理为主的流域生态管理模式面临新的要求。从前面的开发与治理进展看，破解开发布局与生态安全格局、社会经济规模与资源环境承载两对尖锐矛盾，为流域生态环境治理和管理提出了新的课题。如何实现科学保护与科学开发，如何实现有效保护与有效开发，面临一系列需要破解的难题。如下游区域需要统筹管控流域生态安全、洪涝灾害、水资源高效利用与快速发展的工业化、城镇化、农业化的关系，这是一个复杂的系统工程。

二是水资源的调控与管理进入调整期。由于工业化、城镇化、农业现代化、资源开发等多类型开发活动的规模扩大，空间分布上不断扩展，地域集聚模式的变化、叠加关系的强化，黄河流域最关键资源——水资源的管理与利用面临新的挑战，需要探索服务新型工业化、城镇化、农业现代化和绿色化发展的水资源管理模式。

三是系统统筹是新时代黄河流域可持续发展的新课题。随着黄河流域各地区经济社会的发展和流域资源环境的不断开发，彼此关系越来越复杂，需要从区域、流域、要素、管理、效益、安全等方面进行系统统筹。

二、保护与发展需要解决的重大关系问题

黄河流域生态保护和高质量发展战略的发布，必将促进流域的快速发展，保护与发展的关系须在新的形势下重新谋划与构建。根据其生态环境、经济社会发展、未来发展的战略需求，必须以全方位、系统化、协同化的视野处理好保护与发展的关系。

（一）流域生态环境安全格局稳定与开发布局的关系

黄河流域生态功能重要但本底脆弱，又形成了高强度开发和资源环境高承载的基本状态，流域的生态安全格局和区域生态系统稳定面临严峻挑战，经济社会发展对生态环境的胁迫显著。所以稳定流域的生态系统功能、保障生态格局安全是重中之重。《规则纲要》中明确提出坚持生态优先、绿色发展的基本原则。遵循人与自然和谐共生的科学自然观和绿水青山就是金山银山的绿色发展观，尊重自然、顺应自然，促进人与自然和谐，应是黄河流域开发与发展的最基础原则和最基本遵循。维护流域生态环境安全格局稳定是长期任务，是千秋大计。根据黄河流域目前面临的突出问题，无论是资源开发利用、生产企业和重大项目的建设布局，还是城镇布局与建设，都应以保持流域生态环境格局的长久稳定为前提。国家确定的一系列生态功能区，其功能的稳定和持续效力的发挥，应是生态环境安全格局稳定的基本标志。必须以关键生态功能和生态要素为牵引，指引整个流域的经济社会生产力布局、发展规模与发展方式。应努力改变黄河流域生态脆弱现状，从过度干预、过度利用向自然修复、休养生息转变。优化国土空间开发格局，重点保护好生态功能区生态环境，不盲目追求经济总量；调整区域产业布局，把经济活动限定在资源环境可承受范围内；发展新兴产业，推动清洁生产，坚定走绿色、可持续的高质量发展之路。

（二）保障经济社会持续健康发展与防范灾害风险的关系

黄河流域是灾害类型比较多、防范难度比较大的河流，其中最大的威胁是洪水。水沙关系不协调，下游泥沙淤积、河道摆动、“地上悬河”等老问

题尚未彻底解决，下游滩区仍有近百万人受洪水威胁，气候变化和极端天气引发超标准洪水的风险依然存在。同时，工业化、城镇化、基础设施等社会领域的快速发展，对防范灾害风险提出了更高的要求。所以，黄河流域的发展，必须处理好灾害防范与经济社会可持续的关系。

（三）重点区域发展规模与资源环境承载的关系

保障重点区域人居环境安全，保持经济发展活力、潜力和竞争力，应是黄河流域发展的基本目标。目前黄河流域的开发强度大，发展与资源环境承载间的矛盾突出。因此，协调好重点开发区域、城市群地区的发展规模与资源环境承载间的关系尤为重要。必须优化已经形成的区域开发结构、促进产业结构升级、提高创新能力，破解重点区域生态环境约束。应着力优化资源开发利用模式，提高资源利用效率。应加强国土开发适应性的评价，为开发规模和开发方式选择提供科学依据。加强生态红线、永久基本农田、城市开发边界、资源利用上线、环境质量底线等一系列基础工作，确立合理的承载能力和开发格局。

（四）重点突破与系统统筹的关系

流域性的保护与开发涉及自然、社会、文化、经济、管理等各个方面，是一项复杂的系统工程。必须用系统的理论、方法和手段解决黄河流域面临的问题。习近平总书记在黄河流域生态保护和高质量发展座谈会上明确提出，“黄河流域生态保护和高质量发展是一个复杂的系统工程，对一些重大问题，在规划纲要编制过程中要深入研究、科学论证”，就是系统观的具体体现。所以黄河流域的开发与保护，必须尊重系统性、整体性的规律和原则。但是，黄河流域保护与发展也必须找准生态环境保护、资源利用、高质量发展的突破重点，集中力量办大事，推动整个流域发展迈上新台阶。

（五）机制保障与因地制宜的关系

建立全局统筹的协调机制是保障黄河流域战略落实的必备措施，但也需要把握因地制宜、因时制宜的灵活性。无论是从全球视角观察，还是从我国自身审视，我国的经济社会发展都是快速变化的，落实到各个层级区域上是千姿百态、变化万千的，不能用静止僵化的意识和方法处理上述态势。黄河流域生态保护和高质量发展战略的深化落实，应坚持因地制宜的思路，聚焦解决阶段性问题。但系统性的保障机制也是不可或缺的。以整体性的保障机制牵引流域各种类型区域差异化施策，是推动流域协调发展的有效途径。

第四节　时代呼唤流域保护和高质量发展

一、生态文明建设全面推进与落实的需要

党的十八大以来，生态文明建设已经成为我国现代化建设的基本方针，加强环境治理已经成为新形势下经济高质量发展的重要推动力。绿水青山就是金山银山理念深入人心。以习近平同志为核心的党中央将黄河流域生态保护和高质量发展作为事关中华民族伟大复兴的千秋大计，习近平总书记多次发表重要讲话、作出重要指示批示，为黄河流域生态保护和高质量发展指明了方向，提供了根本遵循。

改革开放 40 多年来，我国经济建设取得重大成就，综合国力显著增强，科技实力大幅跃升，中国特色社会主义道路自信、理论自信、制度自信、文化自信更加坚定，有能力有条件解决困扰中华民族几千年的黄河治理问题。共建“一带一路”向纵深发展，西部大开发加快形成新格局，黄河流域东西双向开放前景广阔。国家治理体系和治理能力现代化进程明显加快，为黄河流域生态保护和高质量发展提供了稳固有力的制度保障。

新型工业化、城镇化、农业现代化、信息化和绿色化发展是新时代我国现代化建设的新要求，也是新课题。如何实现协同推进，在区域和流域上进行统筹，需要新的探索。黄河流域的快速发展和高强度的开发利用，导致了一系列关系的变化，具有非常强的代表性。从发展理论、发展模式、发展路径方面探索区域与流域的协调统筹，是时代的客观要求。

二、流域治理的新时代要求

新时代流域管理需要兼顾流域安全性和经济稳定增长。黄河流域开发与保护的重中之重是如何协调水资源的稀缺性、多功能性和水环境的承载能力三者之间的关系。为使有限的水资源发挥其最优效益，将流域水、土、矿资源的地域组合及有关的自然和社会环境视为一个完整的系统，按照制定的经济、环境、社会发展规划，进行多目标的综合开发利用、保护和管理。总的趋势是要更强调以流域为基础，与国家和地方行政监督相协调、相结合的管理体制。

新中国成立以来，黄河流域治理积累了一系列成功有价值的经验模式，未来在继续加强这些经验模式的同时，需要根据流域经济社会发展的新阶段、新趋势，完善流域的治理体系。尤其是资源高效开发与利用的配置体系、灾害风险的防范体系、区域与资源的管控体系、基础设施建设体系等，都需要与时俱进，探索新的管理与治理模式。

三、黄河流域发展新阶段的要求

黄河流域经过近半个世纪的快速发展，已经形成了一定的规模，达到了一定的水平，但流域内各省区发展不平衡不充分问题尤为突出。未来需要破解的突出矛盾是：生态环境脆弱本底与开发强度的布局的矛盾；发展安全与洪水威胁等风险的矛盾；水资源短缺与发展模式、发展效率的矛盾；区域开发与区域协调的矛盾；优势资源开发与绿色产业体系构建的矛盾；社会发展能力与民生发展不足的矛盾。

所以，黄河流域开始进入多重利益协同统筹的阶段，开始进入多重安全保障提升、多重风险防范的新阶段。满足经济社会发展的要求，成为造福人民的幸福河，治理上不仅要满足防洪、供水、灌溉等方面的基本需求，还要满足在水环境、水生态等方面的高层次需求，需要进一步完善水沙调控体系、防洪减淤体系、水土流失综合防治体系、水资源合理配置与高效利用体系、水资源与水生态保护体系、流域综合管理体系。

经济社会发展方面，需要重点破解依能依重的发展态势，促进经济高质量发展；需要重点破解相对贫困区经济发展滞后、发展可持续能力不强的态势，促进贫困地区经济可持续发展和人与自然和谐发展；需要破解城乡协调发展不充分的态势，促进城乡、城市群协调发展；需要破解社会民生发展不充分的态势，提高社会发展水平。

第二章
谋定而动，协同推进生态保护和高质量发展新格局

黄河流域是中华民族文化的摇篮，开发历史悠久，同时也是我国重要的生态功能区域和华北地区重要的生态屏障，黄河中上游地区生态环境质量的好坏，直接关系到国家中长期生态安全和可持续发展。但是，经过多年的开发，黄河流域中上游地区生态环境脆弱，水资源短缺、水土流失、大气环境污染等环境问题突出，而且该地区形成了以能源重化工为主的产业结构，加重了地区生态环境负担，严重威胁到流域安全、国家生态安全、粮食安全以及人居环境安全。同时，黄河流域产业结构单一，缺乏竞争力，地区发展差距逐步加大。为了实现黄河流域的长治久安，中共中央适时提出了黄河流域生态保护和高质量发展战略。科学理解战略提出的背景、重大意义以及需要处理的关系，将有助于科学落实和贯彻国家战略，合理提出黄河流域未来发展重点与重大任务。

第一节　生态保护和高质量发展战略提出的背景

一、黄河生态环境问题的紧迫性

黄河流域是我国国土生态安全的关键区域，其不仅是我国北方防沙带、青藏高原生态屏障、黄土高原“两屏三带”生态屏障格局的核心区域，还是长江、黄河、珠江、澜沧江等重要江河的发源地和我国淡水资源的重要补给地。《全国主体功能区规划》划定的25个国家重点生态功能区中有7个分布在该区域，具有重要的水源涵养、防风固沙、水土保持和生物多样性维护功能。对该区域的生态环境实施战略性保护不仅是维系全国生态安全、增强可持续发展能力的基本保障，而且还直接关系到我国中长期生态环境演变格局，在全国生态安全格局中占据着难以替代的突出地位。但是，黄河流域生态环境本底脆弱，关键性水土资源匹配条件差，长期以能源重化工业为主的产业发展结构和快速粗放的城市化进程导致部分地区环境污染问题凸显。因此，开展黄河流域的生态保护和环境治理工作迫在眉睫。

（一）生态环境本底脆弱，生态安全保障压力大

黄河流域上游处于温带大陆性气候，干旱少雨，水资源短缺，植被稀疏；青海地区属高寒地区，气候恶劣，自然条件严酷，生态系统及其不同的生态类型均表现出特有的复杂性和脆弱性，自我维持能力和受到外界干扰后的修复能力较差，生态环境的敏感性和不稳定性突出，是我国生态环境十分脆弱的地区。虽然国家实施了系列退耕还林（草）工程、三江源生态保护工程、黄土高原水土保持工程等，地区生态环境建设取得较大成效，但生态系统整体质量不高，草地退化、沙化、水土流失等生态问题依然存在。

第一，天然草地生态功能退化严重，土地沙化问题依然突出。虽然近10多年来，通过禁牧封育、人工改良和承包到户，草原退化沙化状况得到一定

程度改善，但天然草场和可以利用草原均呈现不同程度的退化沙化现象。青海、甘肃和宁夏三省区 60%—90% 的天然草场均出现了不同程度的退化，甘肃省中度以上退化的面积接近 50%；宁夏回族自治区中度和重度退化的天然草场约占 70%。

第二，湿地开垦、泥沙淤积、水电开发等造成部分地区自然湿地面积萎缩，进而导致景观丧失、生物多样性减小、湿地水源涵养和调蓄功能退化。甘南高原湿地面积在 20 世纪 80 年代初达 4200 平方千米，而目前保持原貌的湿地仅有 1700 平方千米，湿地面积萎缩，水源涵养和调蓄功能有所下降；被誉为“黄河蓄水池”的玛曲湿地的干涸面积高达 1000 平方千米。此外，由于人为干扰和破坏，野生动物栖息地局部地区出现缩减，特别是具有较高经济价值的珍稀濒危野生动物栖息地，导致物种数量下降，生物多样性受到威胁。甘南黄河重要水源补给生态功能区草地已出现严重退化、沙化和盐碱化，表现为重度退化草地面积大、鼠虫害严重、河流湿地面积萎缩，水源涵养和土壤保持功能下降。

第三，山西、陕西、陇东、宁夏、河湟、豫西、内蒙古南部地区为黄土高原沟壑区，该地区水资源缺乏，干旱少雨，植被覆盖率低。降雨集中，黄土土质疏松，强烈的土地侵蚀造成了丘陵沟壑密布的地形。丘陵起伏，沟壑纵横，地形破碎，面蚀、沟蚀严重，水土流失现象极为严重。2018 年，平凉市、庆阳市水土流失面积达到 15887.56 平方千米，约占到两市国土面积的 41.49%。虽然经过多年治理，黄河流域水土流失面积和强度实现“双下降”，但 2020 年，黄河流域水土流失面积依然有 26.27 万平方千米，其中黄土高原水土流失面积 23.42 万平方千米，占黄河流域水土流失面积的 89.15%。此外，该地区也是我国煤炭资源非常富集的地区，局部地区煤炭资源粗放型开发模式加剧了土壤侵蚀。

（二）水资源先天不足，人水关系紧张

黄河流域多年平均降水量 460 毫米，流域大部分地区位于干旱半干旱区域。区域可利用水资源以黄河过境水为主，自产水资源量有限，时空分布不

均，利用难度大。黄河流域8省区（除四川省）2017年水资源总量仅占全国的10.73%，而人口占全国24.14%，耕地占全国29.9%，建设用地占全国27.33%，经济社会用水需求已超出流域水资源承载能力，水资源供需矛盾形势严峻。山西、山东、河南、宁夏等省区的人均水资源量不足全国平均水平的1/5，属于极度缺水区域；中上游能源化工产业区集水面积占黄河流域的47.6%，水资源量仅占全流域24.6%，人均水资源量不足黄河流域人均水资源量的1/2，亩均水资源量不足流域亩均的1/3。缺水已成为黄河流域生态保护和高质量发展面临的最大挑战。

20世纪70年代以来，由于快速工业化和城市化导致的用水需求过大和无序无节制地引水用水，以及气候变化导致来水减少等因素的叠加影响，黄河干流曾出现断流现象。1972—1999年间，黄河下游共有22年发生断流，平均每5年就有4年发生断流。20世纪90年代黄河下游断流呈现集中趋势，有9年都发生了断流，共断流900天，每个断流年平均断流100天。1997年，黄河下游利津水文站断流多达226天。断流对下游滩区“三生”用水、河道冲淤及防洪等造成极大的影响。自1999年开始，黄河水利委员会实施流域水量统一调度，黄河干流才实现连续20多年未再断流。

黄河流域降水年内分配极不均匀，季节变化非常明显。每年12月至翌年3月是降水量最少的时期，占不到总降水量的10%；月降水量最高值多发生在7、8月，一般占年降水量的20%—27%。黄河流域大部分地区的灌溉用水需求主要集中在春季，导致用水高峰期与黄河枯水季重叠，汛期反而出现大量黄河水排进大海的弃水局面。黄河中上游降水集中，极易形成暴雨、洪水，且由于洪水携带有大量泥沙，会造成水库、河道泥沙淤积，影响水资源开发利用。

黄河流域水资源空间分布不均衡。黄河流域横跨中国大陆的气候过渡带，流域平均年降水量约为460毫米，流域南部秦岭的年降水量最大可达1000毫米，而北部宁蒙地区的年降水量则在200毫米以下。泾河、渭河流域面积占流域总面积的39%，而水资源量仅占流域水资源总量的25%。受可利用地表水资源量的限制，开采地下水已导致部分地区地下水超采。根据 2019 年黄河流域浅层地下水动态监测结果，浅层地下水蓄水量比 2018 年减小 7.87 亿立方米。宁夏、内蒙古和山西 3 个省区地下水超采，造成 6 个浅层地下水降落漏斗，与 2018 年同期相比，山西太原盆地的宋股漏斗中心地下水埋深增大了 1.87 米。陕西和河南共计有 18 个浅层地下水超采区，与 2018 年同期相比，有 4 个超采区平均地下水埋深增大，有 5 个超采区中心地下水埋深增大。

（三）人地关系紧张，快速工业化和城镇化导致的资源环境问题突出

黄河流域是我国重要的能源富集区域。煤炭、天然气储量分别占到全国基础储量的 75% 和 61%，青海的钾盐储量占全国的 90% 以上，由此地区也形成了以能源重化工为主导的工业产业体系。工业发展过分依赖资源型产业，产业链条较短；高端且资源消耗低的产业门类少、规模小、层次低。2020 年，黄河流域大部分省区，以煤炭、石化、电力、钢铁、有色冶金、建材等为主的能源基础原材料产业在工业主营业务收入的占比均在 40% 以上，显著高于全国平均水平。中上游省区能源基础原材料产业的比重基本在 60% 以上，尤其是山西、青海、甘肃等省的比重甚至超过了 70%。地区煤炭和煤电产量占到全国 70%以上。

第一，依能依重的产业发展给地区的生态环境造成了严重负担。首先以煤为主的能源消费导致部分城市和地区以 SO_2、可吸入颗粒物等为首要污染因子的大气煤烟型污染严重。中游乌海—鄂托克—乌斯太—石嘴山和汾河流域（包括运城、吕梁、忻州、临汾）是典型的煤烟型污染区，SO_2 年均浓度值超标，同时煤电、煤焦化生产过程中排放的苯并 [a] 芘，加之炼化行业排放的苯、甲苯、二甲苯、乙烯、苯乙烯等 VOCs 也加剧了地区大气环境质量恶化。另外，蒙西、陕北和山西北部地区多为大面积露天煤矿，造成地表剥离和弃土堆积，伴之地区干旱、少雨、多风，还形成新的沙尘源风险；同时施工、运输车辆在未铺装道路上的行驶，也造成局地扬尘污染。

第二，地区煤炭、煤化工产业的发展加重了地区水资源紧张形势。随着

黄河流域能源工业的转型，拓展煤炭产业链，发展煤化工产业成为许多地区的发展方向。2005年以来，黄河中游地区陆续布局了宁夏宁东能源化工基地、鄂尔多斯能源与重化工基地、陕西榆神煤化工园区、山西煤化工基地等以煤化工为主的大型产业集聚区，在已有焦炭、电石、合成氨等传统煤化工产品基础上，探索发展煤制甲醇、二甲醚、煤烯烃和煤制油、天然气等项目。但煤化工所需的大量水资源恰恰是区域最为缺乏和敏感的资源，因此水煤关系成为当地政府需要解决的重要问题。

第三，不合理的煤炭开采方式导致局部区域水资源遭到不同程度破坏，而巨大规模的能源重化工产业发展导致黄河及其主要支流收纳的污染物超过自身的水环境承载能力，导致流域结构性污染问题突出，重点河段空间污染问题尖锐。受水源、地形条件影响，黄河中上游地区工业园区有沿黄分布的特点，尤其是湟水、伊洛河、昆都仑河、无定河、窟野河、渭河、包头黄河干流、汾河、大汶河等主要河流的城市河段，周边布局有较大规模的电石、焦化、化工、造纸等产业。这些地区以30%左右的重要水功能区接纳了流域重要水功能区近80%的废污水和污染物量，COD、氨氮和重金属严重超标。

二、社会经济发展的新阶段与新要求

随着全面建成小康社会、脱贫攻坚等目标的实现，我国社会主义建设进入了新的阶段，对我国的社会经济发展提出了新的要求和目标。

（一）全球经济迎来百年未有之大变局

目前国际经济格局正在深刻调整，正迎来百年未有之大变局。2008年金融危机之后，全球经济进入新旧规则交替的动荡期和转型调整期。全球经济增速放缓、贸易摩擦加大，全球化脱钩、贸易保护主义、区域化与本土化、非传统安全冲突开始成为大转折后全球化发展的新表征，全球化发展已进入新的阶段。特别是2020年新冠肺炎疫情的冲击，进一步恶化了全球贸易环境和全球化进程，中国发展的外围环境日趋复杂，全球发展与安全的不确定性风险大大增加。

第一，全球经济增长整体态势趋于低迷。2008 年全球金融危机后，全球跨境贸易和投资明显减速，全球货物贸易出口和跨境直接投资总规模在2008—2018 年间年均增速分别下降到 3.8% 和 –3.0%，周期性下滑的态势十分明显。同时全球主要经济体经济增长放缓。在全球经济严重下行的国际大背景下，新贸易保护主义对全球经济发展带来明显的负面制约效应，全球经济增长动力缺乏，发展不确定性大大提升，新兴经济体的经济发展也同样出现放缓。

第二，全球经济增长格局出现区域分化。随着越来越多的发展中国家通过持续推进贸易投资自由化、便利化等全球化策略，越来越深地参与到全球生产价值链当中，实现了在全球跨境投资中地位的不断提升，发展中国家在全球经济格局中的份额与地位显著上升。以吸收外商直接投资为例，发展中国家占全球直接投资流入额的比重从明显低于发达国家发展到与发达国家接近，个别年份甚至超过发达国家。

第三，全球、区域治理理念和管控体系加速调整。一直处于主导地位的自由贸易理念正受到所谓“公平贸易”理念的挑战，同时新全球化背景下的经济治理体系更加注重治理体系的精细化，引导全球贸易规则从“边境措施”向“边境后措施”不断拓展延伸，服务贸易网络组织、知识产权体系和全球化竞争政策成为新全球化的重要贸易基准规则，全球和区域经济治理体系末端化的趋势逐步强化。从规则层面看，新的经贸规则从以往的边境措施（关税、市场准入等）向边境后措施（服务贸易、知识产权、竞争政策等）深度拓展。而在治理平台方面，多边贸易谈判停滞不前，多哈回合谈判迟迟未果，但区域一体化组织如雨后春笋般涌现出来，成为制定国际经贸规则的新平台。在全球层面有跨太平洋伙伴关系协定（TPP）、跨大西洋贸易与投资伙伴谈判（TTIP）等，而在亚洲，“一带一路”倡议（“丝绸之路经济带”和“21 世纪海上丝绸之路”）、《区域全面经济伙伴关系协定》（RCEP）、“10+1”区域合作机制（东盟—中国）、“10+3”区域合作机制（东盟 + 中、日、韩）、中非论坛、中国—东盟自由贸易区等区域合作机制与平台陆续成立，促进了区域内国家之间的贸易和投资联系，全球经济格局的区域化和组团化趋势加强。

（二）我国内部的发展目标与发展环境也发生变化

新中国成立后经过70多年的建设，我国的经济体量有了长足增长，已经实现了全面建成小康社会的第一个百年奋斗目标，正向着全面建设社会主义现代化强国的第二个百年奋斗目标进军。内部环境看，中国经济要想实现高质量发展，也需要继续应对不少的风险和挑战。

第一，中国经济进入了中低速经济增长状态，增长拉动由外部拉动为主转向挖掘内生发展机制。改革开放后中国一直保持高速增长状态，但随着人口红利的逐步释放、国内资源环境成本的逐步提高、全球经济发展环境的调整，中国的经济增长面临的压力逐步增大，经济增速逐步放缓。除却面临持续增长的巨大压力外，还面临人口老龄化、中等收入陷阱、区域发展差距加大等诸多挑战。因此，中国的经济增长将逐步由外部拉动为主向挖掘内生发展机制转变。中共中央提出的“加快构建以国内大循环为主体、国内国际双循环相互促进的新发展格局”就是根据我国发展阶段、环境、条件变化，特别是基于我国比较优势变化，审时度势作出的重大决策，是事关全局的系统性、深层次变革，是立足当前、着眼长远的战略谋划。

第二，目前中国已经实现了全面建成小康社会的第一个百年奋斗目标，正在向全面建设社会主义现代化强国的第二个百年奋斗目标奋进。党的二十大报告提出，中国的现代化不仅仅是“人口规模巨大的现代化，全国人民共同富裕的现代化，物质文明和精神文明相协调的现代化，也是人与自然和谐共生的现代化”。在新的发展阶段下，必须坚定不移贯彻创新、协调、绿色、开放、共享的新发展理念，“坚持以推动高质量发展为主题，把实施扩大内需战略同深化供给侧结构性改革有机结合起来，增强国内大循环内生动力和可靠性，提升国际循环质量和水平，加快建设现代化经济体系，着力提高全要素生产率，着力提升产业链供应链韧性和安全水平，着力推进城乡融合和区域协调发展，推动经济实现质的有效提升和量的合理增长”。

三、黄河流域是新时期我国实践新发展理念构建新格局的实验田

（一）我国实施双循环战略的重要承载区

黄河流域是我国北方地区重要的经济发展板块。其在5000年历史长河中，是华夏先民繁衍生息的重要家园，有3000多年它都是全国政治、经济和文化中心，是华夏文化形成发展的重要基石。黄河流域也是当代中国经济转型和高质量发展的重要承载区。沿黄8省区（除四川省）国土面积占到全国的25.3%，人口近3.3亿，能矿资源丰富、市场广阔，但同时大多数省区人均地区生产总值低于全国平均水平，在改善民生、促进产业转型升级方面还有较大的空间，因此对于拉动以国内大循环为主体的经济建设发挥着至关重要的作用。此外，整个黄河流域构建东西双向互济、陆海内外联动的发展格局，对于促进高水平的对外经济合作也具有重大作用。在“一带一路”六大经济合作走廊中，多条通道都从黄河流域穿过。黄河流域参与“双循环”发展格局，可以与“一带一路”建设、西部陆海新通道建设相结合，把既有通道和国家新建的通道发挥好、利用好，包括对外开放的通道、对外开放的平台、对外开放的环境，都可以进一步完善建设。

（二）实践新发展理念的重要试验区

当前我国区域之间、行业之间、城乡之间、群体之间发展不平衡现象依然明显，同时发展中创新能力不强、体制机制不完善、动力活力不足、质量不高、短板多等不充分现象依然突出。这既影响发展效率和质量，也影响人民美好生活需要和社会公平稳定。尤其是黄河流域，经济和社会发展不充分、不平衡的问题尤其突出，中上游区域产业倚重倚能特征突出，竞争力低；城乡之间、区域之间发展差距逐步拉大；资源环境效率水平低、绿色发展新格局亟待构建。新发展阶段对贯彻新发展理念提出更高要求，需要我们把握方向、精准施策。要从根本宗旨、问题导向、忧患意识三个维度把握新发展理念。中共十九届五中全会强调：“把新发展理念贯穿发展全过程和各领域，

构建新发展格局，切实转变发展方式，推动质量变革、效率变革、动力变革，实现更高质量、更有效率、更加公平、更可持续、更为安全的发展。”因此，新时期，促进黄河流域的高质量发展也将成为我国实现第二个百年奋斗目标需要重点关注和攻克的关键。

（三）贯彻生态文明理念，构建区域发展新格局的新高地

黄河流域生态环境问题突出。黄河的全年径流量仅有500多亿立方米左右，水少沙多，水资源短缺和洪涝灾害并存；地区经济发展质量低，中上游地区的产业多以煤炭、电力、化工、冶金等重污染产业为主，产业结构倚能倚化特征明显，环境效率水平较低，推动产业精细化发展和提高产业竞争力面临诸多困难。传统产业链条较短，层次较低，质量效益不高，发展模式粗放。

当前，我国生态文明建设全面推进，绿水青山就是金山银山理念深入人心，沿黄人民群众追求青山、碧水、蓝天、净土的愿望更加强烈。我国加快绿色发展给黄河流域带来新机遇，特别是加强生态文明建设、加强环境治理已经成为新形势下经济高质量发展的重要推动力。因此，在做好黄河流域生态保护的基础上，实现沿黄地区的高质量发展，根据上游、中游和下游不同城市的功能定位，推进沿黄城市和产业的转型发展，将有助于为促进“双循环”的新发展格局提供更好、更高质量的支撑。

第二节　生态保护和高质量发展战略的重大意义

一、探索人与自然和谐发展的现代化道路

建设人与自然和谐共生的现代化，是习近平生态文明思想的重要内容。习近平总书记在中共中央政治局第二十九次集体学习时指出：“我国建设社会主义现代化具有许多重要特征，其中之一就是我国现代化是人与自然和谐

共生的现代化，注重同步推进物质文明建设和生态文明建设。”生态兴则文明兴，生态衰则文明衰。这就要求我们必须从文明的高度，处理好发展与保护的关系，并将其切实落实到各个层级的空间单元上，而流域正是落实人与自然和谐发展的关键区域。人类文明的发展史也充分证明了这一点，无论是农业文明，还是工业文明，凡是注重人与自然和谐发展的流域，都在现代化的进程中保持了永久的活力；反之就会导致流域生态的破坏而最终导致文明的停滞。

黄河流域是人类文明历史上开发悠久的流域之一。在农业文明的进程中创造了灿烂辉煌的文明，并已延续了数千年。近百年来，黄河流域正在快速地、大踏步地向工业文明迈进，工业化和城镇化快速发展，各类资源的开发规模不断扩大且布局不断扩展，人口规模不断增长且分布广泛，这剧烈地改变了流域的人地关系，其可持续发展面临比较严峻的挑战。由于历史、自然条件等原因，黄河流域上游和中游还是生态脆弱区、民族地区、革命老区的叠加交织区域，这些区域经济社会发展相对滞后，是我国相对贫困人口相对集中的区域。所以，黄河流域的高质量发展，是在践行生态文明建设战略进程中，探索人与自然和谐共生现代化道路的必然选择，也是探索社会和谐进步的必然选择。

二、探索绿色发展的新模式

黄河流域经过长期的开发建设和发展，在工业化、城镇化和农业现代化发展方面取得了巨大成就。如黄淮海平原、汾渭平原、河套灌区是农产品主产区，粮食和肉类产量占全国 1/3 左右，对我国的粮食安全意义重大；黄河流域又被称为“能源流域”，煤炭、石油、天然气和有色金属资源丰富，煤炭储量占全国一半以上，是我国重要的能源、化工、原材料和基础工业基地。从发展格局上看，基本上形成了立足自然基础的国土空间开发结构和经济社会分布格局，但长期的开发也累积形成了生产力布局与生态环境安全格局之间、发展规模与资源环境承载之间的矛盾。破解上述两对矛盾是新时代黄河流域发展战略急需解决的突出问题。所以，瞄准流域高质量发展，探索绿色转型发展的新模式，既是生态文明建设的时代要求，也是黄河流域推进“五位一体”发展的核心抓手。

从产业发展现状看，黄河流域工业结构以重化工等传统产业为主，高端且资源消耗低的产业门类少、规模小、层次低，工业发展过分依赖资源型产业，产业链条较短。大部分省区工业以煤炭、石化、电力、钢铁、有色冶金、建材等能源基础原材料产业为主，重型化和单一化严重，2020 年中上游省区能源基础原材料产业的比重基本在 60% 以上，山西、青海、甘肃等省的比重甚至超过了 70%，显著高于全国平均水平。已经形成的产业升级改造缺乏强大的动力，建立高效集约节约的产业链、产业集群的动力不强；新产业、新业态发展壮大的动力不足，市场竞争力和技术竞争力不强；人才方面，劳动力技能水平相对较低，高素质的劳动力队伍缺乏。这些均需要通过地区经济的高质量发展和绿色发展来破解。

三、构建“双循环”新发展格局与新优势

黄河流域在构建国内国际经济双循环新发展格局当中具有非常重要的地位，沿黄 8 省区（除四川省）3.3 亿人口对拉动以国内大循环为主体的经济建设发挥着至关重要的作用。同时，整个黄河流域东西双向互济、陆海内外联动的区位优势，对促进高水平的对外经济合作也具有重大作用。在“一带一路”六大经济合作走廊中，多条通道都从黄河流域穿过。黄河流域深度参与“双循环”发展战略，可以利用国内国际两种资源，国内国际两个市场，构筑流域发展的新格局和新优势。如与“一带一路”建设、西部陆海新通道建设相结合，推动呼包鄂榆、兰州—西宁、宁夏沿黄等城市群建设；借助东部沿海地区发展推动山东半岛城市群、中原城市群优化发展。这些方法均可以促进流域新型城镇化、新型工业的发展，形成新发展格局和新的发展优势，强化其对我国国土空间开发的支撑作用。

四、推进我国区域协调发展

作为我国区域经济发展中的重要板块，黄河流域具有“平衡南北方，协同东中西”的作用。同时，黄河流域是我国重要的生态功能区域和生态屏障，黄河中上游地区的生态环境质量直接影响到国家中长期生态安全和环境质量。黄河流域上游的水能资源、中游的煤炭资源、下游的石油和天然气资源都十分丰富，是我国的“能源流域”，支撑我国工业化发展的作用十分突出。所以，黄河流域是我国区域协调发展的重要生态安全和能源安全承载区。进入新时代以来，我国区域发展呈现出“南快北慢”的特征，南北发展差距有进一步拉大的趋势。推进黄河流域高质量发展，探索新机制与新路径，形成新模式和新的动力引擎，有利于推进北方地区尤其是西北地区的发展，尤其是提高相对贫困落后的黄河流域经济社会发展水平，促进我国新时代区域协调发展格局的形成。同时，推进黄河流域中心城市和城市群迈入高质量发展轨道，对推动黄河全流域及相关省区的高质量发展、稳定北方地区经济增长十分重要。可见，实施黄河流域高质量发展战略，既是落实区域协调发展战略的重大体现，也是实现社会主义国家共同富裕目标的价值追求。

第三节　生态保护和高质量发展战略的主要考虑

黄河流域开发历史悠久，人口众多，人地关系和用水关系较为紧张。目前以能源重化工产业为主的产业结构、过高的产业规模、较低的资源环境效率导致流域水环境、城市群大气环境污染，生态空间遭受挤占，生态环境形势严峻。这些生态环境问题产生的核心原因在于城市群和产业开发规模、结构、布局与效率等行为对地区水资源和水安全、生态和环境造成威胁，也就是地区社会经济发展规模与地区资源环境承载力的不匹配、社会经济布局与生态安全格局的不匹配，以及发展意愿与保护目标的不匹配。因此，黄河流域生态保护和高质量发展就需要处理好生态保护与绿色发展、因地制宜与分类施策、重点突破与整体提升等的关系。

一、生态保护和高质量发展的关系

鉴于黄河流域在我国生态安全格局中的重要性，其生态本底的脆弱性，现存的水土流失、草场退化、水环境污染等生态环境问题，以及水资源短缺和下游悬河等问题，加强黄河流域的生态环境保护是保障黄河流域长治久安的重中之重。但是，生态环境的保护必须建立在沿黄地区高质量发展的基础上才能实现，高质量发展的目标与生态保护的目标都是未来实现黄河流域人民对美好生活的向往，提高人民的幸福指数。

第一，生态保护只有通过地区的绿色高质量发展才能实现。目前黄河流域各种生态环境问题的形成，本质上是地区经济发展规模超过了地区资源环境承载力、经济活动要素的布局与地区生态功能不相符导致。因此，要实现地区生态环境质量的改善和问题的治理，在本质上必须要转变发展的方式。在发展模式上要从过去以高投资、高消耗、高排放、低产出为特征的粗放型增长模式向以创新和效率驱动的集约高效增长模式转变；在发展内容上要突破传统的主要集中在资源等初级产品开采加工、低附加值的产品加工等生产环节特征，鼓励围绕地区优势资源实施错位发展，发展与资源加工配套的机械产品制造与服务，以及地区特色产品的开发等高附加值生产环节；在发展效率上要大大提高经济的资源环境效率与经济效率；在发展布局上要与地区资源环境承载力相配套，根据地区的承载力大小和国土适宜开发程度决定经济活动的规模和强度。

第二，生态保护也是黄河流域实现高质量发展的重要途径。随着全社会生态环境保护意识的提高，对于生态环境产品的重视程度也逐步提高。好的生态环境也可以成为推动高质量发展的生产要素之一。除了传统的土地、技术、劳动力等生产要素，生态产品服务也应成为新的经济要素。地区可以依托优质、丰富的生态资源，将其转为经济发展的新动力，培育新的产业形态。“十四五”期间，我国明确提出“建立生态产品价值实现机制”，将生态产品价值实现提升到国家发展战略高度，2021年4月，《关于建立健全生态产品价值实现机制的意见》正式出台，提出了要建立健全生态产品价值实现机制，通过建立生态环境保护者受益、使用者付费、破坏者赔偿等利益导向机制，引导和倒逼形成绿色发展方式、生产方式和生活方式，实现生态环境保护与经济发展协同推进。因此，生态保护也可以成为高质量发展的重要手段和途径。如青藏高原一些地区根据高原生态特点，发展有机青稞生产、有机畜牧业。一些地区利用“好山好水”，通过生产高品质的系列农产品，打造生态金字品牌，增加农副产品附加值；一些地区则是通过挖掘历史、民族文化资源和开展乡村环境整治，推动生态保护与文化旅游深度融合，促进“生态资产”向“生态资本”的转变，开展民族文化生态旅游、红色旅游等；此外还可以通过生态权益出让、生态补偿、土地承包经营、所有权抵押融资等，实现青山变“银行”、居民变“储户”、资源变“资金”。黄河流域生态保护和高质量发展战略也提出了要以“绿水青山就是金山银山”的理念为指导，就是要立足于全流域和生态系统的整体性，处理好发展和保护的关系，从发展模式和理念上切实推进经济社会发展全面绿色转型。

国内外实践证明，生态环境保护和经济发展是辩证统一的，决不能简单割裂开来。人类活动必须尊重自然、顺应自然、保护自然，否则就会遭到大自然的报复。一些地方不重视生态环境保护，短期看似经济发展了，实际牺牲了人民健康，最终在发展质量上欠了账。因此，要积极贯彻习近平总书记在深入推动黄河流域生态保护和高质量发展座谈会上的讲话精神，准确把握保护和发展的关系，提高辩证思维能力，坚决纠正和防止先污染后治理、重发展轻保护等错误思想，把黄河流域大保护作为关键任务。通过生态环境问题整治、深度节水控水、生态保护修复、强化国土空间管控、严守生态保护红线和资源上线，特别是通过水资源来调控国土开发强度，以水定人、以水定地、以水定产、以水定城，用强有力的约束提高发展质量效益，加快高质量发展步伐，真正实现黄河流域的长治久安。

二、因地制宜与协同治理的关系

黄河流域幅员广阔，上下游的生态环境状态和面临的问题不同，社会发展的水平和能力也不同。因此，要促进黄河生态系统良性永续循环、增强生态屏障质量效能，就需要把握好全局和局部的关系。增强上中下游、左右岸一盘棋意识，一体化保护山水林田湖草沙生态要素，在重大问题上以全局利益为重，加快建立共抓大保护的体制机制，防止因局部利益损害整体利益；而在具体生态环境问题的治理上，要充分考虑上中下游、左右岸的差异，遵循自然规律、聚焦重点区域，分区分类推进山水林田湖草沙一体化保护修复，遏制生态退化趋势，提升水源涵养功能，治理水土流失，维护水生态系统健康。

在生态环境问题治理上要注重上下游之间的保护重点差异。上游地区要注重提升其作为"中华水塔"的水源涵养能力，继续推进实施三江源地区生态保护修复重大工程，有效保护修复高寒草甸、草原等重要生态系统，统筹推进封育造林和天然植被恢复。中游地区要强化中游黄土高原水土流失综合治理，继续推进重点地区风沙和荒漠化治理，筑牢北方防沙带，突出抓好黄土高原水土保持，创新黄土高原地区水土流失治理模式，以渭北、陇东、晋西南等地为重点，积极推进晋陕蒙丘陵沟壑区拦沙减沙工程、甘宁青山地丘陵沟壑区小流域综合治理工程；在太行山、吕梁山、湟水流域推广延安退耕还林还草经验，以水定林定草，实施封山育林（草）、退耕还林还草，稳定和提高植被覆盖度。下游地区要有效维护滩区湿地生态系统健康。强化黄河三角洲湿地保护修复，稳步推进退塘还河、退耕还湿、退田还滩，扩大自然湿地面积，提高生物多样性。统筹河道水域、岸线和滩区生态建设，建设集防洪护岸、水源涵养、生物栖息等功能为一体的黄河下游绿色生态走廊，促进河流生态系统健康。加强滩区湿地生态保护修复和水生态空间管控，构建滩河林田草综合生态空间，筑牢滩区生态屏障。此外，还要充分考虑流域上下游之间的物质联系，推动跨区域协同发展和生态保护，探索区际利益补偿机制，实现区域协调发展。

在共抓大保护的战略领导下，各地区也应根据地区的发展基础与优势，发展地区特色产业，促进产业绿色转型发展。上游的甘肃、青海、宁夏等省区要着重提升建设重要的新能源、盐化工、石化、有色金属和农畜产品加工产业基地，区域性新材料和生物医药产业基地。加大落后产能淘汰力度，提高能源重化工和装备制造业清洁生产水平，大力发展循环经济；中游的陕西、山西、内蒙古等省区要优化能源基础原材料发展方式，促进传统能源基础原材料产业的提质增效，加快产业技术改造、升级以及淘汰力度，提升产业资源环境效率水平；下游的河南和山东两省，要弱化能源基础原材料基地的定位，着力发展电子信息、装备制造、汽车及零部件、食品、现代家居、服装服饰等高成长性制造业，培育壮大生物医药、节能环保、新能源、新材料等战略性新兴产业，积极拓展现代服务业。

而在发展的空间布局与空间规模上，要协调好重点开发区域、产业集聚区、城市群地区的发展规模与资源环境承载间的关系。通过加强国土开发适应性评价、资源环境承载力评价，以及生态红线、永久基本农田、城市开发边界、资源利用上线、环境质量底线等一系列基础工作，确立合理的承载能力和开发格局。

三、重点突破与整体提升的关系

黄河流域的生态保护和高质量发展，涉及自然、社会、文化、经济、管理等各个方面，是一项复杂的系统工程。必须尊重系统性、整体性的规律和原则，坚持系统观念，用系统工程方法解决现实问题。把握好全局和局部的关系，增强上中下游、左右岸一盘棋意识，一体化保护山水林田湖草沙生态要素，在重大问题上以全局利益为重，加快建立共抓大保护的体制机制，防止因局部利益损害整体利益。同时要把握好发展和保护的关系、当前和长远的关系、发展和安全的关系，既不能为了保护而忽视了当地群众对于经济发展、改善民生的需求，也不能为了发展而牺牲环境和生态；既不能为了短期

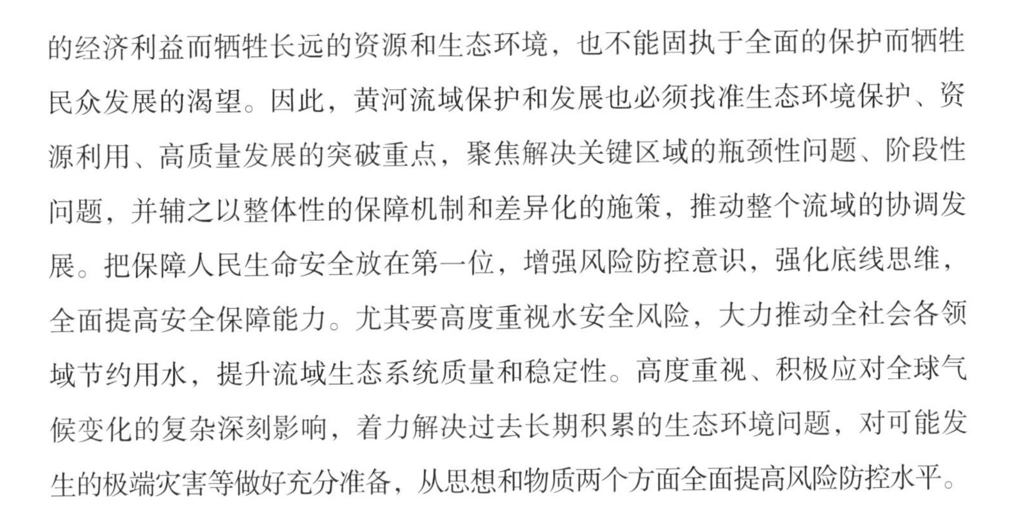

的经济利益而牺牲长远的资源和生态环境，也不能固执于全面的保护而牺牲民众发展的渴望。因此，黄河流域保护和发展也必须找准生态环境保护、资源利用、高质量发展的突破重点，聚焦解决关键区域的瓶颈性问题、阶段性问题，并辅之以整体性的保障机制和差异化的施策，推动整个流域的协调发展。把保障人民生命安全放在第一位，增强风险防控意识，强化底线思维，全面提高安全保障能力。尤其要高度重视水安全风险，大力推动全社会各领域节约用水，提升流域生态系统质量和稳定性。高度重视、积极应对全球气候变化的复杂深刻影响，着力解决过去长期积累的生态环境问题，对可能发生的极端灾害等做好充分准备，从思想和物质两个方面全面提高风险防控水平。

第四节　生态保护和高质量发展的战略定位与目标

一、大江大河治理的重要标杆

黄河流域是华夏文明重要的发源地之一，中国五千年文明史也是一部黄河的治理史。黄河长期“体弱多病”、水患频繁，历史上曾“三年两决口、百年一改道”。从先秦到新中国成立前的2500多年间，黄河下游共决溢1500多次，大的改道26次，水患所至，“城郭坏沮，稸积漂流，百姓木栖，千里无庐”。历代先贤就治理黄河进行了艰苦的实践和探索，历史上有大禹治水、汉武帝“瓠子堵口”、明代潘季驯“束水攻沙”、康熙帝把“河务、漕运”刻在宫廷的柱子上等名传千古的典故。新中国成立后，黄河水的善治一直是党和国家领导人的夙愿。1952年毛泽东第一次出京视察就来到黄河，发出“要把黄河的事情办好”的号召。党的十八大以来，习近平总书记多次到黄河流域深入调研，反复强调要让黄河成为“造福人民的幸福河”。2022年他在新年贺词中也提出：“黄河安澜是中华儿女的千年期盼。”因此，深刻分析黄河长期以来久治难愈的复杂根源，准确把握大江大河的治理规律，总结国内外流域治理的先进经验，从根本上改变黄河为患不止的局面，实现“黄河宁、天下平”的美好愿望，并探索出一条适合中国国情的河流保护治理之路，是黄河流域可持续发展的首要战略目标。

从现实看，洪水风险依然是黄河流域的最大威胁。黄河流域“地上悬河”形势严峻。在河南、山东两省居民迁建规划实施后，下游滩区仍有近百万人处于洪水威胁之中，滩区防洪运用与经济发展矛盾长期存在。“两岸分滞”能力不足，东平湖滞洪区分滞洪工程体系不完善。宁蒙河段主槽淤积形成新悬河，上中游干流和黑河、白河、大黑河、无定河等支流防洪工程不完善，中小河流和山洪灾害防治能力、城市防洪能力等有待提升。其次，黄河流域水资源安全问题突出。不仅水资源本身严重短缺，且存在着过度开发的问题，中下游地区的工业生产、农业面源污染和生活污水造成流域水质普遍较差，用水供需矛盾突出，水资源保障形势严峻。

因此，要深刻分析黄河长期复杂难治的问题根源，准确把握黄河流域气候变化演变趋势以及洪涝等灾害规律，克服就水论水的片面性，突出黄河治理的全局性、整体性和协同性，推动由黄河源头至入海口的全域统筹和科学调控，深化流域治理体制和市场化改革，综合运用现代科学技术、硬性工程措施和柔性调蓄手段，着力防范水之害、破除水之弊、大兴水之利、彰显水之善，为重点流域治理提供经验和借鉴，开创大江大河治理新局面。

二、国家生态安全的重要屏障

黄河流域是我国国土生态安全的关键区域，其不仅是我国北方防沙带、青藏高原生态屏障、黄土高原“两屏三带”生态屏障格局的核心区域，还是长江、黄河、珠江、澜沧江等重要江河的发源地和我国淡水资源的重要补给地。对该区域的生态环境实施战略性保护不仅是维系全国生态安全、增强可持续发展能力的基本保障，而且还直接关系到我国中长期生态环境演变格局，在全国生态安全格局中占据着难以替代的突出地位。

针对黄河流域的重要生态屏障作用，以促进黄河生态系统良性永续循环、增强生态屏障质量效能为出发点，遵循自然生态原理，运用系统工程方法，综合提升上游“中华水塔”水源涵养能力、中游水土保持水平和下游湿地等生态系统稳定性，加快构建坚实稳固、支撑有力的国家生态安全屏障，为欠发达和生态脆弱地区生态文明建设提供示范。

三、高质量发展的重要实验区

黄河流域是我国重要的煤炭、煤电和清洁能源生产基地与供应基地，能源安全支撑区。煤炭、天然气储量分别占全国基础储量的75%和61%，2020年，黄河沿线8省区（除四川省）的原煤生产总量达到30.88亿吨，占全国原煤生产总量的80.4%；同时中上游地区风能和光伏能源丰富，2020年，甘肃、青海、宁夏和内蒙古的风能和光伏发电装机分别占全国总量的45%以上。同时黄河流域还是我国重要的农产品供应区，流域耕地面积占全国总量的35%左右，粮食产量占全国总量的34.42%。在《全国主体功能区规划》确定的“七区十二带”农业战略格局中，甘肃主产区、河套灌区、汾渭平原、黄淮海平原农产品主产区均是重要组成部分，长期为全国提供优质小麦、水稻、棉花、油菜、专用玉米、大豆以及畜产品、水产品等，是国家重要的粮、棉、油生产基地和经济作物的重要产区。

由于长期依赖本地资源，黄河流域经济基础相对薄弱，尤其中上游地区远离沿海发达的市场，本地的技术和资金积累比较弱，劳动力技能水平相对较低，只能发展依托本地资源优势的农产品加工业和能源资源原材料加工业。工业发展过分依赖资源型产业，产业链条较短，高端且资源消耗低的产业门类少，规模小，层次低。

黄河流域依能依重的产业发展特点以及粗放的产业模式，导致地区产业竞争力低，且生态环境压力较大。习近平总书记在黄河流域生态保护和高质量发展座谈会上的讲话指出，“黄河上中游7省区是发展不充分的地区，同东部地区及长江流域相比存在明显差距，传统产业转型升级步伐滞后，内生动力不足”。而打破黄河流域长期以来的资源依赖和路径依赖，必须在生态环境保护和资源约束趋紧的条件下，积极探索产业绿色转型的高质量发展路径。立足比较优势条件，结合资源禀赋、历史底蕴、区位条件、产业基础，遵循“宜水则水、宜山则山，宜粮则粮、宜农则农，宜工则工、宜商则商”的发展原则，积极探索富有地域特色的高质量发展路径，并为我国其他资源依赖型地区的高质量发展提供经验示范。

四、中华文化保护传承弘扬的重要承载区

黄河文化是中华文明的重要组成部分，是中华民族的根和魂。保护传承弘扬黄河文化，不仅有利于延续历史文脉和民族根脉，提高中华民族的文化自信和精神传承，而且有利于深入挖掘黄河文化的时代价值，加强公共文化产品和服务供给，在满足人民群众精神文化生活需要的同时，也为黄河流域高质量发展提供发展契机。

系统开展黄河文化资源的全面调查和认定，实施黄河文化遗产系统保护工程，延续历史文脉。通过摸清文物古迹、非物质文化遗产、古籍文献等重要文化遗产底数，建设黄河文化遗产廊道，对濒危遗产遗迹遗存实施抢救性保护，提高黄河流域革命文物和遗迹保护水平，完善黄河流域非物质文化遗产保护名录体系，大力保护黄河流域戏曲、武术、民俗、传统技艺等非物质文化遗产等措施，有助于延续和深入中华历史文脉的研究与传承。

实施中华文明探源工程，开展黄河文化传承创新工程。通过系统研究梳理黄河文化发展脉络，研究规划建设黄河国家文化公园，推动和支持黄河流域优秀农耕文化遗产申报全球重要农业文化遗产，综合展示黄河流域在农田水利、天文历法、治河技术、建筑营造、中医中药、藏医藏药、传统工艺等领域的文化成就，大力弘扬延安精神、焦裕禄精神、沂蒙精神等红色精神和文化，改扩建一批黄河文化博物馆等措施，提高黄河文化的研究力量和创新发展，从而深入传承黄河文化基因。

通过黄河形象的宣传、展示、文学艺术新闻影视创作以及国际人文交流和合作，增强黄河文化的对内和对外宣传力度，打造黄河文化对外传播符

号，讲好新时代黄河故事。同时推动文化和旅游融合发展，推进全域旅游发展，建设一批展现黄河文化的标志性旅游目的地。发挥上游自然景观多样、生态风光原始、民族文化多彩、地域特色鲜明的优势，加强配套基础设施建设，增加高品质旅游服务供给，支持青海、四川、甘肃毗邻地区共建国家生态旅游示范区。中游依托古都、古城、古迹等丰富的人文资源，突出地域文化特点和农耕文化特色，打造世界级历史文化旅游目的地。下游发挥好泰山、孔庙等世界著名文化遗产作用，推动弘扬中华优秀传统文化。加大石窟文化保护力度，打造中国特色历史文化标识和“中国石窟”文化品牌。依托陕甘宁革命老区、红军长征路线、西路军西征路线、吕梁山革命根据地、南梁革命根据地、沂蒙革命老区等打造红色旅游走廊。实施黄河流域影视、艺术振兴行动，形成一批富有时代特色的精品力作，打造具有国际影响力的黄河文化旅游带。

第三章
因地制宜，改善生态环境

黄河流域生态系统复杂多样，由于地质、地貌、水文、土壤、气候和植被的特殊性，该区既是全球气候变化的敏感区，又是生态环境的脆弱区，还是我国重要的生态安全屏障区，同时也是我国人地矛盾突出的区域。人类活动干预的加剧，加速了该区域生态环境的恶化，水土流失、土地荒漠化等生态问题日益凸现，影响了我国其他地域的生态安全。党的十八大以来，以习近平同志为核心的党中央将生态文明建设纳入了“五位一体”总体布局、新时代基本方略、新发展理念和三大攻坚战中，开展了一系列根本性、开创性、长远性工作，推动生态环境保护发生了历史性、转折性、全局性变化。通过退耕还林（草）工程、天然林资源保护工程、三江源生态保护与建设工程、三北防护林建设工程等一系列国家重点生态工程的实施，以及《全国主体功能区规划》《全国重要生态系统保护和修复重大工程总体规划（2021—2035年）》《黄河流域生态保护和高质量发展规划纲要》等一系列国家战略的实施，在全面加强生态保护的基础上，不断加大生态保护修复力度，持续推进大规模国土绿化、水土保持、防沙治沙、生物多样性保护、湿地与河湖保护修复等生态工程举措，黄河流域生态环境保护取得了显著成效，生态恶化趋势基本得到遏制，自然生态系统总体稳定向好，服务功能逐步增强，国家生态安全屏障骨架基本构筑。

今后，在深入贯彻习近平生态文明思想的基础上，以全面提升黄河流域生态安全屏障质量、促进生态系统良性循环和永续利用为目标，因地制宜科学布局和组织实施生态环境保护和修复工程。在上游重点筑牢三江源“中华水塔”，提升甘南、若尔盖等区域水源涵养能力；在中游黄土高原积极开展小流域综合治理、旱作梯田和淤低坝建设等治理水土流失；在下游继续加强黄河三角洲湿地保护和修复，同时全流域继续开展农业面源污染治理，沿黄城镇和工业污水处理，矿山生态修复，从而着力提高生态系统自我修复能力，切实增强生态系统稳定性，显著提升生态系统功能，为维护国家生态安全、推进生态系统治理体系和治理能力现代化、加快建设美丽中国奠定坚实生态基础。

第一节　生态环境治理的重要政策举措与工程

党的十八大以来，黄河流域各级政府积极推进退耕还林还草、天然林资源保护、重点防护林建设、水土流失综合治理、废弃工矿整治、湿地保护等重点生态工程建设，加大植树造林、封山育林，加强森林管护，强化自然保护区建设和监管，加强湿地等生态系统的保护和修复，实施江河湖泊综合整治，取得了良好的效果。

一、上游的水源涵养能力建设

黄河上游作为重要的水源涵养区，提升水源涵养功能是该地区生态保护的主要方向。为此，上游沿黄省区坚持开展了营造林及森林资源保护相关工程、草地保护与建设工程、湿地与自然保护区建设工程、沙化荒漠化防治工程、水源涵养工程等一系列工程推进上游水源涵养能力建设。

（一）营造林及森林资源保护工程

党的十八大以来，随着天然林资源保护、退耕还林、“三北”防护林体系建设等重大工程的全面实施，以及森林生态效益补偿制度的建立，森林生态系统保护与建设稳步推进。黄河流域林地、森林面积大幅度增加，营造林及森林资源保护与建设工程取得显著成效。黄河流域紧紧围绕加快推进国土绿化的实施方案的部署要求，积极争取了国家新一轮退耕还林任务，巩固退耕还林成果；加强三北防护林体系建设，完善人工造林、封山育林和退化林地修复治理等工程建设；大力实施天然林资源保护、天保工程、黄河上游生态修复造林绿化等项目，推进国土绿化；增加生态公益林保护面积，强化重点公益林管护，提高公益林补偿标准，不断牢固生态红线，改善生态环境。积极争取了中央财政投入，推动实施森林质量精准提升工程，加强低产用材林、低效防护林、退化人工林综合改造培育和天然林修复，改造培育生态经济林，稳步增强森林生态系统的整体功能，充分发挥森林资源的多种效益，为经济社会发展提供更多更好的优质林产品和生态服务。

（二）草地保护与建设工程

草地保护与建设的主攻方向为治理退化草原、恢复草原植被、改善草原生态、提高草原生产力、促进农牧民脱贫致富。近年来，青海、甘肃、内蒙古等省区始终把草地保护作为重中之重来落实。党的十八大以来，针对全区局部地区草原退化问题，采取“禁”“退”“休”“轮”“种”等几种方式，实施退牧还草、草原经营制度改革、草原法制建设、草原生态保护修复和草原灾害防空能力建设等措施，草原生态环境保护与恢复成效明显，但生态环境依然比较脆弱，形势不容乐观。黄河上游水源涵养区，切实担负起了黄河上游生态保护重任，积极开展了新一轮退耕还草、退牧还草、草场禁牧封育、毒草治理、人工种草、草原鼠害治理等重点生态工程项目，全面落实了草原禁牧休牧和草畜平衡制度，减轻天然草原放牧压力，遏制草原退化趋势，改善草原生态环境，巩固草原保护建设成果。

（三）湿地与自然保护区建设工程

黄河上游是我国重要水源涵养区，承担着我国主要江河源头产流区保护、涵养水源、防风固沙和生物多样性保护等重要生态功能。为进一步实现“扩大保护，减少破坏，促进发展”，“强化濒危物种拯救，加强资源保护管理，加快自然保护区发展，扩大栖息地及湿地保护面积”的目标，甘肃省等省区启动了湿地资源调查工作，摸清了全省资源分布、类型、数量以及主要生态特征；继续开展了自然保护区及生物多样性保护工程，在尕海湿地、黄河首曲湿地等重要湿地相继建立了国家级自然保护区和省级自然保护区，着重聚焦黑鹳、黑颈鹤、灰鹤、天鹅及多种雁鸭类等重点保护动物，将秦岭生物多样性保护纳入国家重点建设工程；大力推进了湿地保护与修复工程，开展退牧还湿、人工湿地建设和重点河湖保护治理；完善了湿地保护管理办法，进行严格保护，严格湿地用途监管，确保湿地面积不减少；建立了以国家公园为主体的自然保护地体系，积极推进祁连山国家公园、大熊猫国家公园体制试点工作，实施祁连山生态保护修复工程，保护生态系统的原真性、完整性和稳定性。

（四）沙化荒漠化防治工程

党的十八大以来，甘肃、青海、内蒙古等地非常重视沙漠化治理工作。紧紧依托国家重点生态建设工程，将荒漠化土地治理与合理开发荒漠化区域资源有效结合起来，进行沙、土、水、田、渠、路综合治理，坚持不懈地开展防沙治沙工作，荒漠生态系统生态整体恶化趋势得到了初步遏制。甘肃、青海、内蒙古等地为实现沙化土地治理，荒漠植被自然修复，重点推进了石羊河、黑河、疏勒河等流域的沙化土地封禁保护和治理；加大了腾格里沙漠植被封禁保护、石羊河流域生态治理和毛乌素沙漠甘肃片沙地综合治理。

（五）水源涵养工程

黄河上游作为重要的水源涵养区，坚决防止生态环境恶化，努力提升生态环境服务功能。党的十八大以来，甘肃省、青海省等省区重点实施了甘南山地水源涵养重要区、祁连山水源涵养重要区、秦岭—大巴山生物多样性保护与水源涵养重要区等项目，加快河西祁连山内陆河生态安全屏障、甘南高原地区黄河上游生态安全屏障、陇东陇中地区黄土高原生态安全屏障和中部沿黄河地区生态走廊建设，在加强生态保护、增强生态系统水源涵养区和土壤保持功能、强化已有自然保护区和天然林的管护力度、遏制生态功能持续退化等方面取得了显著成效。

二、中游水土保持工程

党的十八大以来，黄土高原等黄河中游地区紧紧围绕生态环境保护战略，遵循“防治结合、保护优先、强化治理”的水土保持方针，以小流域为单元，支流为骨架，集中连片、规模治理，区分水土流失重点预防区和重点治理区，变“被动补救”为“超前设防”，全面实施预防保护，从源头上控制水土流失，充分发挥生态自然修复作用，多措并举，扩大林草植被面积，形成综合预防保护体系，以维护和增强水土保持功能，生态保护建设与生态环境治理得到了很大改善。在林草覆盖率高及水土流失潜在危险大的区域实施封育保护；在绿洲边缘地区实施封育保护和局部治理；在条件相对恶劣、不适宜治理的沙漠戈壁等区域进行封禁；在重要林区、草原区实施重点预防保护；在生产建设活动区域全面监控，加强监督、严格执法，严格控制人为水土流失。根据水土流失特点及分布区域，黄土高原等黄河中游地区主要实施了重点区域水土流失综合治理、坡耕地水土流失综合治理、小流域综合治理、生态清洁型小流域建设等四类综合治理重点项目。

（一）重点区域水土流失综合治理工程

以省级水土流失重点治理区为主要范围，统筹正在实施的水土保持等生态建设工程，考虑老少边穷地区等治理需求迫切、集中连片、水土流失治理程度较低的区域，在黄土高原沟壑区和刘家峡库区等重点区域重点实施水土流失综合治理。积极推进封山禁牧和育林育草，加强坡耕地改造和沟道治理，适度调整种植结构，大力发展生态农业。

（二）坡耕地水土流失综合治理工程。

针对适宜改造成梯田的坡耕地和距离村庄远、坡度较大、土层较薄、缺少水源的坡耕地开展综合治理。对适宜的坡耕地改造成梯田，配套道路和小型水利工程。距离村庄远、坡度较大、土层较薄的坡耕地发展经济林果或退耕林草。禁垦坡度以上的陡坡耕地退耕还林还草。

（三）小流域综合治理工程

在黄土高原沟壑区，沿塬边沟头布设沟头防护和截排水工程，缓坡耕地布设水平梯田，陡坡耕地退耕种草，天然草地、疏林地生态修复；沟道布设淤地坝，支毛沟修建谷坊。在黄土高原丘陵沟壑区，25°以下宜修梯田的坡耕地进行梯田化改造，25°以上及不满足坡改梯条件的坡耕地退耕还林还草或发展经济林，配套田间道路及小型蓄水工程；侵蚀沟道修筑淤地坝、沟头防护、谷坊等拦蓄措施。在水风蚀交错区以防风固沙林网和基本农田建设为主，配套道路、排水措施，加强小型蓄水设施建设，对现有林草地进行封禁管护。

（四）生态清洁型小流域建设工程

在具有一定治理基础、植被和水资源等自然条件较好的小流域实施生态清洁型小流域建设工程。以小流域为单元，以水源保护为中心，以控制水土流失和面源污染为重点，山、水、林、田、路、村综合治理，综合减污。在中山、低山及人烟稀少地区实行全面封禁，促进生态修复；在人口相对密集的浅山、山麓、坡脚等区域兴建水平梯田，实施坡面造林、种草；在沟道建设淤地坝和谷坊等沟道拦蓄工程；耕地实施保护性耕作，减少化肥农药的使用；水库、沟（河）道两侧建设植被过滤带，加强面源污染治理，进行村容村貌整治，集中收集、处置垃圾、污水等污染物。

三、下游湿地保护和生态治理

党的十八大以来，黄河流域下游各省区以黄河流域生态保护和高质量发展国家战略为引领，统筹谋划保护与开发，实施生态系统保护和修复重大工程，全面提升黄河下游生态系统质量和稳定性，打造黄河流域生态保护和高质量发展先行区。

（一）保护修复黄河三角洲

推进黄河三角洲湿地生态系统保护修复。实施黄河入海口湿地生态修复与水系连通工程、近海水环境与水修复生态工程，促进黄河与自然保护区之间、自然保护区内部湿地之间水系连通，维护湿地、河流生态系统健康。加强农田林网和海防林建设，实施引排水沟渠生态化改造、黄河口防护林工程，增强防风固沙能力，遏制土地沙化趋势。依法开展清理整治探矿采矿等活动，严厉打击各类违法违规行为。全面落实勘界立标，推进自然保护地确权登记。推进滨州贝壳堤岛与湿地国家级自然保护区建设。以黄河三角洲国家自然保护区为主体，优化整合黄河三角洲自然保护区周边的自然保护地，打造以黄河入海口生态系统为特色的国家公园。全面开展陆域湿地、潮间带湿地、浅海湿地生态治理，建设珍稀濒危鸟类栖息地、海洋生物综合保育区和特色植被保育区，生态治理外来有害物种，保护黄河三角洲生物多样性。加强对自然保护区生态系统、植被和珍稀濒危物种观测，建设智慧黄河三角洲监测监管网络。

（二）加强黄河沿线生态廊道建设

加强沿黄各市矿山地质环境恢复治理和地质灾害防治，推进沿黄区域山水林田湖草沙生态保护修复，实施重点区域生态治理。因地制宜分类推进滩区治理，在“嫩滩”区域开展湿地自然修复，保护湿地、水域生态系统和鸟类栖息地、迁徙通道，打造高品质黄河沿岸绿色生态廊道。统筹推进黄河下游沿岸及滩区国土综合整治，积极推进国土绿化与农田林网修复改造，全力推进全域土地综合整治试点，打造生态宜居美丽乡村。

（三）积极推动水生态恢复

统筹开展“河道有水”建设。按照国家、省生态流量管理重点河湖名录要求，制定河湖生态流量保障实施方案。推进城区河道有水工程建设。分期分批确定主要河流、湖泊、水库生态流量（水位）。打造北部黄河生态风貌带，实施滩区生态保护修复工程，因地制宜推进滩区退地还湿，打造滩河林草综合生态系统。推进生态廊道与节点建设。建设滨水生态廊道，推进大汶河、小清河、徒骇河、北大沙河等骨干河道美丽示范河湖工程建设，有机串联自然保护区、森林公园、湿地公园、重要湖库等多样生态节点，营造河畅、水清、岸绿、景美、宜游的河湖景观。围绕北部沿黄湿地群、中部山前

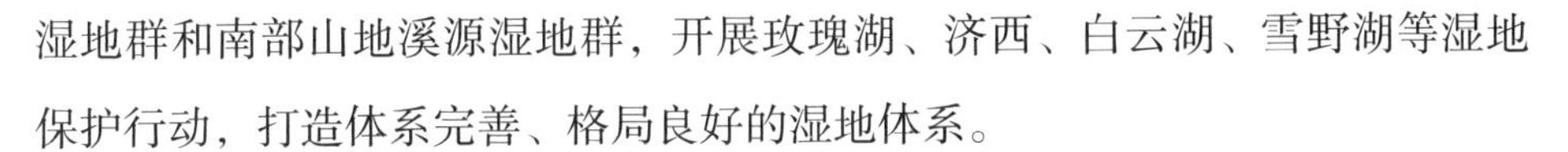

湿地群和南部山地溪源湿地群，开展玫瑰湖、济西、白云湖、雪野湖等湿地保护行动，打造体系完善、格局良好的湿地体系。

（四）系统治理黄河流域水生态环境

实施以总氮控制为主要目标的入黄支流综合治理工程，分阶段、分类型对锦水河等 11 条入黄支流开展综合整治行动，并将其全部纳入日常监管，增加总氮管理指标。加强长清、平阴等沿黄城镇污水处理设施及配套管网建设，开展黄河流域“清废行动”，基本完成尾矿库污染治理。推进农业农村面源污染治理，加快推进农村生活污水治理，加强滩区内畜禽和水产养殖有效监管。

四、环境污染治理工程

黄河流域坚持以改善环境质量为核心，着力打好污染防治攻坚战，解决群众关心的突出环境问题，全面实施大气、水、土壤污染防治三大行动计划。围绕水污染、土壤污染、大气污染、固废污染、矿山污染和农业面源污染六项内容制定重点治理措施，从严从实抓好中央环保督察组反馈问题整改，实施蓝天、碧水、净土保卫战。空气质量和地表水质量明显改善，土壤环境质量保持总体安全清洁。生态环境保护工作稳步推进，取得积极进展。

（一）水污染防治工程

党的十八大以来，各省认真落实《中华人民共和国水污染防治法》，开展了一系列水污染防治工程。紧抓黄河沿线工业企业水污染防治，取缔不符合产业政策的工业企业，加强对严重污染水环境的生产项目的监察执法后督察，专项整治水污染重点行业，开展采掘和石油行业环境整治，集中整治工业集聚区水污染。强化城镇生活水污染防治，加快城镇污水处理设施建设与改造，采取表面流人工湿地、水平潜流人工湿地、垂直流人工湿地及其他湿地辅助技术，建设污水处理厂尾水湿地工程，全面加强配套管网建设。推动农业农村污染防治，防治农村畜禽养殖污染，推动畜禽规模养殖废弃物资源化利用，控制农业面源污染，优化农业生产结构和区域布局。依法实施“河长制”，管控河流流域综合污染防治。持续开展水污染防治关键技术研发工作。

（二）土壤污染防治工程

党的十八大以来，各省以改善土壤环境质量为核心，以保障农产品质量和人居环境安全为出发点，坚持预防为主、保护优先、风险管控，突出重点区域、行业和污染物，按照国家统一安排部署，贯彻落实《土壤污染防治行动计划》，全面完成农用地土壤污染状况详查工作，开展土壤污染防治工作。其中，2008年至2018年，甘肃省积极推动实施34个土壤污染治理与修复技术应用试点项目。2010—2015年期间，累计争取中央重金属专项资金11.25亿元（其中国家资金10.3亿元，省级资金9500万元），带动其他投资30亿元，实施了154个重金属污染治理项目，有力推动了全省土壤重金属污染防治工作，提高了涉重行业企业治污能力。

（三）大气污染防治工程

党的十八大以来，各省紧盯可吸入颗粒物（PM10）、细颗粒物（PM2.5）浓度值和优良天数比例一套目标，突出重点区域、重点领域和重点行业，统筹兼顾、分类施策、精准发力，形成政府统领、企业施治、创新驱动、公众参与、社会监督的大气污染防治新机制，扎实推进燃煤、扬尘、工业、机动车、生活面源等大气污染重点工作。坚持优化产业结构，推动绿色产业发展，调整能源结构，构建高效清洁能源体系，加强煤炭总量控制，加强城市生态增绿减污，降低沙尘、扬尘对大气环境的污染。

（四）固废污染治理工程

固废污染治理措施包括危险废物治理、一般工业固体废物治理和生活垃圾废物治理。完善现有城市部分垃圾处置设施，加大城乡生活垃圾处置设施建设力度。医疗、化工等危险废物处理无害化、病毒不扩散，保障垃圾接触者的安全卫生。提高和加强工业固体废物无害化处置率和减量化、资源化。建设农村固体废弃物回收处置安全体系，加强农村固体废物污染防治。

（五）农业面源污染治理工程

党的十八大以来，全区范围内各省持续推进化肥、农药减量增效，用有机肥料代替化肥。开展农田残膜回收区域性示范，扶持地膜回收网点和废旧地膜加工能力建设，逐步健全回收加工网络，创新地膜回收与再利用机制。加强耕地重金属污染治理修复，在轻度污染区，通过灌溉水源净化、推广低镉积累品种、加强水肥管理、改变农艺措施等，实现农作物安全生产；在中、重度污染区，开展农艺措施修复治理，同时通过品种替代、粮油作物调整和改种非食用经济作物等方式，因地制宜调整种植结构，少数污染特别严重区域，划定为禁止种植食用农产品区。在种养密度较高的地区和新农村集中区因地制宜建设规模化沼气工程，同时支持多种模式发展规模化生物天然气工程。因地制宜推广畜禽粪污综合利用技术模式，规范和引导畜禽养殖场做好养殖废弃物资源化利用。加强水产健康养殖示范场建设，推广工厂化循环水养殖、池塘生态循环水养殖及大水面网箱养殖底排污等水产养殖技术。

（六）矿山污染治理工程

在矿山治理中坚持贯彻创新、协调、绿色发展理念，坚持“在环境保护与发展中，把保护放在优先位置，在发展中保护、在保护中发展”和“谁开发谁保护、谁破坏谁治理、谁投资谁受益”的原则，突出改革创新，建立政府、企业、社会共同参与的保护与治理新机制。探索构建“政府主导、政策扶持、社会参与、开发式治理、市场化运作”的矿山地质环境恢复和综合治理新模式，推进第三方专业治理，形成“源头预防、过程控制、损害恢复、责任追究”的保护责任制度体系，切实扭转“旧账未还，新账又欠”的局面。矿山污染治理主要采取矿山大气污染治理、废水排放污染治理、固体废弃物排放治理和噪声污染治理四项措施。

第二节　过去 20 年生态环境治理取得的成效

中共中央、国务院高度重视生态保护和修复工作，特别是党的十八大以来，以习近平同志为核心的党中央将生态文明建设纳入了“五位一体”总体布局、新时代基本方略、新发展理念和三大攻坚战中，开展了一系列根本性、开创性、长远性工作，推动生态环境保护发生了历史性、转折性、全局性变化。黄河流域生态恶化趋势基本得到遏制，自然生态系统总体稳定向好，服务功能逐步增强，国家生态安全屏障骨架基本构筑。

一、三江源湿地生态恢复取得较大进展

三江源地处青藏高原腹地，是长江、黄河、澜沧江的发源地，有“中华水塔”之称，在全国生态文明建设中具有重要地位。习近平总书记多次就三江源生态保护和建设作出重要指示，要求把三江源保护作为青海生态文明建设的重中之重，承担好维护生态安全、保护三江源、保护“中华水塔”的重大使命。党的十八大以来，三江源地区生态保护力度持续加大，重大生态保护和修复工程深入推进，为维护与促进我国生态安全和中华民族永续发展做出了积极贡献。通过三江源生态保护和建设一期和二期工程的实施，区域生态系统总体表现出“初步遏制，局部好转”的态势，取得了显著生态成效，预期目标基本实现，生态环境保护成效逐步显现。

（一）全区宏观生态状况趋好，草地持续退化的趋势得到初步遏制

三江源生态保护和建设工程实施前近30年（20世纪70年代中后期至2004年），三江源区草地生态系统总面积净减少1389.9平方千米，水体与湿地总面积减少375.14平方千米，荒漠面积增加674.38平方千米。草地退化面积占草地总面积的40.1%，说明三江源区草地退化是一个在空间上影响面积大，在时间上持续时间长的连续变化过程。一期工程期8年（2005—2012年），全区草地面积净增加123.70平方千米，水体与湿地生态系统面积净增加287.87平方千米，荒漠生态系统的面积净减少492.61平方千米。草地退化状态不变的面积占草地退化态势面积总量的68.52%；轻微好转、明显好转类型的面积占草地退化态势面积总量的24.85%和6.17%；新发生草地退化的面积仅占0.12%，而退化加剧发生类型的面积仅占草地退化态势面积总量的0.34%。可治理沙化土地治理率由45%提高到47%。湖泊面积有所扩大，平

均每年增加 70 多平方千米，近千个黄河源头的高原湖泊重现粼粼波光。

（二）植被覆盖度和净初级生产力明显好转

1990—2019 年三江源区年均植被覆盖状况总体较好，全区年平均植被覆盖度变化呈现波动中有所提升的态势。后 15 年（2005—2019 年）与前 15 年（1990—2004 年）相比，植被覆盖度有所提高，由 37.10% 增加到 41.23%，三江源区的年均植被覆盖度在 1990—2019 年的前半段呈现显著增加趋势，而后半段呈现增加减缓趋势，增加较为明显的区域主要位于三江源东部地区。

1990—2019 年，三江源全区年均净初级生产力变化呈现平稳提升的态势。从年际变化趋势看，在 1990—2019 年、1990—2004 年、2005—2019 年三个时段内，三江源区的年均净初级生产力均呈现平稳提升趋势，且增加趋势显著，其中，前半段净初级生产力趋势值大于后半段趋势值。在空间上，整个三江源区净初级生产力显著性空间分布差异较大，大部分地区的净初级生产力呈现显著的增加趋势，同时也呈现出“东西两侧显著，中间非显著”的空间差异特征。

（三）水源涵养能力稳定提升

作为我国淡水资源的重要补给地，三江源平均每年向下游输送 600 多亿立方米的源头活水，长江总水量的 25%、黄河总水量的 49% 和澜沧江总水量的 15% 来自三江源。党的十八大以来，三江源水源涵养区着力推进一系列重大生态保护修复和建设工程，生态系统质量和稳定性不断提升。

近年来，三江源地区生态系统逐步改善，湖泊和湿地面积明显扩大，林草植被覆盖度快速增加，水源涵养能力稳定提升，水资源量持续增加。调查数据显示，1956—2000 年，三江源地区多年平均水资源总量约为 428 亿立方米；2005—2012 年，通过实施三江源生态保护和建设一期工程等，三江源地区多年平均水资源总量约为 512 亿立方米；2013—2020 年，三江源生态保护和建设二期工程实施后，三江源地区多年平均水资源总量增加到约 523 亿立方米，比 1956—2000 年多年平均水资源量增加约 95 亿立方米。2020 年，青海省内地表水出境水量达到954.98 亿立方米，比 2016 年增加 463.58 亿立方米；

近5年来，年均增加水量超过92亿立方米。从三江源区长江、黄河、澜沧江三大流域主要控制断面监测的水质情况看，工程期内，绝大部分监测断面的水质属于Ⅰ类和Ⅱ类，只有少数断面水质为Ⅲ类，说明三江源地区始终在向下游提供水质优良的水资源。

（四）三江源区水体与湿地生态系统整体有所恢复

一期工程实施后，三江源区水体与湿地生态系统面积净增加280.01平方千米。其中，位于治多县的玛日达错面积净增加82.41平方千米，盐湖面积净增加78.71平方千米，而玛多县的鄂陵湖面积净增加74.72平方千米。此外，治多县的库赛湖和海丁诺尔以及唐古拉山乡的乌兰乌拉湖水域面积扩张也比较明显，水域面积分别增加69.49平方千米、62.67平方千米 和62.48平方千米。重点湿地封育保护工程主要分布在果宗木查、当曲、约古宗列、扎陵—鄂陵湖、星星湖、年保玉则保护区，规划保护面积160.12万亩，其中：核心区89.77万亩、缓冲区70.35万亩。工程期内，6个保护区湿地面积新增了20.19万亩，说明湿地与水体的恢复同时受到气候变化和生态工程的正面作用。

（五）生态产品价值实现机制逐步完善

习近平总书记指出："三江源、祁连山等生态功能重要的地区，就不宜发展产业经济，主要是保护生态，涵养水源，创造更多生态产品。"创造更多生态产品，需要建立健全生态产品价值实现机制，走生态优先、绿色发展的新路子。三江源地区持续推进水生态产品价值实现机制建设，为统筹生态保护和经济社会发展提供了有力保障。

为在有效保护生态环境的同时进一步保障和改善三江源地区民生，我国加大了对三江源地区生态补偿的政策支持力度，全面落实生态公益林补偿、草原生态保护补助奖励、生态移民补助等生态补偿政策，进一步完善三江源地区生态补偿机制。在重大政策和体制机制上，三江源地区实行先行先试。一方面，对三江源地区生态系统状况动态变化以及生态系统服务价值进行调查、核算、评估，将水资源等自然资源对全国产生的生态产品和服务价值进行折算、评估，为加快实现水生态产品和服务价值奠定坚实基础。另一方面，开展三江源国有自然资源资产管理体制试点，对三江源国家公园试点区的所有自然生态空间开展确权登记，从法律法规层面明确国家所有的自然资源资产权益，建立归属清晰、权责明确、保护严格、流转顺畅、监管有效的自然资源资产产权制度。这一系列重要举措，有力推动了三江源生态保护和民生改善，不断筑牢国家生态屏障。

二、环境质量持续向好

党的十八大以来，各省环保工作紧紧围绕“改善环境质量、保障环境安全、服务科学发展”三条主线，通过注重政策规划引导、持续增加环保投入、重点抓好污染减排、加大执法监管力度等主要做法，在总量控制、污染防治、自然生态建设和农村环境保护等方面取得明显成效，黄河流域环境质量逐步改善，环境监管能力进一步提升，生态文明体制改革有序推进。

（一）空气质量明显改善，重点城市大气污染防治工作成绩突出

针对经济、人口相对较为集中的城市群地区，各省制定出台了与大气污染防治相配套的政策性文件，强化省市联动、区域联防和网格化监管，重点开展城市扬尘综合整治、煤烟型污染治理、机动车污染治理、工业污染源大气污染防治等四大专项行动，有效改善了全区重点地区大气环境质量。

截至 2020 年，青海省主要城市空气质量优良天数比例达到 95%，主要城市细颗粒物（PM2.5）浓度下降，完成国家年度下达目标。西宁市、海东市空气优良天数比率达到 94.8% 和 95.5%，在西部地区城市中处于领先水平。截至 2020 年底，甘肃省 14 个市（州）空气平均优良天数比率达到 93.7%。2020 年，宁夏空气质量明显好转，地级城市空气质量优良天数比率达到 87.9%，细颗粒物未达标地级城市年均浓度下降率均完成国家下达考核目标。2019 年，内蒙古全区优良天数比例为 89.6%，较 2015 年上升 3.3 个百分点，细颗粒物（PM2.5）平均浓度为 26 微克 / 立方米。截至 2020 年，山西省、河南省和山东省地级以上城市空气质量优良天数比率分别为 71.9%，67.0% 和 69.1%。

（二）水生态环境持续向好，污染物减排成效明显

加快推进水污染综合治理工作，编制完成相应水污染综合治理条例，并印发相应实施意见，将原有的单一治理手段向依法、综合、深度治理转变，通过采取截污纳管和污水处理厂建设、污水处理厂扩能提标改造和企业废水深度治理、中水回用及人工湿地深度处理等措施开展水生态环境治理。实施湖泊流域生态环境保护与综合治理工程，通过开展人工增雨、沼泽湿地保护、退化草地治理、沙漠化土地治理等工程，对湖泊流域实施预防性保护，有效地改善了湖泊流域生态环境。氮氧化物和二氧化硫排放量均有所下降（图 3-2-1）。

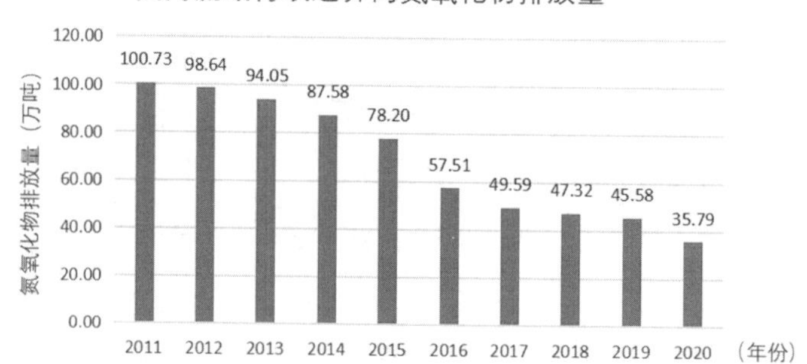

图 3-2-1　2010—2020 年黄河流域内氮氧化物和二氧化硫排放量变化

截至 2020 年底，青海省水体水质持续向好，三大河流干流出省断面水质达到Ⅱ类以上；湟水河出省断面Ⅳ类水质比例达到 100%，重要江河湖库水功能区水质达标率达到 100%；城镇集中式饮用水水源地水质达标率达到

100%；湟水流域出省断面Ⅳ类水质达标率达到 100%。甘肃省 38 个地表水国考断面水质优良比例达到国家考核要求，全省土壤环境质量保持稳定，重金属主要污染物排放总量明显下降。四项主要污染物总量减排预计可完成国家年度目标任务。宁夏地表水质量明显好转，劣Ⅴ类水体比例连续四年清零，达到或好于Ⅲ类水体比例由 66.7% 增加到 86.7%，四项主要污染物总量减排均完成国家下达考核目标。工业园区污水处理全集中全覆盖，城镇污水处理设施全部达标排放，13 条黑臭水体整治任务全面完成，15 个国控考核断面Ⅲ类及以上水质断面占 86.7%。截至 2019 年，内蒙古全区国控地表水考核断面优良水体比例达到 63.5%，劣Ⅴ类水体比例控制在 5.8%，两项指标均达到国家考核要求。呼伦湖、岱海水质除化学需氧量和氟化物外，其他指标均达到了地表水Ⅴ类及以上标准，乌梁素海整体水质由劣Ⅴ类稳定提高到Ⅴ类、局部优于Ⅴ类。2019 年，国控土壤基础点位达标率为 98.1%，纳入农用地土壤污染状况调查的 22009 个土壤监测点位安全利用率为 98% 以上，全区土壤环境质量整体良好。截至 2020 年，山西省、河南省和山东省地表水达到或好于Ⅲ类水体比例分别为 70.7%、77.7% 和 73.5%。

（三）人居环境明显改善

通过实施农村环境综合整治、家园美化行动、三江源清洁行动等一系列措施，大力推进垃圾污水治理、卫生厕所改造、道路硬化、绿化亮化等工作。

目前，青海省先后在 3015 个行政村和游牧民定居点配置了垃圾收集、转运设施，农牧区生活垃圾得到处理的村庄占全省行政村总数的 72%，全省行政村道路通畅率为 97.1%，村庄内道路硬化率达到了 81.8%；各地因地制宜选择农牧区生活垃圾处理方式，通过修订完善村规民约、签订“门前三包”责任书、配备专职或义务保洁员等措施，“户保洁、村收集、乡镇转运、县（乡）处理”的农牧区村庄环境卫生长效机制基本建立。陕西省已累计创建美丽宜居示范村 4098 个，新建农村卫生厕所 63.1 万座，93.42% 的行政村垃圾得到有效治理，农村生活污水治理的行政村为 16761 个，得到有效治理的为 5950 个，占比为 35.5%。

三、山水林田湖草沙系统治理系统推进

党的十八大以来，各省紧紧围绕国家生态建设战略部署，以科学发展观为指导，以服务于小康社会建设为目标，以生态屏障建设为切入点，大力实施以国家重点工程为主的各项生态保护与建设工程，系统推进山水林田湖草沙系统治理，积极完善生态保护与建设法律法规，引导规范市场运作机制，生态保护与建设取得了明显成效。

（一）森林生态系统保护与建设稳步推进，森林资源总量持续快速增长

随着天然林资源保护工程、退耕还林工程、“三北”防护林体系建设等国家重点生态工程的实施，森林生态系统保护与建设稳步推进，森林资源总量实现快速增长。2010 年至 2020 年底，黄河流域内森林覆盖率由 15.83% 提高到 17.78%，森林蓄积量由 23.66 亿立方米提高到 27.43 亿立方米。

其中，根据 2016 年国家林业局组织完成的第九次森林资源清查结果，截至 2016 年底，甘肃省林地面积 1.57 亿亩，占全省土地总面积的 23.26%，其中，森林覆盖率为 11.33%，居全国第 27 位；1998 年至 2018 年底，森林面积从 254.96 万公顷增加到 510 万公顷，森林覆盖率由 9.04% 提高到 11.33%。根据第九次全国森林资源清查结果，内蒙古全区森林面积 3.92 亿亩，森林覆盖率 22.10%，相较于第八次森林清查提高 1.07 个百分点。全面停止天然林商业性采伐成果进一步巩固，3.02 亿亩天然林资源保护实现了“全覆盖”。截至 2019 年，陕西省森林覆盖率达到 43.06%，森林积蓄量达到 5.1 亿立方米。

（二）草原生态系统保护与恢复效果明显，草原生态系统恶化趋势得到遏制

通过实施退牧还草、退耕还草、草原生态保护和修复等工程，以及草原生态保护补助奖励等政策，草原生态系统质量有所改善，遏制天然草原退化取得了显著效果，草原生态功能逐步恢复。2020 年，黄河流域全区草原植被综合盖度为 53.87%，略低于全国草原植被综合盖度（55.7%）。

其中，作为全国六大牧区之一的甘肃省，拥有天然草原 2.68 亿亩，天

然草原类型共有 14 个。1998 年至 2012 年底，甘肃省累计治理“三化”草原 584 万公顷，草畜平衡面积达 940 万公顷，草原生态退化势头得到一定程度控制。内蒙古草原禁牧面积 4.04 亿亩，草畜平衡面积 6.16 亿亩，草原植被覆盖度达到 44%，草原生态接近 20 世纪 80 年代中期最好水平，草原生态功能得到了有效恢复和提升。

（三）荒漠生态系统恶化趋势得以初步遏制

连续实施的三北防护林、退耕还林、退牧还草等一系列工程，以及先后启动实施的石羊河流域防沙治沙及生态恢复工程、敦煌水资源合理利用与生态保护工程、黄河重要水源补给生态功能区生态保护与建设工程等重点治理项目，对荒漠化及沙化生态恢复与建设起到积极作用。

其中，根据 2015 年第五次荒漠化和沙化监测结果，甘肃省荒漠化土地面积 1950.20 万公顷、沙化土地面积 1217.02 万公顷，与第四期监测结果相比，荒漠化土地总面积减少 19.14 万公顷、沙化土地总面积减少 7.42 万公顷，全省荒漠化及沙化土地面积总体呈减少趋势，程度呈减轻趋势，土地荒漠化及沙化得到进一步遏制。据第五次荒漠化和沙化土地监测结果，内蒙古全区荒漠化土地和沙化土地较第四次分别减少 625 万亩、515 万亩。

（四）湿地生态系统保护与修复稳步发展，河湖、湿地保护恢复初见成效

大力推行河长制湖长制、湿地保护修复制度，着力实施湿地保护、退耕还湿、退田（圩）还湖、生态补水等保护和修复工程，积极保障河湖生态流量，初步形成了湿地自然保护区、湿地公园等多种形式的保护体系，改善了河湖、湿地生态状况。截至 2020 年底，黄河流域全区湿地保有量为 1856.03 万公顷。

其中，甘肃省湿地总面积达 169.39 万公顷，湿地率 3.98%，与 2003 年第一次湿地资源调查结果相比，全省湿地总面积增加了 50 多万公顷，并相继设立了以敦煌西湖、黄河首曲、张掖黑河为代表的湿地保护与恢复工程 17 项，以张掖国家湿地公园为代表的湿地公园 13 处，其中尕海湿地、张掖黑河湿地是国际重要湿地。这些湿地自然保护区、湿地公园的建立，对保护具有典型意义的湿地资源及生态环境起到了积极作用，促进了湿地生态系统的保护与修复。

（五）水土流失综合治理成效突出

积极实施京津风沙源综合治理等防沙治沙工程和国家水土保持重点工程，启动了沙化土地封禁保护区等试点工作，全国荒漠化和沙化面积、石漠化面积持续减少，区域水土资源条件得到明显改善。2012年以来，全国水土流失面积减少了2123万公顷，完成防沙治沙1310万公顷，石漠化土地治理280万公顷，全国沙化土地面积已由20世纪末年均扩展34.36万公顷转为年均减少19.8万公顷，石漠化土地面积年均减少38.6万公顷。

其中，甘肃省累计新修梯田529万亩，治理水土流失面积1.23万平方千米，沿黄流域水土保持和生态质量有了新提高。全省先后建成了景电提灌、引大入秦、疏勒河农业综合开发、东乡南阳渠灌溉等多项重点水利工程，陆续建设了靖远双永供水、积石山引水、引洮供水等多项区域性重点骨干供水工程，有效保障了城乡群众生活、工业、农业和生态环境用水需求，基本建成全省水土流失监测网络，即省级总站、市级分站和水土保持科研单位为主线的水土流失监测网络体系。全省有125条小流域被水利部命名为“全国水土保持示范小流域”，庄浪县、安定区被水利部命名为“全国水土保持生态文明县（区）”。

（六）生物多样性保护步伐加快

通过稳步推进国家公园体制试点，持续实施自然保护区建设、濒危野生动植物抢救性保护等工程，生物多样性保护取得积极成效。截至2018年底，我国已有各类自然保护区2700多处，90%的典型陆地生态系统类型、85%的野生动物种群和65%的高等植物群落纳入保护范围。大熊猫、朱鹮、东北虎、东北豹、藏羚羊、苏铁等濒危野生动植物种群数量呈稳中有升的态势。

四、退耕还林还草工程取得显著成效

黄河流域的各个省份均实施了退耕还林还草工程，但工程投资和工程规模各省不一。根据已有研究，自2000年实施退耕还林还草工程以来，黄土高原退耕还林还草成效最为明显，生态明显好转。黄土高原农田生态系统面积有所减少，森林生态系统面积持续增加。生态系统质量持续好转，植被覆盖度和净初级生产力呈现持续增加趋势。生态系统服务持续向好，水源涵养、土壤保持、防风固沙服务量均有所增加。

（一）黄土高原农田生态系统面积有所减少，森林生态系统面积持续增加

根据2000—2010年和2010—2018年黄土高原各生态系统类型变化（图3-2-2）可知，近年来，黄土高原农田生态系统面积呈现一直下降的状态，且下降比例有所降低，减少速率减半。2000—2010年，黄土高原森林生态系统面积增加较多，2010—2018年，森林生态系统增加放缓，增加较少。草地生态系统面积呈现一直减少的状态，且减少比例逐渐增加，减少速率有一定的增加。聚落生态系统面积稳步增长，增加面积相差不大，但增加速率加倍。

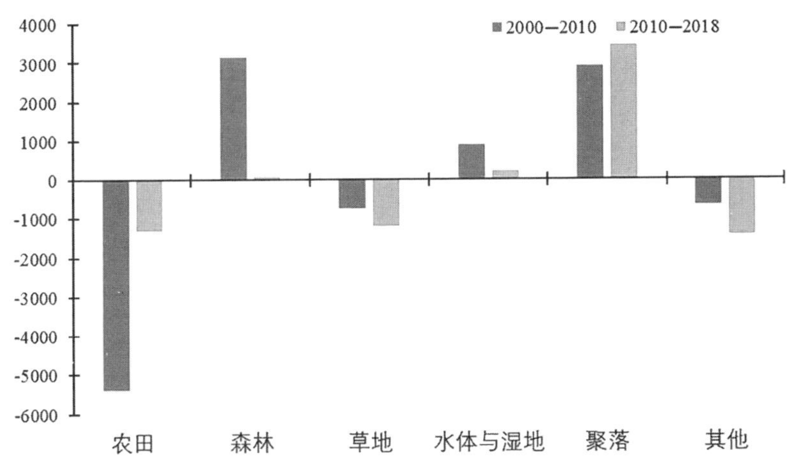

图3-2-2　2000—2010年和2010—2018年黄土高原各生态系统类型变化

（二）黄土高原生态系统质量持续好转，植被覆盖度和净初级生产力呈现持续增加趋势。

根据2000—2009年和2010—2019年黄土高原各综合治理分区植被覆盖度变化〔图3-2-3（a）〕可知，近年来，黄土高原植被覆盖度呈增加趋势。2000—2019年黄土高原植被覆盖度年均变化速率为0.58%，整体呈现多年递增趋势。2000—2009年和2010—2019年两个时段内，黄土高原植被覆盖度持续转好的面积占比为39.90%，先稳定后转好的面积占比为9.35%，先转好后稳定的面积占比为16.20%，先转差后转好的面积占比约4.17%，先转差后稳定的面积占比约1.47%，保持稳定的面积占比为9.24%。黄土丘陵沟壑区植被覆盖度持续转好面积较大。

根据2000—2009年和2010—2019年黄土高原各综合治理分区植被净初级生产力变化〔图3-2-3（b）〕可知，近年来，黄土高原植被净初级生产力呈增加趋势。后一时段较前一时段相比，单位面积植被净初级生产力变化量为68.54gC/m^2/a，全区几乎都是增加的。两个时段内，黄土高原植被净初级生产力持续转好的面积占比为82.71%，保持稳定的面积占比为3.22%，先稳定后转好的面积占比为6.00%。黄土丘陵沟壑区植被净初级生产力持续转好面积占比最大。

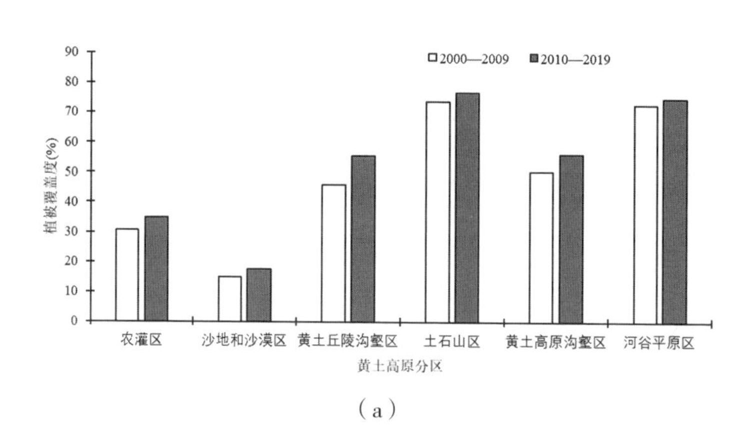

（a）

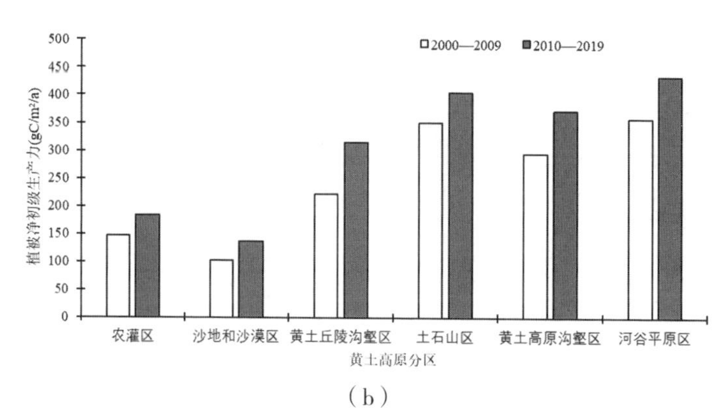

（b）

图3-2-3 2000—2009年和2010—2019年黄土高原植被覆盖度变化（a）和净初级生产力变化（b）

（三）黄土高原生态系统服务持续向好，水源涵养、土壤保持、防风固沙服务量均有所增加

2000—2019年，黄土高原生态系统水源涵养量年均变化速率为2.38m^3/hm^2/a，整体呈现上升趋势。后一时段较前一时段相比，单位面积水源涵养量变化量为+50.49gC/m^2/a。两个时段内，黄土高原水源涵养量持续转差的面积占比约1.88%，先转差后稳定的面积占比约0.43%，先转差后转好的面积占比约0.57%，先稳定后转差的面积占比约3.00%，保持稳定的面积占比为26.65%，先稳定后转好的面积占比为13.77%，先转好后转差的面积占比为9.86%，先转好后稳定的面积占比为28.38%，持续转好的面积占比为15.46%。森林与草地生态系统年均水源涵养量、单位面积水源涵养量后一时段高于前一时段，湿地生态系统年均水源涵养量、单位面积水源涵养量后一时段低于前一时段（图3-2-4）。

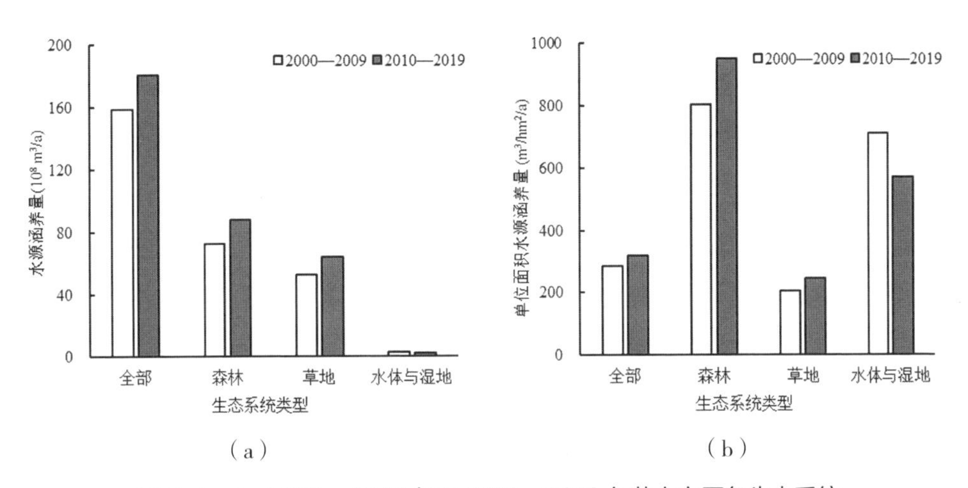

图3-2-4　2000—2010年和2010—2019年黄土高原各生态系统水源涵养总量（a）及单位面积水源涵养量（b）

2000—2019年，黄土高原生态系统水蚀模数年均变化速率为–0.67t/hm^2/a，整体呈现轻微递减趋势，单位面积土壤保持量年均变化速率为2.09 t/hm^2/a，整体呈现多年递增趋势。2000—2009年、2010—2019年两个时间段内，土壤保持服务保持稳定的面积占比为76.90%，持续转好的面积占比为1.45%，先

转差后稳定的面积占比为 0.05%，先转差后转好的面积占比为 0.01%，先稳定后转好的面积占比为 8.85%，先转好后稳定的面积占比为 12.67%。农田、森林、草地三类生态系统后一时段的年均土壤水蚀模数、土壤水蚀量较前一时段有所减少，年均土壤保持量与单位面积土壤保持量较前一时段均有所增加（图 3-2-5）。

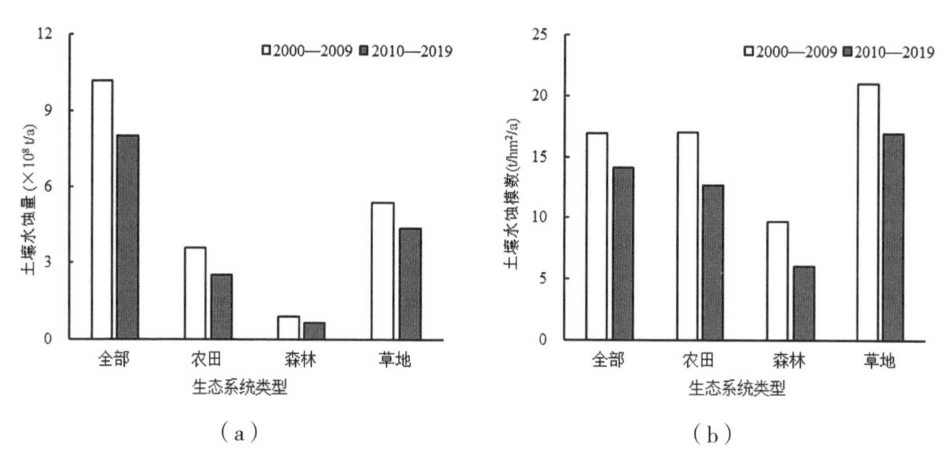

图 3-2-5　2000—2009 年和 2010—2019 年黄土高原土壤水蚀量（a）及土壤水蚀模数（b）

2000—2019 年，黄土高原生态系统风蚀模数年均变化速率为 $-0.45t/hm^2/a$，整体呈现轻微递减趋势。2000—2009 年和 2010—2019 年两个时段内，风蚀区防风固沙服务保持稳定的面积占比为 49.77%，先转差后稳定的面积占比为 8.90%，先转差后转好的面积占比为 6.57%，先稳定后转差的面积占比为 10.70%，先稳定后转好的面积占比为 6.18%，先转好后转差的面积占比为 2.40%，先转好后稳定的面积占比为 1.24%，持续转好的面积占比为 1.59%。农田、森林、草地三类生态系统后一时段的年均土壤水蚀模数、土壤水蚀量较前一时段有所减少，年均土壤保持量与单位面积土壤保持量较前一时段均有所增加（图 3-2-6）。

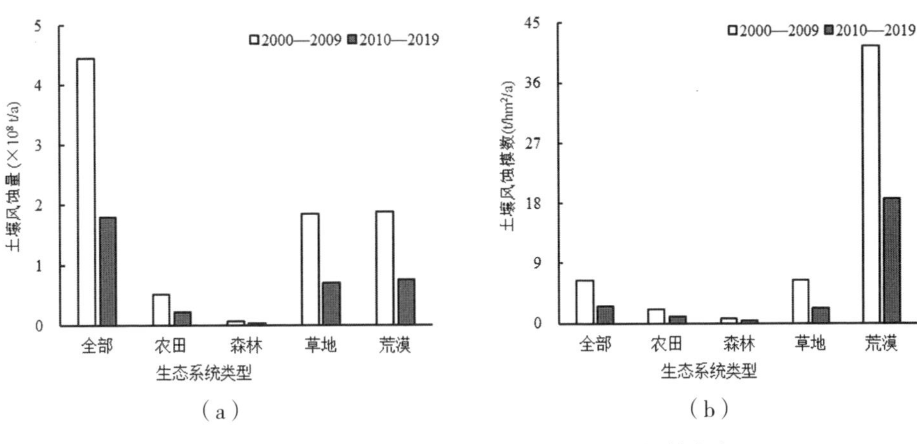

图 3-2-6　2000—2009 年和 2010—2019 年黄土高原风蚀量（a）及风蚀模数（b）

五、黄河泥沙含量降低，行洪安全基本保障

位于黄河上中游的黄土高原地区，水土流失严重，水土流失面积达 45.4 万平方千米，占黄河流域水土流失面积的 97.6%。具有流失面积广、强度大、产沙集中、沟道侵蚀严重、类型多样等特点，是我国乃至世界上水土流失最严重、生态环境最脆弱的地区。20 世纪中期以来，特别是近 30 年以来，国家加大了黄河流域水土流失治理的力度，先后在黄河流域，特别是黄土高原地区实施了上中游水土保持重点防治工程、国家水土保持重点治理工程、黄土高原淤地坝试点工程、农业综合开发水土保持项目等国家重点水土保持项目，水土流失防治工作取得了显著成效。从黄河水利委员会水文局整编的观测资料看，黄河龙羊峡至三门峡区间，实测年平均输沙量已由 20 世纪 60—70 年代的每年 16 亿吨左右，下降至目前的每年 3 亿吨以下。除去干流和支流水库拦沙，以及灌溉引沙等工程措施的影响外，水土保持措施在减少入黄泥沙中发挥着十分关键的作用。

（一）黄河上游水沙通量变化趋势较为稳定，中游与下游水沙通量呈显著下降趋势

黄河上游唐乃亥水文站水沙通量变化趋势稳定，兰州水文站径流量变

化趋势稳定，泥沙量显著下降。黄河中游头道拐与潼关水文站径流量变化率（与多年相比）分别减少了2.53%与15.11%，泥沙量变化率分别减少了42.27%与80.21%；黄河下游花园口与利津水文站径流量变化率分别减少了17.34%和32.55%，泥沙量变化率分别减少了85.86%和80.67%。表明黄河源区的水量受到外界干扰较少，保持着自然状态下的降水与径流量的关系，径流量变化主要受降水量影响。黄河中下游水沙通量，由于受到人为因素的干扰，如引水引沙等政策的影响，近年来，径流量与泥沙量不断下降。

（二）黄河目前处于枯水少沙阶段

唐乃亥与利津水文站径流量阶段划分为丰水期（1951—1975年）、平水期（1976—1984年）和枯水期（1985—2019年）。兰州、头道拐、潼关与花园口水文站径流量阶段分为丰水期（1951—1967年）、平水期（1968—1984年）与枯水期（1985—2019年），1985年是黄河径流量变化的转折点，主要与兴修水利、大量引用黄河水有关；唐乃亥与利津水文站的泥沙量阶段划分为少沙期（1951—1979年）、多沙期（1980—1992年）和少沙期（1993—2019年）。其他水文站泥沙量的阶段分为多沙期—少沙期，2000年是黄河泥沙量变化的转折点，主要与退耕还林还草工程的实施有关；黄河径流量在12—29年尺度上周期明显，径流量在29年左右尺度下的小波方差极值表现最为显著。黄河泥沙量在5—30年尺度上周期明显，泥沙量在17年左右尺度下的小波方差极值表现最为显著。

（三）人类活动是影响黄河水沙通量变化的最主要因素，黄河流域水土流失治理以中游贡献为主，上游段治理偏弱

黄河上游的径流量变化主要受降水量影响，黄河中游、下游及全流域的径流量变化主要受人类活动影响；黄河上游、中游、下游及全流域的泥沙量变化主要受人类活动影响。2000—2019年，人类活动对黄河径流量与泥沙量的影响比例均为83%，表明现阶段人类活动仍然是影响黄河水沙通量变化的最主要因素。

近期的观测数据表明，位于黄河流域上中游的黄土高原地区，其水土保

持治理成效存在着明显的区域差异。分析黄河流域上、中游输沙量变化（表3-2-1）发现，位于黄河中游的安宁渡—小浪底河段年输沙量已由20世纪50—80年代的每年平均12.46亿吨下降至2008—2014年的每年平均0.4亿吨，下降了31倍；同期，位于黄河上游的循化—安宁渡河段年输沙量由每年平均1.046亿吨下降至0.276亿吨，仅下降3.8倍。相应地，黄河上游循化—安宁渡河段与黄河中游安宁渡—小浪底河段年输沙模数（吨/平方千米）之比已由约1∶3逆转为约3∶1。这说明位于黄河上游的陇西黄土高原，其水土流失治理的成效远逊于位于黄河中游的晋陕及陇东黄土高原，在下一阶段黄河流域水土流失治理规划需高度关注。

表3-2-1　黄河流域上、中游输沙量变化

水文站点	20世纪50—80年代输沙量（亿吨）	2008—2014年输沙量（亿吨）	集水面积（平方千米）	20世纪50—80年代输沙模数（吨/平方千米）	2008—2014年输沙模数（吨/平方千米）
循化	0.404	0.021	145459	277.74	14.44
安宁渡	1.45	0.297	241538	600.32	122.96
小浪底	13.91	0.7	694221	2003.68	100.83
循化—安宁渡	1.046	0.276	96079	1088.69	287.26
安宁渡—小浪底	12.46	0.4	452683	2752.48	88.36

资料来源：中华人民共和国水文年鉴黄河流域水文资料。

第三节　未来的重点任务与工程

遵循“共同抓好大保护，协同推进大治理”原则，以增强黄河流域生态系统稳定性为目标，坚持以水而定、量水而行，宜林则林、宜灌则灌、宜草则草、宜荒则荒。以黄河流域生态保护“一带五区多点”空间布局部署生态保护的重点任务与工程，区域层面上重点提升河源区水源涵养能力、中游黄土高

原水土保持能力和下游河口湿地生态功能。在“一带”上，即以黄河干流和主要河湖为骨架，连通青藏高原、黄土高原、北方防沙带和黄河口海岸带的沿黄河生态带，重点开展水环境综合治理与水生态保护。在“五区”中，以三江源、秦岭、祁连山、六盘山、若尔盖等重点生态功能区为主的水源涵养区，开展重点生态系统防护和修复，保护黄河河源区生态环境，强化退牧还草、湿地保护等综合性治理措施，扩展河源区生态空间，提升水源涵养能力，维持生态系统功能稳定；以内蒙古高原南缘、宁夏中部等为主的荒漠化防治区，加强上中游荒漠化和沙化土地治理，持续推进防风固沙、生态治理修复等工程建设，促进荒漠植被修复，建立沙漠防护林体系；以青海东部、陇中陇东、陕北、晋西北、宁夏南部黄土高原为主的水土保持区，强化水土保持，优化黄土高原退耕还林还草工程结构，创新水土流失严重区产沙与控制技术；以渭河、汾河、涑水河、乌梁素海为主的重点河湖水污染防治区，重点开展水污染防治；以黄河三角洲湿地为主的河口生态保护区，推动河口区湿地生态保护，以自然恢复为主，适度结合人工修复，持续实施湿地生态补水、生态保护、生态修复等工程，保护提升河口生态功能。在“多点”上，即藏羚羊、雪豹、野牦牛、土著鱼类、鸟类等重要野生动物栖息地和珍稀植物分布区，持续构建以国家公园为主体的生态保护地建设，提高生物多样性维持功能。

一、上游重点生态系统防护和修复

遵循自然规律、聚焦重点区域，通过自然恢复和实施重大生态保护修复工程，加快遏制生态退化趋势，恢复重要生态系统，强化水源涵养功能。筑牢“中华水塔”，建设三江源重要水源涵养区，保护重要水源补给地，提升甘南、若尔盖等区域水源涵养能力，推进重点生态系统防护和修复，增强祁连山水源涵养能力，统筹山水林田湖草沙治理，加强黄河重要支流水源涵养区建设，加强重点区域荒漠化治理，提高荒漠化防治能力。

（一）筑牢“中华水塔”，建设三江源重要水源涵养区

上游三江源地区是名副其实的“中华水塔”，从系统工程和全局角度整体

施策、多措并举，全面保护三江源地区山水林田湖草沙生态要素，恢复生物多样性，实现生态良性循环发展。强化禁牧封育等措施，根据草原类型和退化原因，科学分类推进补播改良、鼠虫害、毒杂草等治理防治，实施黑土滩等退化草原综合治理，有效保护修复高寒草甸、草原等重要生态系统。加大对扎陵湖、鄂陵湖、约古宗列曲、玛多河湖泊群等河湖保护力度，维持天然状态，严格管控流经城镇河段岸线，全面禁止河湖周边采矿、采沙、渔猎等活动，科学确定旅游规模。系统梳理高原湿地分布状况，对中度及以上退化区域实施封禁保护，恢复退化湿地生态功能和周边植被，遏制沼泽湿地萎缩趋势。持续开展气候变化对冰川和高原冻土影响的研究评估，建立生态系统趋势性变化监测和风险预警体系。完善野生动植物保护和监测网络，扩大并改善物种栖息地，实施珍稀濒危野生动物保护繁育行动，强化濒危鱼类增殖放流，建立高原生物种质资源库，建立健全生物多样性观测网络，维护高寒高原地区生物多样性。建设好三江源国家公园。

（二）保护重要水源补给地，提升甘南、若尔盖等区域水源涵养能力

上游青海玉树和果洛、四川阿坝和甘孜、甘肃甘南等地区河湖湿地资源丰富，是黄河流域的重要水源涵养区和补给区。积极推进若尔盖国家公园建设，实施甘南黄河上游水源涵养区治理保护项目，打造全球高海拔地带重要的湿地生态系统和生物栖息地。严格保护国际重要湿地和国家重要湿地、国家级湿地自然保护区等重要湿地的生态空间，加大甘南、若尔盖等主要湿地治理和修复力度，以尕海国际重要湿地、黄河首曲湿地、黄河永靖段湿地为重点，加快实施甘南黄河上游湿地群生态保护修复工程，恢复退化湿地生态功能和周边植被，提升高原湿地、江河源头水源涵养能力。开展大夏河、洮河等重点河流生态保护与治理，稳步提升黄河上游水系补水功能。对上游地区草原开展资源环境承载能力综合评价，严格落实草原禁牧、轮牧措施，推动以草定畜、定牧、定耕，实现草畜平衡，科学治理玛曲、碌曲、红原、若尔盖等地区退化草原，打造现代化生态牧场。稳步有序开展退耕还林（草）、退牧还草和人工草场建设。推进玛曲、碌曲黑土滩等退化草原和沙化草原综合治理，加大草原鼠虫害防治力度。加强天然林保护和公益林管护，实施中幼林抚育和退化林修复，促进森林生态系统结构完整和功能稳定。加强国家级自然保护区基础设施建设，提升生态保护能力。实施渭河等重点支流河源区生态修复工程，在湟水河、洮河等流域开展轮作休耕和草田轮作，大力发展有机农业，对已垦草原实施退耕还草。鼓励甘南、临夏有条件的地区实施农田粮改饲，积极推进农牧一体化的智慧生态畜牧业建设。推动建设跨川甘两省的若尔盖国家公园，打造全球高海拔地带重要的湿地生态系统和生物栖息地。加强野牦牛、藏羚羊等野生动物和黑颈鹤、黑鹳等候鸟栖息地保护，保障野生动物迁徙生态廊道安全。重点实施若尔盖国家公园建设工程、黄河首曲国家级自然保护区湿地修复工程、甘南州湿地保护与修复工程、玛曲沙化退化草原巩固治理工程、甘南黄河上游水源涵养能力提升工程、珍稀濒危动植物抢救性保护与繁育利用工程等。

（三）推进重点生态系统防护和修复，增强祁连山水源涵养能力

全面保护祁连山河西走廊地区森林、草原、河湖、湿地、冰川、戈壁等生态系统，加快建立健全以祁连山国家公园为主体的自然保护地体系，进一步突出对祁连山原生态的保护修复，持续巩固提升祁连山生态环境整治成果，建立健全管用的长效机制。加强祁连山河西走廊地区绿洲和湿地生态保护恢复，加大河湖沼泽、高山草甸保护力度，对大通河、庄浪河、黑河、疏勒河、石羊河、党河等水系源头的重要水源地实施保护，重点实施祁连山水源涵养提升工程，增强祁连山区水源涵养补给功能。继续实施祁连山人工增雨雪工程，增加区域内降水量。严格封禁保护重要冰川雪山和冻土带，禁止以冰川雪山、丹霞地貌等为目的地的旅游探险活动。加快祁连山沿山浅山区生态保护工程建设，提升区域内森林生态系统功能。实施山丹马场草地保护与建设工程。加大退耕还林还草力度，对重要水源地 15 度以上的坡耕地、严重沙化地全部实施退耕还林还草。对祁连山核心区采取自然休养、减畜禁牧等措施，减少人为扰动，提升生态自我修复功能。推进野生动物受损栖息地修复，加大雪豹、白唇鹿、藏野驴、野生双峰驼、普氏野马等珍稀濒危物

种及其栖息地保护。重点实施祁连山国家公园建设工程、祁连山水源涵养工程、湿地保护与修复工程、草原治理和森林提升工程、祁连山珍稀濒危动植物保护与繁育利用建设工程等。

（四）统筹山水林田湖草沙治理，加强黄河重要支流水源涵养区建设

加强渭河等黄河重要支流河源区生态保护修复，科学统筹山水林田湖草沙治理，实施渭河源生态保护综合治理工程，着力提升渭河源区水源涵养补给功能。加强渭河水源地防护林、生态滚水堰建设，加快鸳鸯湖等渭河沿岸湿地生态修复，有效改善渭河源区的生态环境质量。积极推进祖厉河、洮河、泾河、葫芦河、马莲河、庄浪河、水洛河、大通河、金强河等重要河流发源区和流经区生态保护和综合治理，加快黄河流域重要支流水源涵养生态系统修复。继续实施退耕还林还草、三北防护林建设等工程，加强天然林保护修复。加快子午岭、小陇山、关山林区森林质量精准提升，提高森林水源涵养能力。着力开展黄河支流沿岸坡耕地改造、面山绿化、沟道淤地坝体系建设，以及侵蚀沟道治理、沟头防护谷坊、集雨水窖等小型蓄水保土工程等建设，减少水土流失、拦截入河入库泥沙及各种污染物。加强野生动植物保护，改善林麝、斑羚、猞猁、红豆杉、珙桐等野生动植物栖息地生态环境，保护区域生物多样性。重点实施渭河源水源涵养提升工程、祖厉河流域水源涵养提升工程、洮河流域水源涵养提升工程、湟水河和大通河等其他黄河支流水源涵养提升工程等。

（五）加强重点区域荒漠化治理，提高荒漠化防治能力

大力弘扬八步沙“六老汉”困难面前不低头、敢把沙漠变绿洲的当代愚公精神，推广库布其、毛乌素、八步沙林场等治沙经验，开展规模化防沙治沙，创新沙漠治理理念，筑牢北方防沙带。全力打好防沙治沙阵地战，在适宜地区设立沙化土地封育保护区，积极推进古浪县八步沙防沙治沙综合示范区等建设，实施河西走廊北部风沙源综合治理，重点推进石羊河、黑河、疏勒河等流域的沙化土地封禁保护和治理，建立“固、护、封、阻”相结合的荒漠化沙化综合防护体系。持续推进沙漠防护林体系建设，深入实施退耕还林、退牧还草、三北防护林、盐碱地治理等重大工程，开展光伏治沙试点，因地制宜建设乔灌草相结合的防护林体系。加强黄河流域盐碱化和盐渍化治理力度。加大国家级自然保护区内荒漠生态系统和野生动植物的保护力度。发挥黄河干流生态屏障和祁连山、六盘山、贺兰山、阴山等山系阻沙作用，实施锁边防风固沙工程，强化主要沙地边缘地区生态屏障建设，大力治理流动沙丘，逐步减少沙地边缘地区沙化土地面积，有效阻止腾格里等沙漠前移和汇合。推动上游黄土高原水蚀风蚀交错、农牧交错地带水土流失综合治理，因地制宜建设乔灌草相结合的防护林体系。积极发展治沙先进技术和产业，扩大荒漠化防治国际交流合作。重点实施古浪八步沙区域生态治理工程、防沙治沙综合示范区建设工程、盐碱化治理工程等。

二、中游黄土高原水土流失治理

以黄土高原丘陵沟壑水土保持生态功能区为重点区域，以小流域为单元综合治理水土流失，开展多沙粗沙区为重点的水土保持和土地整治。突出抓好黄土高原水土保持，全面保护天然林，持续巩固退耕还林还草、退牧还草成果，加大水土流失综合治理力度，推动从过度干预、过度利用向自然修复、休养生息转变，改善中游地区生态面貌。积极开展小流域综合治理和淤低坝建设，增强水土保持能力，遵循地区植被地带分布规律，加大林草植被建设力度，开展旱作梯田建设，统筹水土保持与现代旱作农业发展。

（一）积极开展小流域综合治理和淤低坝建设，增强水土保持能力

按照“预防为主、保护优先”的原则，以减少入河入库泥沙和黄土高原水土保持综合治理为重点，积极推进黄土高原塬面保护、小流域综合治理、淤地坝建设、坡耕地综合整治等水土保持重点工程，从源头上有效控制水土流失。继续实施国家水土保持重点工程、坡耕地水土流失综合治理、黄土高原地区淤地坝建设等工程，加快推进淤地坝除险加固。在晋陕蒙丘陵沟壑区积极推动建设粗泥沙拦沙减沙设施。以陇东董志塬、晋西太德塬、陕北洛川塬、关中渭北台塬等塬区为重点，实施黄土高原固沟保塬、渭河流域水土流

失治理等重大水土保持项目，以点带面，促进黄土高原地区生态向好发展。以陕甘晋宁青山地丘陵沟壑区等为重点，开展旱作梯田建设，加强雨水集蓄利用，推进小流域综合治理。围绕泾河、渭河、祖厉河、湟水河、庄浪河、大通河等水土流失重点治理区域，实施以支流为骨架，以小流域为单元的水土流失综合治理，加强小型雨水集蓄工程建设，建立以沟道坝系、坡改梯和林草植被为主体的水土流失综合防治体系，有效控制水土流失，减少入黄泥沙。加强对淤地坝建设的规范指导，推广新标准新技术新工艺，在重力侵蚀严重、水土流失剧烈区域大力建设高标准淤地坝。排查现有淤地坝风险隐患，加强病险淤地坝除险加固和老旧淤地坝提升改造，提高管护能力。完善水土保持监测网络，提高水土流失监测预报、水土保持生态建设管理能力。建立跨区域淤地坝信息监测机制，实现对重要淤地坝的动态监控和安全风险预警。

（二）遵循地区植被地带分布规律，加大林草植被建设力度

遵循黄土高原地区植被地带分布规律，密切关注降水线北移和气候暖湿化等趋势及其对黄土高原地区的新影响，加强水资源平衡论证，“以水定绿”，合理采取生态保护和修复措施，加大林草植被保护建设力度，提高森林覆盖率和水土保持率。加大重要水源涵养林区生态保护与建设，积极开展封山禁牧、轮封轮牧和封育保护，促进自然恢复；统筹实施退化林修复和退化草地治理，提升林草生态系统质量。森林植被带以营造乔木林、乔灌草混交林为主，森林草原植被带以营造灌木林为主，草原植被带以种草、草原改良为主。因地制宜采取封山育林、人工造林、飞播造林等多种措施推进森林植被建设。在河套平原区、汾渭平原区、黄土高原土地沙化区、内蒙古高原湖泊萎缩退化区等重点区域实施山水林田湖草生态保护修复工程。加大对水源涵养林建设区的封山禁牧、轮封轮牧和封育保护力度，促进自然恢复。结合地貌、土壤、气候和技术条件，科学选育人工造林树种，提高成活率、改善林相结构，提高林分质量。对深山远山区、风沙区和支流发源地，在适宜区域实施飞播造林。适度发展经济林和林下经济，大力推广“龙头企业＋合作社＋基地＋农户”“合作社＋基地＋农户”运作模式，提高生态效益和农民收益。加强秦岭生态环境保护和修复，强化大熊猫、金丝猴、朱鹮等珍稀濒危物种栖息地保护和恢复，积极推进生态廊道建设，扩大野生动植物生存空间。

（三）开展旱作梯田建设，统筹水土保持与现代旱作农业发展

以改变传统农业生产方式、完善旱作农业基础设施、普及蓄水保水技术等为重点，统筹农业发展与生态保护、水土流失与生态环境治理。积极开展种植方式、种植技术、种植结构和种植品种优化调整，综合施策全面节水。推进实施黄土高原丘陵沟壑区草牧业生态循环经济试验示范区建设。示范推广全膜双垄沟播为主的地膜覆盖技术，完善废旧地膜回收再利用机制。支持有条件的地区配套建设水肥一体化、集雨水窖、蓄水池、集雨槽等设施，推广集雨补灌水肥一体化为主的旱作节水技术，积极发展温室大棚为主的高附加值设施节水农业。加快中低产田和老旧梯田提质改造，实施水平沟、丰产沟、铺压沙田等田间保水工程，提高旱作农业生产水平。加大坡耕地整治力度，减少水土流失。推广以耐旱品种和抗旱新材料相结合的抗旱技术，重点推广以测土配方施肥为主的培肥地力技术，积极开展土壤有机培肥改良，坚持用地养地结合，合理轮作倒茬。支持舍饲半舍饲养殖，合理开展人工种草，在陇中陇东南部降水量较高的地区建设人工饲草料基地。重点实施黄土高原固沟保塬综合治理工程、黄河干流及祖厉河等支流水土流失综合治理工程、渭河流域等水土流失重点区治理工程、泾河流域水土保持生态综合治理工程、防护林建设工程等。

三、下游二级悬河治理和滩区综合治理

根据黄河下游滩区用途管制政策，因地制宜退还水域岸线空间，开展滩区土地综合整治，保护和修复滩区生态环境，推进下游湿地保护和生态治理。加强黄河下游湿地特别是黄河三角洲生态保护和修复，建设黄河下游绿色生态走廊，促进生物多样性保护和恢复，促进黄河下游河道生态功能提升和入海口生态环境改善，推进防护林、廊道绿化、农田林网等工程建设，开

展滩区生态环境综合整治，促进生态保护与人口经济协调发展。

（一）保护修复黄河三角洲湿地

实施黄河三角洲自然保护区修复提升工程，建设黄河口国家公园。保障河口湿地生态流量，创造条件稳步推进退塘还河、退耕还湿、退田还滩，实施清水沟、刁口河流路生态补水等工程，连通河口水系，扩大自然湿地面积。加强沿海防潮体系建设，防止土壤盐渍化和咸潮入侵，恢复黄河三角洲岸线自然延伸趋势。加强盐沼、滩涂和河口浅海湿地生物物种资源保护，探索利用非常规水源补给鸟类栖息地，支持黄河三角洲湿地与重要鸟类栖息地、湿地联合申遗。减少油田开采、围垦养殖、港口航运等经济活动对湿地生态系统的影响。

（二）建设黄河下游绿色生态走廊

以稳定下游河势、规范黄河流路、保证滩区行洪能力为前提，统筹河道水域、岸线和滩区生态建设，保护河道自然岸线，完善河道两岸湿地生态系统，建设集防洪护岸、水源涵养、生物栖息等功能为一体的黄河下游绿色生态走廊。加强黄河干流水量统一调度，保障河道基本生态流量和入海水量，确保河道不断流。加强下游黄河干流两岸生态防护林建设，在河海交汇适宜区域建设防护林带，因地制宜建设沿黄城市森林公园，发挥水土保持、防风固沙、宽河固堤等功能。统筹生态保护、自然景观和城市风貌建设，塑造以绿色为本底的沿黄城市风貌，建设人河城和谐统一的沿黄生态廊道。加大大汶河、东平湖等下游主要河湖生态保护修复力度。

（三）推进滩区生态综合整治

合理划分滩区类型，因滩施策，综合治理下游滩区，统筹做好高滩区防洪安全和土地利用。实施黄河下游贯孟堤扩建工程，推进温孟滩防护堤加固工程建设。实施好滩区居民迁建工程，积极引导社会资本参与滩区居民迁建。加强滩区水源和优质土地保护修复，依法合理利用滩区土地资源，实施滩区国土空间差别化用途管制，严格限制自发修建生产堤等无序活动，依法打击非法采土、盗挖河沙、私搭乱建等行为。对与永久基本农田、重大基础设施和重要生态空间等相冲突的用地空间进行适度调整，在不影响河道行洪前提下，加强滩区湿地生态保护修复，构建滩河林田草综合生态空间，加强滩区水生态空间管控，发挥滞洪沉沙功能，筑牢下游滩区生态屏障。

四、环境污染综合治理

以汾河、湟水河、涑水河、无定河、延河、乌梁素海、东平湖等河湖为重点，统筹推进农业面源污染、工业污染、城乡生活污染防治和矿区生态环境综合整治。“一河一策”“一湖一策”，加强黄河支流及流域腹地生态环境治理，净化黄河“毛细血管”，将节约用水和污染治理成效与水资源配置相挂钩，加快构建现代环境治理体系。强化汾渭平原、河套灌区等农业面源污染综合治理，开展黄河沿线工业企业整顿，推进工业污染协同治理，加强沿黄城镇生活污水处理，统筹推进城乡生活污染治理。

（一）强化汾渭平原、河套灌区等农业面源污染综合治理

推进种养适度规模经营，推广科学施肥、安全用药、农田节水等清洁生产技术与装备，提高化肥、农药、有机肥、饲料等利用效率，开展农作物病虫害绿色防控和统防统治，实行测土配方施肥，继续巩固农田种植农药化肥零增长行动成效，推进残留地膜（棚膜）、农药包装废弃物回收。全面推广实施规模化畜禽养殖场（小区）雨污分流和粪便污水资源化利用，建立健全禽畜粪污、农作物秸秆等农业废弃物综合利用和无害化处理体系。在沿黄大中型灌区实施农田退水污染综合治理，有条件的地方建设生态沟道、污水净塘、人工湿地等形式的氮、磷高效生态拦截净化工程，加强农田退水循环利用。强化沿黄灌区尾菜处理及综合利用。分级分类实施污染治理修复，在受污染耕地集中区域建设超筛选值农用地安全利用示范工程。在地下水易受污染地区，优先种植和发展经济效益与环境效益突出的农作物、特色林果业，推广水肥药一体化技术，减少地下水污染。协同推进山西、河南、山东等黄河中下游地区总氮污染控制，减少对黄河入海口海域的环境污染。

（二）开展黄河沿线工业企业整顿，推进工业污染协同治理

关停并转沿黄“散乱污”企业，分类推动沿黄河一定范围内高耗水、高污染企业迁入合规园区，严禁在黄河干流临岸及主要支流一定范围内新建“两高一资”项目及相关产业园区。组织开展工业企业落后产能退出工作。推动重点行业企业污染治理，加快钢铁、煤电超低排放改造，开展煤炭、火电、钢铁、化工、有色金属等行业强制性清洁生产审核，强化工业炉窑和重点行业挥发性有机物综合治理，实行生态敏感脆弱区内工业行业污染物特别排放限值。实施黄河干支流入河排污口专项整治行动，开展黄河流域甘肃段入河排污口调查，分步推进黄河干流及主要支流入河排污口“查、测、溯、治”工作。加快构建覆盖所有排污口监测、监管体系建设，规范入河排污口设置审核。严格落实排污许可制度，所有沿黄固定污染源要依法按证排污。沿黄工业园区全部建成污水集中处理设施并稳定达标排放，或在一定时期内依托其他可行的污水处理设施处理，严控工业废水未经处理或未有效处理直接排入城镇污水处理系统，严厉打击向河湖、沙漠、湿地偷排、直排行为。加强工业废弃物土壤污染风险管控和历史遗留重金属污染区域治理，以危险废物为重点开展固体废物综合整治行动。加强生态环境风险防范，有效应对突发环境事件。健全环境信息强制性披露制度。

（三）加强沿黄城镇生活污水处理，统筹推进城乡生活污染治理

加强污水、垃圾、医疗废物、危险废物处理等城镇环境基础设施建设。努力提高城镇生活污水治理水平，加快推进渭河、泾河、马莲河、祖厉河等污染负荷较重支流流域城镇污水处理厂提标改造。完善城镇污水收集管网设施，持续提升黄河流域城市（县城）污水收集效率并确保达标排放，巩固提升城市黑臭水体治理成效，基本消除县级以上行政区建成区黑臭水体。加快建设再生水利用设施，鼓励支持建设污水处理厂尾水湿地工程，城市建设、生态景观等用水优先使用再生水。因地制宜推进污泥资源化利用，提高污泥无害化处理处置率。强化农村生活污水治理与“厕所革命”的衔接，梯次推进农村生活污水处理设施建设，持续改善农村人居环境。在沿黄干流和大黑

河、浑河、乌兰木伦河等主要支流沿线城市、县、镇，积极推广垃圾分类，建设垃圾焚烧和无害化处理设施，建立健全农村垃圾收运处置体系。因地制宜开展阳光堆肥房等生活垃圾资源化处理设施建设。保障污水垃圾处理设施稳定运行，支持各类市场主体参与污水垃圾处理，探索建立污水垃圾处理服务按量按效付费机制。推动冬季清洁取暖改造，在地级市和县城等城乡人口密集地区普及集中供暖，因地制宜推进天然气、电能、可再生能源等清洁能源集中供热。积极开展车、路、油统筹管控，降低机动车尾气污染，推进柴油货车污染治理。推动冬季清洁取暖改造，在城市群、都市圈和城乡人口密集区普及集中供暖，因地制宜建设生物质能等分布式新型供暖方式。

五、矿山生态修复

大力开展历史遗留矿山生态修复，以黄河流域重点地区废弃露天矿山生态修复为重点，实施地质环境治理、地形重塑、土壤重构、植被重建等综合治理，恢复矿山生态。

对黄河流域历史遗留矿山生态破坏与污染状况进行调查评价，研究制定黄河流域矿区综合整治专项实施方案。积极推进甘南、祁连山、兰州、白银等历史遗留矿山开展矿区生态环境综合治理和生态修复，开展矿区地质环境治理、地形地貌重塑、植被重建等生态修复和土壤、水体污染治理，按照“谁破坏谁修复”“谁修复谁受益”原则盘活矿区自然资源，探索利用市场化方式推进矿山生态修复。强化矿山“边开采、边治理”举措，及时修复生态和治理污染，停止对生态环境造成重大影响的矿产资源开发。以河湖岸线、水库、饮用水水源地、地质灾害易发多发区等为重点开展黄河流域尾矿库、尾液库风险隐患排查，“一库一策”，制定治理和应急处置方案，采取预防性措施化解渗漏和扬散风险，鼓励尾矿综合利用。统筹推进采煤沉陷区、历史遗留矿山综合治理，开展黄河流域矿区污染治理和生态修复试点示范。建立健全矿山地质环境动态监管平台，落实绿色矿山标准和评价制度，新建矿山要全部达到绿色矿山要求，加快生产矿山改造升级。

第四章

综合治水，保障流域长治久安

新中国成立以来，通过一系列水利工程和水土流失治理工程建设，初步形成了黄河水沙调控体系，保障了流域供水安全，有效控制了洪涝灾害。为进一步优化黄河流域水资源配置，协调水沙关系，保障黄河的长治久安，“十四五”时期及到2030年，坚持“四水四定”，把水资源作为最大刚性约束，全面实施最严格的水资源保护利用制度，倒逼经济结构、产业和城市布局优化调整；坚持生态优先、节水优先，推动南水北调西线工程建设，做好“八七”分水方案优化调整，科学配置全流域水资源，推进水资源节约集约利用；加大农业和工业节水力度，推进灌区现代化改造，推行工业企业水循环的梯级利用，严格落实总量强度双控制度，加强非常规水资源开发利用，全面建成节水型社会；坚持“上拦下排、两岸分滞”思路处理洪水，坚持“拦、调、排、放、挖”方针综合处理泥沙，加快古贤等重点水库建设，加强黄土高原水土流失治理，优化水沙调控调度机制，构建流域综合防洪应对体系，持续实施全河生态调度，实现健康水生态和宜居水环境，推动黄河流域生态保护和高质量发展。

第一节　黄河水沙调控的主要工程措施与成效

一、黄河干流骨干水利枢纽的建设

1960 年以来，黄河干流先后修建了包括三门峡、刘家峡、龙羊峡、小浪底等四座综合利用的骨干水利枢纽工程，并已投入运行和使用。1997 年的《黄河治理开发规划纲要》也布置了对黑山峡（大柳树）、古贤和碛口三座骨干水利枢纽工程的建设，其中古贤水库建设已于 2021 年 5 月正式开工。以上七座骨干水利工程总库容合计 919.1 亿立方米，总有效库容 469.6 亿立方米，总装机容量 1100 万千瓦，年发电总量 395.5 亿千瓦时（表 4–1–1），分别占黄河干流龙羊峡以下 36 座水利工程累计总库容、总有效库容、总装机容量、总发电量的 91.2%、93.1%、47% 和 49%。

表 4–1–1　黄河干流骨干水利枢纽工程主要指标

水利工程名称	建设省份	建成时间（年）	总库容（亿立方米）	有效库容（亿立方米）	防洪库容（亿立方米）	拦沙库容（亿立方米）	控制流域面积（万平方千米）	坝型	年发电量（亿千瓦时）	最大坝高（米）
龙羊峡	青海	1986	247.0	193.5	45.0	53.5	13.1	混凝土拱坝	59.4	178
刘家峡	甘肃	1968	57.0	41.5	14.7	15.5	18.2	混凝土重力坝	55.8	147
黑山峡	宁夏	待建	107.4	50.2			25.2	混凝土面板堆石坝	77.9	163.5
碛口	山西、陕西	待建	124.8	27.0			43.1	土石坝	48.7	140

续表

水利工程名称	建设省份	建成时间（年）	总库容（亿立方米）	有效库容（亿立方米）	防洪库容（亿立方米）	拦沙库容（亿立方米）	控制流域面积（万平方千米）	坝型	年发电量（亿千瓦时）	最大坝高（米）
古贤	山西、陕西	在建	160.0	46.5	12.0		49.0	土石坝	82.3	186
三门峡	山西、河南	1960	96.4	60.4	55.2	36.0	68.8	混凝土重力坝	13.0	106
小浪底	河南	1999	126.5	50.5	40.5	72.5	69.4	土石坝	58.4	173
合计	—	—	919.1	469.6			—	—	395.5	—

以上骨干水利工程在防洪、防凌、减淤、供水、灌溉、发电等方面发挥了巨大的综合利用效益。其中，龙羊峡、刘家峡、黑山峡水库在黄河上游，以水量调控为主，同时满足上游河段防凌、防洪、减淤的需求。碛口、古贤、三门峡和小浪底水库则以黄河中游洪水和泥沙调控为主，并在优化调度水资源方面发挥重要作用。

（一）刘家峡水库

刘家峡水利枢纽工程位于甘肃省永靖县境内，建成于 1968 年，工程开发任务以发电为主，兼顾防洪、防凌、灌溉、养殖等综合利用。该水库控制着黄河 1/4 的流域面积，为不完全调节水库，汛期水位根据汛后蓄满水库要求而定。刘家峡水库自 1968 年运行以来，不仅承担着西北电力系统调峰、调频任务，还承担着下游灌溉和防凌等综合任务。但刘家峡水库的年调节水量能力相对有限，水库泥沙淤积问题比较突出，截至 2015 年，全库累计淤积泥沙 16.86 亿立方米，库容损失 29.6%，库区干流纵剖面形成了三角洲淤积形态。针对该问题，水利部黄河水利委员会（简称“黄委会”）实施了“水库异重流输沙理论与旁道排沙技术”，大幅减少了坝前淤积量和水库过机含沙量，起到了较好的排沙减淤效果，恢复或提高了水库原有功能。

（二）龙羊峡水库

龙羊峡水利枢纽工程修建于青海省共和县与贵南县交界的龙羊峡谷入口处，是黄河上游的“龙头”电站，控制着黄河 18% 的流域面积和 40% 以上的天然径流量。工程开发任务以发电为主，兼有防洪、灌溉、防凌、养殖、旅游等综合效益。龙羊峡水库自 1986 年运行以来，与刘家峡水库实施联合运用。一方面，通过对黄河水量的多年调节，改变了黄河径流年内分配和过程，调平了流量过程，削减了下游河道洪峰、洪量，补充了枯水年和枯水期水量，而且也使中下游的头道拐、龙门、潼关等主要控制站汛期水量所占比例均由联合运用前的 60% 降至 40% 左右。另一方面，两水库的联合运用改变了宁蒙河道来水来沙的年内年际间分配，导致河道输沙能力下降，造成宁蒙河段泥沙淤积严重，河道排洪能力下降。

（三）三门峡水库

三门峡水利枢纽工程是黄河干流修建的第一座大型水利工程，控制着黄河 91.5% 的流域面积、89% 的来水量和 98% 的来沙量，对黄河中游水沙起重要调控作用。水库早期规划暴露出较大问题，如在大坝建成后的前 18 个月内，93% 的泥沙被拦库中，造成了严重的泥沙淤积和洪水风险问题，但后期改建和运用方式调整比较成功。1973 年汛后，三门峡水库汛期坝前水位控制在 305 米以内，非汛期基本控制在 315 米，非汛期的泥沙由汛期排出。三门峡水库自 1960 年 9 月运用以来，先后经历了蓄水拦沙、滞洪排沙和蓄清排浑三个运用阶段。其中创新性提出的水库“拦、排”结合的“蓄清排浑”模式，形成了“高滩深槽”冲淤平衡形态，使水库淤积得到了有效控制。而且能有效控制小浪底水库入库水沙过程，提高小浪底水库异重流排沙能力，恢复黄河下游主河槽的过洪能力，在黄河下游防洪减淤方面发挥出了巨大的综合效益。

（四）小浪底水库

小浪底水利枢纽工程是黄河干流最新修建的一座大型水利工程，位于黄河干流最后一个峡谷出口处，控制着黄河 92.3% 的流域面积、约 90% 的径流量和近 100% 的泥沙，因此是黄河下游水沙控制的关键工程及现代黄河水沙调控体系的核心，在黄河治理开发中具有十分重要的战略地位。工程开发任务以防洪和减淤为主，兼顾供水、灌溉、发电。小浪底水库自 1999 年底运行以来即与黄河上下游水利工程实施联合运用，逐步形成了多沙河流水库“拦、排、调”全方位协同的“蓄清调浑”运用技术，可使黄河下游花园口的防洪标准由六十年一遇提高至千年一遇，而且自 2008 年以来承担了对黄河下游的生态调度任务。总的来说，水库不仅发挥了巨大的社会和经济效益，改善了沿黄大中城市供水和沿黄灌区灌溉，而且生态效益也十分显著，水库已拦沙 30 多亿立方米，明显抑制了黄河下游河道淤积，提高了河槽过流能力，保持了水库群的长期有效库容，保障了黄河下游连续 22 年不断流，增加了关键期入海水量，改善了黄河三角洲生物栖息环境和生物多样性。

二、“八七”分水方案

（一）“八七”分水方案

黄河“八七”分水方案是国务院 1987 年颁布的《黄河可供水量分配方案》，是我国大江大河中首个流域性水量分配方案，是黄河流域水资源管理和调度的依据，对我国正在进行的流域水量分配有很强的指导意义，堪称我国水权分配的历史丰碑。“八七”分水方案的制定合理预测了沿黄省（区）不同水平年工农业用水增长及供需关系，确定了各省（区）可供水量分配方案。“八七”分水方案以 1919—1975 年系列黄河多年平均天然径流量 580 亿立方米为基础，确定在 2000 年规划水平年河道内基流和输沙等生态水量 210 亿立方米，黄河正常年份可供水量 370 亿立方米，分配给沿黄 9 省（区）及邻近的河北省和天津市（表 4–1–2）。其中，黄河上游分配 127 亿立方米，中游分配 121 亿立方米，下游分配 122 亿立方米；农业分配 292 亿立方米，工业、生活分配 78 亿立方米；干流分配 265 亿立方米，支流分配 105 亿立方米；流域内分配 261 亿立方米，流域外分配 109 亿立方米。

表 4-1-2 黄河分水方案水量指标分配（亿立方米）

省（区）	青海	四川	甘肃	宁夏	内蒙古	陕西	山西	河南	山东	河北、天津	合计
八七分水方案	14.1	0.4	30.4	40.0	58.6	38.0	43.1	55.4	70.0	20.0	370.0
黄河流域综合规划（2020 水平年）	13.1	0.4	28.4	37.3	54.7	35.5	40.2	51.7	65.3	6.2	332.8
黄河流域综合规划（2030 水平年）	18.2	0.4	40.4	52.6	69.9	52.9	42.2	51.7	66.6	6.2	401.1
新的黄河分水方案	10.9	0.3	26.5	45.0	68.4	39.4	47.6	51.5	77.5	2.9	370.0

（二）“八七”分水方案实施成效

“八七”分水方案水量分配体现了公平分配、兼顾效率的原则，实践证明了其科学性和前瞻性。现在黄河流域水资源配置基本维持黄河“八七”分水方案的分配比例关系，为流域及下游沿黄地区 800 万公顷农林牧灌溉、50 多座大中城市、420 个县（旗）、黄河中上游能源基地、中原和胜利油田提供了水源保障。

“八七”分水方案实施分为松散管理（1988—1998 年）和统一管理（1999 年至今）两个阶段。第一个阶段，“八七”分水方案的实施使得流域耗水总量得到控制，但部分省（区）超指标引水突出，且河道断流形势加剧。为此，1998 年颁布实施了《黄河可供水量年度分配及干流水量调度方案》和《黄河水量调度管理办法》，1999 年实行了黄河的全河水量统一调度；2006 年颁布了《黄河水量调度条例》，规定每年应按“同比例丰增枯减”的原则确定各省（区）的实际分配水量。第二阶段的调整对保障黄河分水方案实施、抑制用水过快增长、保障流域供水安全、提高水资源利用效率、实现黄河干流不断流以及维持黄河健康生命等方面起着关键作用。

（三）“八七”分水方案优化调整

“八七”分水方案实施以来，黄河流域自然条件及流域用水结构、供水格局均发生了显著变化，水资源面临新形势。黄河天然径流量由“八七”分水方案时的 580 亿立方米 / 年减少至 2001—2017 年的 456 亿立方米 / 年，相比减少了 21.4%，尤其河口—龙门区间天然径流量衰减最为严重；潼关站来沙量由 1919—1956 年的 15.9 亿吨 / 年减少至 2000—2018 年的 2.44 亿吨 / 年（表 4-1-3），利津站来沙量由 1987—1999 年的 4.2 亿吨 / 年降至 2000—2018 年的 1.2 亿吨 / 年；黄河流域用水量由 1999 年的 506.5 亿立方米增加至 2017 年的 534.6 亿立方米，农业用水量和用水比例不断下降，工业、生活用水量和用水比例大幅增加。甘肃、宁夏、内蒙古、山东等省区用水量经常性超过分水指标，而山西、陕西等省区用水量未达到分水指标，特别是山西省用水量还不到分水指标的 1/4。南水北调生效后，山东、河南、河北、天津原有供水结构局均发生了明显改变。因此，“八七”分水方案已与当前黄河流经的 9 省区及河北、天津的用水格局不相匹配。

表 4-1-3　潼关站不同时期实测水沙量变化表

时段	水量（亿立方米）			沙量（亿吨）			各时段最大、最小年沙量（亿吨）	
	汛期	非汛期	全年	汛期	非汛期	全年	最大	最小
1919—1959 年	259	167.1	426.1	13.4	2.52	15.92	37.26	4.83
1960—1986 年	230.3	172.4	402.8	10.13	1.95	12.08	23.46	3.25
1987—1999 年	119.4	141.2	260.6	6.12	1.95	8.07	14.39	3.21
2000—2018 年	113.1	125.9	239.1	1.89	0.54	2.44	6.15	0.47
1919—2018 年	205.4	157.4	362.8	9.38	1.92	11.3	37.26	0.47

2013 年，国务院批复了《黄河流域综合规划（2012—2030 年）》。该规划以“八七”分水方案为基础，考虑到地表径流量将减少至 519.8 亿立方米，提

出了2020水平年（南水北调东、中线工程生效至西线一期工程生效前）的分水方案，其中向河道外各省区配置水资源量332.8亿立方米，入海水量187.0亿立方米，并根据2002年国务院批复的《南水北调工程总体规划》，将向河北、天津配置水量减少至6.2亿立方米。以2030年水平为配置水平年（南水北调西线一期工程等调水工程生效后），考虑河川径流量将减少到514.8亿立方米，并考虑引汉济渭、南水北调西线一期等调水工程调入水量97.6亿立方米，规划向河道外配置水资源量401.1亿立方米，入海水量211.4亿立方米。此外，国内许多知名学者也对“八七”分水方案的优化调整进行了探讨，而且有的学者提出了新的黄河分水方案。

三、小流域治理与淤地坝工程

从20世纪50年代起，国家以水土流失治理工作为核心开展了黄河流域小流域治理工作，先后经历了以支毛沟为单元的探索阶段（1980年前）、以小流域为单元的试点阶段（20世纪80年代初期至中期）、以经济效益为中心的发展阶段（20世纪80年代后期）和以恢复生态为主的规模化防治阶段（20世纪90年代开始）。通过一系列的整治措施，黄河流域水土流失治理取得了显著成效。

黄河流域小流域治理可追溯至20世纪40年代天水水保站在大柳树沟开展的小流域综合治理试验。20世纪50年代初期，拓展到西峰水保站南小河沟，绥德水保站韭园沟、辛店沟以及天水水保站吕二沟。1980年，水利部发布了《小流域治理办法》，正式开始试点、推广和全面发展。初期，在黄河中游水土流失严重区域确定了38个代表性小流域综合治理试点。后期，又在流域内不同类型的水土流失区组织开展了5期164条小流域水土保持综合治理试点工作，探索了不同类型治理区小流域治理模式，试验推广了机修梯田、旱作农业、径流林业等一系列水土保持先进技术，丰富和发展了水土保持专业理论，为黄土高原不同类型水土流失区的治理开发探索了方向。

1997年，黄河上中游管理局组织启动了以黄河上中游水土流失严重的多沙粗沙区为重点，以支流为骨干、县域为单位、小流域为单元的水土保持生态工程重点小流域治理项目。该项目涉及黄河流域8省（区）（除四川省）101个县（旗）市的227条小流域，完成综合治理面积3232平方千米。其间，涌现出了甘肃定西上岘沟、青海大通清水沟、陕西志丹丁岔、宁夏彭阳姚岔等精品小流域，并有23条小流域被水利部、财政部命名为“十百千”示范工程。截至目前，黄土高原已先后开展了3000多条小流域的治理开发。

经过长期探索和实践，总结提出了“山顶植树造林戴帽子，山坡退耕种草披褂子，山腰兴修梯田系带子，沟底筑坝淤地穿靴子”等治理模式，体现出小流域坡面和沟道系统整治、生物和工程措施相结合的特点。而且，小流域综合治理模式因流域的生态环境状况、社会经济条件和自然资源禀赋存在较大差异而呈现出不同的表现形式。比较典型的有治沟造地（如陕西延安羊圈沟）、防蚀固沙（如晋陕蒙风蚀水蚀交错带神木六道沟）、生态农业发展（如安塞纸坊沟）、三大体系（综合塬区治理、沟坡治理和沟道治理，亦称“三道防线”综合治理模式，如庆阳南小河沟）、梯田开发（如天水罗玉沟）、水资源高效利用（如定西龙潭沟）等模式。这些比较成熟的小流域综合治理模式，取得了明显的生态、经济和社会效益。据估算（截至2000年），新增治理措施每年可减少土壤侵蚀量1711万吨，拦蓄径流8877万立方米；每年增产粮食6.89亿千克，人均粮食由390千克增加到549千克；年人均纯收入由774元增加到1455元。

小流域治理常用的工程措施包括淤地坝、梯田、鱼鳞坑、水平阶和水平沟等。其中，淤地坝主要通过拦截小流域所产泥沙和减轻沟道侵蚀产沙等两大途径实现对入黄泥沙量的削减，成为黄土高原滞洪、拦泥、淤地的主要水土保持工程，也是黄土高原分布最为广泛和行之有效的水土流失保持措施。黄河流域淤地坝建设大体经历了四个阶段：20世纪50年代的试验示范阶段，20世纪60年代的推广普及阶段，20世纪70年代的发展建设阶段，20世纪80年代以来以治沟骨干工程为骨架、完善提高坝系建设的规范化建设阶段。其中1968—1976年和2004—2008年是淤地坝建设的两个高峰期。在黄土高原，淤地坝广泛分布于丘陵沟壑区和高塬沟壑区，多位于100—200平方千米以内的沟道小流域内；其中大型坝主要分布在小流域的干支沟，数量最多的中小型淤地坝主要分布在支沟和毛沟。据统计，这些淤地坝已拦沙85亿吨，每年减少入黄泥沙约300万—500万吨，其中90%以上集中在河龙区间和北洛河上游。

淤地坝在缓洪、滞洪方面也发挥了重要作用，如2017年“7·26”榆林绥德、子洲县特大暴雨洪水使多地受灾严重，但子洲县小河沟淤地坝系缓洪滞洪246万立方米，拦存泥沙210万吨，增加坝地农田近13.33公顷；绥德韭菜沟小流域完整的沟道坝系削减洪峰流量是对照流域的8倍，而洪水最大含沙量仅为对照流域的1/3，由此确保了其下游人员和设施的安全。

四、黄河水沙治理历史及成效

黄河善淤、善决、善徙，洪涝灾害十分频繁，历史上曾三年两决口、百年一改道。因此，治理黄河历来是中华民族安民兴邦的大事。早在迄今4000年前的原始社会末期，我们的祖先就开始了同黄河水患的斗争。“大禹治水”“贾让三策”“王景治河”“贾鲁治河”“潘季驯束水攻沙”以及李仪祉的“黄河治本思想”，均为黄河近现代治理提供了宝贵的历史经验。他们通过疏浚河道、分流泄洪，修筑河堤、防止河岸溃决，形成了“疏、束、堵”为主的治河对策，对早期解决黄河下游河道游荡、泥沙淤积、洪水泛滥等问题发挥了重要作用，但仍不能从根本上解决下游淤积、堤岸溃决、洪涝灾害等问题。

直到1946年，治黄史上翻开了人民治黄的新篇章。特别是新中国成立以来，毛泽东发出了“要把黄河的事情办好”的伟大号召，从此黄河治理被列入治国理政的重要日程。作为世界上含沙量最多的河流，治沙是黄河真正难治的根本，因此，治黄的关键在于治沙。1955年，第一届全国人民代表大会第二次会议通过了《关于根治黄河水害和开发黄河水利的综合规划的决议》，标志着人民治黄事业进入全面治理、综合开发的历史新阶段。一方面，自20世纪50年代开始实施了大规模的黄土高原水土流失治理措施，经历了由点到面、由单项治理到综合治理、由人工措施为主到更加注重自然修复的转变，具体包括20世纪50年代至60年代中期的坡面治理、60年代中期至70年代末期的坡沟水土流失控制、70年代末期至80年代末期的小流域综合治理、80年代末期至90年代末期的自然修复以及1999年以来的退耕还林草5个阶段。另一方面，在黄河干支流兴建了一批重要的水利枢纽工程，先后建设了以三门峡、盐锅峡、青铜峡、刘家峡、龙羊峡、万家寨、小浪底等水库为重点的水沙调控工程，水库运用方式也先后经历了“蓄水拦沙”（20世纪50年代至70年代初期）、“蓄清排浑”（20世纪70年代初期至90年代中期）和“蓄清调浑”（20世纪90年代末期以来）等阶段，基本形成了“上拦下排、两岸分滞”的防洪工程格局，显著提升了黄河水沙调控能力。

经过70年的综合治理，黄河水沙调控体系初步建成，水沙关系不协调问题得到初步改善，洪水得到有效控制，保障了伏秋大汛岁岁安澜，确保了人民生命财产安全。尤其是以退耕还林（草）为主的生态恢复工程实施后，极大改善了黄河流域的自然生态。截至2020年，黄河流域累计初步治理水土流失面积25.24万平方千米，其中修建梯田6.08万平方千米、营造水土保持林12.64万平方千米、种草2.34万平方千米、封禁治理4.18万平方千米；累计建成淤地坝5.81万座，其中大型坝5858座，中型坝1.2万座，小型坝4.03万座。黄河流域水土保持率从1990年的41.49%提高到2020年的66.94%，水土流失最为严重的黄土高原，其水土保持率也达到了63.44%；植被覆盖率由1949年的不足6%提高至2020年的65%；坡面措施（梯田、林地、草地、封禁治理）年均减沙量4.3亿吨，占到人工措施总减沙量的45.2%。黄河干支流水库的修建和调控，也大大减少了下游输沙量，并使黄河含沙量累计下降超过八成。尤其是小浪底水库连续20多年的调水调沙，使黄河下游河道主槽不断淤积萎缩的状况得到初步遏制，主河槽最小过流能力从2002年汛前的1800立方米/秒恢复到2020年汛后的4500立方米/秒，黄河下游河道累计冲刷泥沙约为29.8亿吨，主河槽平均降低2.6米。综上，现代治黄取得了显著成效，也促进了流域经济社会发展。

第二节　加强全流域水资源节约集约利用

一、加强水资源刚性约束

（一）顶层设计与战略部署

2019年9月18日，习近平总书记在黄河流域生态保护和高质量发展座谈会上发表重要讲话，强调“要坚持以水定城、以水定地、以水定人、以水定产，把水资源作为最大的刚性约束”。习近平总书记的重要讲话为黄河水资源刚性约束管理提供了思想指引和行动指南，也为新时代做好治水、兴水、管水工作指明了方向。将水资源作为黄河流域经济社会发展的最大刚性约束，即要纠正流域水资源的过度开发利用方式，根据各省（区）可用水资源量和用水定额，确定并细化不同区域生活、工业、农业控制性用水量，以此为约束，倒逼发展规模、结构、布局加快优化调整，最终实现水资源、社会、经济、生态、环境的多维均衡。

为切实落实水资源最大刚性约束，水利部于2020年5月制定印发了《黄河流域以水而定量水而行水资源监管行动方案》。该方案围绕水资源最大刚性约束对黄河流域合理分水、管住用水、科学调水、整治超量用水等四个方面的工作任务进行了部署。2020年10月，中共十九届五中全会通过的《中共中央关于制定国民经济和社会发展第十四个五年规划和二〇三五年远景目标的建议》对建立水资源刚性约束制度提出了明确要求。2020年12月，水利部又发布了《关于黄河流域水资源超载地区暂停新增取水许可的通知》，其中明确了黄河流域水资源超载地区，提出了对暂停新增取水许可、推动超载治理、评估及解除机制、强化监督检查等方面的要求。

2021年10月，中共中央、国务院正式印发了《黄河流域生态保护和高质量发展规划纲要》。《规划纲要》明确提出要把水资源作为最大的刚性约束，坚持节水优先，细化落实以水定城、以水定地、以水定人、以水定产举措，合理规划人口、城市和产业发展；统筹优化生产、生活和生态用水结构，深化用水制度改革，用市场手段倒逼水资源节约集约利用；建立水资源承载力分区管控体系，实行水资源消耗总量和强度双控；建立覆盖全流域的取用水总量控制体系，全面实行取用水计划管理、精准计量，完善取水许可制度；将节水作为约束性指标纳入当地党政领导班子和领导干部政绩考核范围。

为落实《规划纲要》中对水资源最大刚性约束的要求，国家发展改革委联合水利部、住房城乡建设部、工业和信息化部、农业农村部于 2021 年 12 月印发了《黄河流域水资源节约集约利用实施方案》。该方案进一步细化了关于加强水资源最大刚性约束的有关举措。一是贯彻“四水四定”，优化国土空间格局，加大对重大生产力布局的统筹力度，强化城镇开发边界管控，压减高耗水作物规模，严格控制高耗水项目盲目上马。二是严格用水指标管理，制定年度取用水计划，健全省市县行政区用水总量和强度控制指标体系。三是严格用水过程管理，全面推广取水许可电子证照应用，严格实行计划用水监督管理。

（二）工作进展与成效

自习近平总书记发表重要讲话以来，国家及相关部委迅速制定并推出了一系列政策或方案，不仅体现了国家和地方对黄河流域强化水资源最大刚性约束的高度重视，而且将推动黄河流域等重点地区以水而定、量水而行水资源监管取得成效。

黄河流域已构建水资源刚性约束硬指标，明确了黄河干流和 6 条重要支流共 15 个控制断面的生态流量保障目标；将各省（区）用水份额细化到流域内各地市和相应干支流；推进确定以县为单元的地下水总量控制指标；暂停黄河流域 13 个地市地表水、62 个县区地下水超载地区的新增取水许可，并着手制定治理方案；开展取用水管理专项整治行动，全面核查了流域 78.51 万个取水口情况，并针对问题建立台账，进行整改提升；推动黄河流域地下水超采治理，组织编制了黄淮地区、鄂尔多斯台地和汾渭谷地等重点区域的地下水超采治理方案；正在组织各流域管理机构和省级水行政主管部门编制取水口监测计量体系建设实施方案，以加快建立健全水资源监测体系。

未来，黄河流域经济发展水平和城镇化水平将得到进一步提升，将会带动用水刚性需求快速增长。预计到2030年，黄河流域对水资源的刚性需求将达到峰值。因此，强化水资源最大刚性约束将是黄河流域“十四五”时期直至2030年坚定的目标和任务。

（三）未来重点与任务

首先，流域内各省（区）及所辖县市区应严格坚守用水总量控制、用水效率控制和水功能区限制纳污“三条红线”，全面实施最严格的水资源管理制度考核，通过考核机制倒逼及供给侧“优化提升”，形成水资源开发利用的刚性约束。其次，健全用水总量、耗水总量、生态流量、地下水水位等一系列硬指标，构建水资源刚性约束指标体系，促进和倒逼经济结构及产业布局优化调整。再次，严格落实取水许可监管、承载能力评价、监测计量、超载治理等一系列硬措施，推动水资源对国土空间规划、产业优化调整、城市发展布局等一系列硬约束。同时，加快完善水资源法规制度，强化信息支撑，构建全流域水资源管理信息系统，加强水资源动态监测能力建设。

“十四五”期间，黄河流域将坚持以水而定、量水而行，把水资源作为最大的刚性约束，实行最严格的水资源保护利用制度，落实规划和建设项目水资源论证制度、节水评价制度，从源头控制水资源开发利用强度；完善全过程用水监管体系，实施水资源超载区暂停取水许可审批，促进超用水退减，降低水资源开发利用率。

二、科学配置全流域水资源

（一）水资源科学配置的必要性和迫切性

2020年黄河流域水资源总量为824.3亿[①]立方米，空间分布极为不均，水

① 数据来自《黄河水资源公报（2020）》。

资源利用较为粗放，水资源开发利用率在60%以上，远超过一般流域40%生态警戒线。主要支流渭河、汾河等水资源消耗已达到甚至超过河流水资源可利用量。在此形势下，黄河依然以全国2%的水资源承担着全国15%的耕地、12%的人口、14%的生产总值、七大城市群和七大煤炭基地的用水需求，同时肩负着外流域（淮河、海河）调水需求，导致流域水资源供需矛盾日益突出。黄河下游从20世纪70年代起经常出现断流并不断加剧，90年代则出现连年断流。为此，黄委会于1999年实施了全河水量统一调度，使黄河断流得到了根本遏制，但水资源短缺形势依然严峻。山西、山东、河南和宁夏等省区的人均水资源量不足全国平均水平的1/5，能源重化工业集中分布的中上游区域，人均水资源量不足黄河流域人均水资源量的1/2。

2020年黄河流域供水总量为383.6[b①]亿立方米，用水总量为383.6[b]亿立方米，供水基本满足用水需求（表4-2-1），但多数年份特别是遇干旱年（如2019年），仍无法满足用水需求（表4-2-1）。另外，流域生态用水量很低，近两年虽有所增加（表4-2-1），但所占比重仍偏低（2020年10.3%），严重威胁河流健康。未来，黄河流域城市化与经济发展对水资源的用水刚性需求将持续增长。综上，水资源短缺及供需矛盾已成为限制黄河流域高质量发展的主要因素和瓶颈，科学高效配置全流域水资源是黄河流域生态保护和高质量发展的先手棋。

表4-2-1　黄河流域供用水总量及不同部门用水结构

年份	2011	2012	2013	2014	2015	2016	2017	2018	2019	2020
供水总量（亿立方米）	339.5	327.7	329.2	306.2	378.8	369.9	385.9	384.1	390.2	383.6
用水总量（亿立方米）	398.3	386.4	388.8	366.4	373.8	370.1	376.5	374.2	392.6	383.6

①b代表数据来源为黄河流域各省（区）水资源公报中地市数据，并根据各地市在黄河流域的面积比例统计汇总。

续表

年份	2011	2012	2013	2014	2015	2016	2017	2018	2019	2020
农业用水占比（%）	67.2	66.3	67.6	66.6	66.9	65.8	64.7	63.0	64.1	64.0
工业用水占比（%）	16.6	16.6	16.2	15.8	14.9	14.7	14.5	14.6	14.0	11.8
生活用水占比（%）	12.4	13.0	12.4	13.5	13.8	14.5	15.2	16.0	14.5	15.0
生态用水占比（%）	3.8	4.1	3.8	4.1	4.4	5.0	5.6	6.4	7.4	9.2

数据来源：黄河流域各省（区）水资源公报中地市数据，并根据各地市在黄河流域的面积比例统计汇总。

（二）战略行动与决策部署

《规划纲要》中对科学配置全流域水资源作出了明确部署，包括：细化完善干支流水资源分配，统筹当地水与外调水，合理分配生活、生产、生态用水，建立健全干流和主要支流生态流量监测预警机制，深化跨流域调水工程研究论证，统筹考虑跨流域调水工程建设多方面影响，加强农村标准化供水设施建设，开展地下水超采综合治理行动，逐步实现重点区域地下水采补平衡。

《黄河流域水资源节约集约利用实施方案》则从优化黄河分水方案、强化流域水资源调度和做好地下水采补平衡三个方面对科学配置全流域水资源做了进一步细化，其中提出黄河“八七”分水方案的优化细化任务，以及使下游地区更多使用南水北调水，增加生态流量，保障上中游省（区）基本用水需求等方案。

（三）未来重点与任务

“八七”分水方案沿用至今30余年，已不适用南水北调生效后的流域水量分配需求。加快对其优化调整是强化水资源最大刚性约束和科学配置全流域水资源的必然要求，其中重点统筹考虑以下原则：一是充分考虑水利工程（包括南水北调、引汉济渭、干流骨干水利工程兴建等）尤其是南水北调西线工程生效前后的影响；二是科学核定生态用水需求，坚持生态优先、节水优先，确保经济用水和生态用水之间均衡；三是兼顾公平效率，根据城市群发展、能源安全、粮食安全等国家战略目标，以及流域上下游不同省份的发展定位，合理确定不同地区刚性合理的用水需求；四是充分考虑全球气候变化背景下黄河水资源的动态变化；五是统筹考虑水环境演化趋势及非常规水资源（如海水淡化）的利用；六是充分发挥新技术（如区块链、“互联网+”等技术）在水资源科学配置中的作用；七是完善监测体系和实施制度，确保方案可执行到位。

“十四五”期间，黄河流域将优化调整“八七”分水方案，推进跨省（区）支流水量分配；科学谋划调水，在全面节水的基础上，推进南水北调西线前期工作取得突破，积极支持引汉济渭二期、白龙江调水等跨流域调水工程建设，千方百计增加黄河水资源可利用量；实施黄河下游引黄涵闸改建，改善引水条件，保障供水安全。

到2030年，南水北调西线工程以及碛口、古贤、黑山峡等干流骨干水利工程生效后，可构建“三线梯级、联调联供、节水充分、补短强管”的黄河流域水资源配置格局。“三线梯级”是指构建以南水北调东线、中线、西线和黄河干流7座骨干梯级水库组成的流域水资源配置工程体系；“联调联供”是指通过“三线梯级”工程体系，强化黄河干流水资源精细化调度，实现兰州、头道拐、潼关、花园口、利津等主要断面过流需求，保障年均入海水量不低于200亿立方米；“节水充分”指强化农业节水，加强灌区、企业节水改造，加大再生水、集蓄雨水、海水、微咸水等非常规水源利用水平；“补短强管”指搭建大气—陆地一体化水文水质监测网络，严格监督考核，完善黄河干支流水量统一调度体系，细化分水，科学用水。

三、加大农业和工业节水力度

（一）农业和工业节水现状及潜力

黄河流域是全国重要的粮食主产区和能源重化工基地。随着西部大开发、中部崛起等国家发展战略的实施，流域经济社会发展迅速，工业尤其是能源、原材料工业等得到快速增长，其对水资源的需求也不断增加。

农业是黄河流域用水大户，2020 年用水量为 245.7[b] 亿立方米，约占全流域 64.0[b]。流域内总有效灌溉面积 822.3 万公顷，其中大型灌区 84 处，中型灌区 663 处。全流域高效节水灌溉面积占比 39.1%（2019 年），其中管灌面积 24.3%，喷灌面积 5.0%，微灌面积 9.8%。流域农田灌溉水利用系数 0.56，耕地实际灌溉亩均用水量 290.9 立方米，低于全国均值（368 立方米），农业用水占比近年总体呈下降趋势（表 4–2–1），以上表明黄河流域农业高效节水灌溉近年来有较大发展。但农业依然是全流域用水大户，而且还存在节水与缺水、节水与浪费并存现象。流域仍有 1000 多万亩有效灌溉面积得不到灌溉、4000 多万亩农田得不到充分灌溉。但占全河灌溉用水量 67.5% 的宁蒙河套灌区和下游引黄灌区用水方式粗放低效，漫灌用水量占比高达 80%，表明黄河流域农业节水潜力仍有很大挖掘空间。

流域工业用水占比位居其次，平均占比 11.8%[b]，总体也呈减少趋势（表 4–2–1）。2020 年，工业用水量为 45.2[b] 亿立方米，万元工业增加值用水量 16.9 立方米，远低于全国平均水平（38.4 立方米），空冷火电、原煤生产、煤制油和煤制烯烃等典型行业用水水平已达国内领先，说明黄河流域工业用水总体较为节约。但受自然资源禀赋、经济社会发展水平、产业结构与空间布局及节水技术等影响，流域仍有 68.6% 的地市（含太原城市群、呼包鄂榆地区、中原经济区、关中—天水地区等）工业用水水平高于全国均值。因此，黄河流域工业节水潜力也不小。

据估算，黄河流域最大节水潜力为 83.5 亿立方米，其中农业为 59.3 亿立方米，工业为 22.2 亿立方米，城镇生活为 2.0 亿立方米。与现状用水水平相比，通过采取各种节水措施，到2030年，现状工程可节约水量76.4亿立方米。因此，黄河流域农业和工业存在巨大节水潜力。

（二）决策部署与战略行动

强化节水是黄河流域水资源持续利用的必然选择，加大农业和工业节水力度则是节水型社会建设的核心。党的十八大以来，以习近平同志为核心的党中央高度重视节水工作，提出了“节水优先、空间均衡、系统治理、两手发力”的新时期治水思路，强调要将节水放在优先位置，大力推进农业和工业节水，全面实施深度节水和控水行动。

《规划纲要》对加强黄河流域农业和工业节水的要求主要包括：严格农业用水总量控制，推进高标准农田建设，打造高效节水灌溉示范区，选育推广耐旱农作物新品种，加大推广水肥一体化和高效节水灌溉技术力度，深入推进农业水价综合改革，推进农业灌溉定额内优惠水价、超定额累进加价制度；加快工业节水技术装备推广应用，加快工业园区内企业间串联、分质、循环用水设施建设，提高工业用水超定额水价，倒逼高耗水项目和产业有序退出，提高矿区矿井水资源化综合利用水平。

《黄河流域水资源节约集约利用实施方案》则要求强化农业节水，推广高效节水灌溉技术，深入节水灌溉型灌区创建工作，上中游地区发展高效旱作农业，下游粮食主产区推广测墒灌溉、保水剂应用、水肥一体化等节水措施；积极推广水产养殖节水减排新技术，鼓励水产养殖尾水资源化利用，发展节水渔业；大力发展战略性新兴产业，培育壮大绿色发展动能；严把项目准入关，严格高耗水项目审批、备案和核准；推广应用高效冷却、无水清洗、循环用水、废水资源化利用等技术工艺，提高用水重复利用率；鼓励工业园区内企业间分质串联用水、梯级用水，推广产城融合废水高效循环利用模式。

（三）未来任务与重点

农业方面，围绕高效节水农业发展，实施灌排协同调控，大力推广管灌、喷灌、微灌；以黄河上游宁蒙平原灌区、中游汾渭盆地灌区、下游引黄灌区等为重点，开展灌区现代化改造，充分挖掘农业节水潜力；因地制宜优化农、林、牧、渔业比例，建设节水型农业。工业方面，坚持节水优先、绿色发展，针对黄河中上游地区能源、冶金、化工等传统行业，加快产业技术改造、升级及淘汰力度，强化水的循环梯级利用，降低单位工业产品用耗水量；在下游的河南和山东省，抓住5G、“互联网+”、区块链等契机，着力发展电子信息、装备制造、汽车及零部件、食品等高成长性制造业，培育壮大生物医药、节能环保、新能源、新材料等战略性新兴产业，积极拓展现代服务业。

“十四五”期间，黄河流域各省（区）将严格贯彻落实《黄河流域生态保护和高质量发展规划纲要》和《黄河流域水资源节约集约利用实施方案》等重要决策部署，细化任务，确定可考量性指标，制定精细化方案，加快推进农业和工业深度节水控水。到2025年，实现黄河流域万元生产总值用水量降至47立方米以下，推进青铜峡灌区、河套灌区、汾渭灌区和下游引黄灌区的续建配套和现代化改造，农田灌溉水有效利用系数提高到0.58以上。

四、建设节水型社会

（一）节水型社会建设的必要性

节水型社会指的是水资源集约高效利用、经济社会快速发展、人与自然和谐相处的社会。通常表现为三个特征：（1）微观上水资源利用的高效率；（2）中观上水资源配置的高效益；（3）宏观上水资源利用的可持续。节水型社会建设指的是把水资源粗放式开发利用转为集约型、效益型开发利用的社会。未来，黄河流域经济社会发展对水资源的刚性需求将持续增长，流域水资源供需矛盾在南水北调西线通水前将日益突出。据预测，到2035年，流域缺水率将增至30%。优先推进流域深度节水控水、建设节水型社会是应对未来缺水形势的首要选择。

（二）顶层设计与战略行动

2000年出台的《中共中央关于制定国民经济和社会发展第十个五年计划的建议》首次提出了“建设节水型社会”。2002年2月，水利部印发的《关于开展节水型社会建设试点工作指导意见的通知》，决定开展节水型社会建设试点工作；2002 年 10 月，建设节水型社会被写入《中华人民共和国水法》，其中明确规定“国家大力推行节约用水措施，推广节约用水新技术、新工艺，发展节水型工业、农业和服务业，建立节水型社会”；2017 年 10 月，党的十九大报告明确提出实施国家节水行动，标志着节水成为国家意志和全民行动；2019 年 4 月，国家发展改革委、水利部联合印发了《国家节水行动方案》，明确了节水型社会建设的主要目标及指标。以上国家部署加快推动了黄河流域节水型社会的建设。

2019 年 9 月，习近平总书记在黄河流域生态保护和高质量发展座谈会上的重要讲话则全力推进了黄河流域节水型社会的建设。2021 年 8 月，《关于实施黄河流域深度节水控水行动的意见》的印发，标志着黄河流域深度节水控水行动全面实施。计划到 2025 年，流域内县（区）级行政区基本达到节水型社会标准；到 2030 年，流域内各区域用水效率达到国际类似地区先进水平，全面建成节水型社会。

《规划纲要》对加快形成黄河流域节水型生活方式作出了明确部署，包括推进黄河流域城镇节水降损工程建设，推广普及生活节水型器具，开展政府机关、学校、医院等公共机构节水技术改造，严控高耗水服务业用水，完善农村集中供水和节水配套设施建设，积极推动非常规水利用，适度提高引黄供水城市水价标准，落实水资源税费差别化征收政策。《黄河流域水资源节约集约利用实施方案》则提出了节水型社会建设的目标，到 2025 年，黄河流域水资源消耗总量和强度双控体系基本建立，流域水资源配置进一步优化，重点领域节水取得明显成效，非常规水源利用全面推进。

2022 年 3 月，水利部、教育部、国管局联合印发了《黄河流域高校节水专项行动方案》，要求到2023年底，实现黄河流域高校计划用水管理全覆盖，超定额、超计划用水问题基本得到整治，50% 高校建成节水型高校；到 2025 年底，黄河流域高校用水全部达到定额要求，全面建成节水型高校，打造一批具有典型示范意义的水效领跑者。

（三）工作成效与经验做法

“十三五”期间，黄河流域节水型社会建设全面展开并取得成效，黄委会组织对流域175家用水单位监督检查，并督促整改检查中发现的用水定额执行不严、计划用水制度执行不规范等问题；加大计划用水管理力度，推动黄河流域年用水量10000立方米及以上的工业企业计划用水管理全覆盖，要求严格按照用水定额和区域用水计划下达单位用水计划；配合国家发展改革委印发《关于“十四五”推进沿黄重点地区工业项目入园及严控高污染、高耗水、高耗能项目的通知》，督促有关地区重新评估拟建高耗水项目，推进完成清理规范工作；推动流域9省（区）累计建成448个节水型社会达标县（区），县域节水型社会建成率达到47%；推动626家水利机关全面建成节水机关，平均节水率超30%；44家单位被遴选为公共机构水效领跑者，5处灌区被遴选为灌区水效领跑者。

流域内各省（区）也积极践行“节水优先”方针，并出台一系列政策、条例或办法以深入推动各领域节水控水。其中，山东省节水型社会建设走在前列。早在2003年，山东省即出台了《山东省节约用水办法》。2017年，颁布了《山东省水资源条例》，2019年启动立法，2022年正式施行。该条例明确了有关部门节水工作职责，规定了用水定额、计划用水、节水评价、计量统计、水平衡测试、水价、非常规水利用、重点用水单位监督等内容。2021年12月，山东省印发了《山东省“十四五”节约用水规划》，明确了节水的约束性指标和预期性指标。

（四）未来重点与任务

为加快实现2030年全面建成节水型社会的伟大目标，黄河流域要始终把水资源作为最大的刚性约束，实行最严格的水资源保护利用制度，推进流域深度极限节水，充分挖掘极限节水潜力，进一步促进水资源节约集约利用。统筹加强供需管理，做好资源性节水，深度实施黄河流域农业节水增效、工业节水减排、城乡生活节水，严格落实总量强度双控制度，加强水资源超载区取水许可审批管理，促进节水与增效的深度融合；调整产业结构，严格落实水资源超载区“四定”原则，从压缩灌溉面积、降低高耗水产业比重等方面积极采取措施，建立与区域水资源条件相适宜的产业模式。到“十四五”末期，实现上游地级及以上缺水城市再生水利用率达到25%以上，中下游力争达到30%；城市公共供水管网漏损率控制在9%以内。到2035年，再生水利用量达到15亿立方米，非常规水源可供水总量达到30亿立方米。

《规划纲要》中明确指出要加快形成节水型生活方式。包括：推进黄河流域城镇节水降损工程建设，以降低管网漏损率为主实施老旧供水管网改造，推广普及生活节水型器具，开展政府机关、学校、医院等公共机构节水技术改造，严控高耗水服务业用水，大力推进节水型城市建设。完善农村集中供水和节水配套设施建设，有条件的地方实行计量收费，推动农村“厕所革命”采用节水型器具。积极推动再生水、雨水、苦咸水等非常规水利用，实施区域再生水循环利用试点，在城镇逐步普及建筑中水回用技术和雨水集蓄利用设施，加快实施苦咸水水质改良和淡化利用。进一步推行水效标识、节水认证和合同节水管理。适度提高引黄供水城市水价标准，积极开展水权交易，落实水资源税费差别化征收政策。

第三节　科学调控水沙关系

一、黄河水沙关系的特征

水少沙多，含沙量高。黄河河川径流量多年平均为534.8亿立方米，不足全国3%，人均水量为全国平均的23%，水资源相对匮乏。相比之下，黄河是世界上输沙量最大、含沙量最高的河流，多年平均天然输沙量16亿吨，多年平均天然含沙量35千克/立方米，输沙量和含沙量均位居我国各大江大河之首，而且在世界大江大河中也实属罕见。

水沙异源。黄河水量主要来自兰州以上的上游地区，其所占比例为 60%；其次为龙门—三门峡区间，约占 20%。对照而言，黄河 91% 的泥沙来自头道拐至潼关区间，特别是中游多沙粗沙区，虽然仅占黄土高原水土流失面积的 17.4%，但输沙量却占黄河总量的 62.8%。

水沙年际变化大。近年来，黄河水沙年际变化很大，来水和来沙量均呈减少趋势。2011—2020 年实测年均输沙量 1.78 亿吨 / 年（潼关站），但未来输沙量将呈缓慢增长趋势。据预测，到 2030 年和 2070 年，黄河泥沙量（潼关站）分别将增加至 2.83 亿吨 / 年和 4.12 亿吨 / 年（表 4-3-1）。黄河河道淤积风险加剧，“地上悬河”问题持续发酵，严重威胁沿河人民群众的生命及财产安全。

表 4-3-1　潼关站未来 50 年水沙变化趋势

年份	2020—2030 年	2020—2040 年	2020—2070 年
降水量（亿立方米）	437.57	449.83	471.06
天然径流量（亿立方米）	407.38	418.79	438.55
实测径流量（亿立方米）	229.72	236.16	247.30
输沙量（亿吨）	2.83	3.13	4.12

综上，黄河水在上游、沙在中游，充分体现了黄河水少沙多、水沙异源、水沙关系不协调的特点，导致黄河成为世界上最为复杂难治的河流。而且，黄河水沙关系不协调症结目前尚未根本改变，黄河水沙调控依然面临上游河道淤积萎缩、下游滩区治理策略与高质量发展要求不适应、黄土高原水土流失治理区域不均衡等主要问题。近年来，上游宁蒙河段已形成新悬河，下游滩区依然有 190 万民众、340 万亩耕地的安全保障不足。而且，全流域仍有 26.27 万平方千米的水土流失面积未得到治理，且主要集中在黄土高原（占流域的 89.15%），然而又存在水土保持区域性治理过度和治理缺失并存问题。为此，深入研究论证黄河水沙关系长期演变趋势及对生态环境的影响，科学

把握泥沙含量合理区间和中长期采取“拦、调、排、放、挖”综合处理泥沙的水沙调控总体思路，是保障黄河长治久安的关键。

二、小流域综合治理与淤地坝建设

（一）小流域综合治理

小流域综合治理是重点针对黄河流域水土流失易发、多发问题，以小流域为单元进行的综合、集中和连续治理，被认为是黄土高原水土流失防治的有效模式，得到了国家和地方的一贯高度重视。2015 年 10 月，国务院印发的《关于全国水土保持规划（2015—2030 年）的批复》明确提出：黄土高原区重点是实施小流域综合治理，建设以梯田和淤地坝为核心的拦沙减沙体系，保障黄河下游安全。2021 年颁布的《黄河流域生态保护和高质量发展规划纲要》指出，要以减少入河入库泥沙为重点，积极推进黄土高原塬面保护、小流域综合治理、淤地坝建设、坡耕地综合整治等水土保持重点工程；以陕甘晋宁青山地丘陵沟壑区等为重点，开展旱作梯田建设，加强雨水集蓄利用，推进小流域综合治理。

经过多年的努力，黄河流域小流域综合治理成效显著，大大减少了黄土高原土壤侵蚀、泥沙输移及入黄泥沙，但同时也存在与当地富民生态产业兼顾不足，水土保持成果巩固任务较重等问题。“十四五”期间，将创新小流域综合治理模式，打造小流域综合治理典范。同时把小流域当作大流域的基本单元，将小流域综合治理目标充分融入大流域统一管理目标中，分区域分时段合理拦沙调沙，努力把小流域建设成为具有“水弹性”的生态清洁小流域，即蓄得住必需的雨、放得下下游的水，拦得住流失的泥、舍得下水中的沙。

（二）淤地坝建设

随着大量泥沙在坝前的淤积，很多淤地坝会失去拦沙能力。20 世纪 70 年代是淤地坝拦沙最多的时期，达 2.12 亿吨 / 年，之后逐步降低，到 2000—2019 年减至 1.44 亿吨 / 年。20 世纪 70 年代建成的淤地坝，目前主要发挥着耕种和减蚀的作用。目前，黄土高原淤地坝已淤满 41008 座，占总数的 69.8%，已淤积 55.0 亿立方米，剩余淤积库容 22.5 亿立方米，实际淤积率（相对于设计总库容）为 49.9%。因此，《规划纲要》对淤地坝的改造建设作出了明确部署，包括排查现有淤地坝风险隐患，加强病险淤地坝除险加固和老旧淤地坝提升改造，提高管护能力；加强对淤地坝建设的规范指导，推广新标准、新技术、新工艺，在重力侵蚀严重、水土流失剧烈区域大力建设高标准淤地坝；建立跨区域淤地坝信息监测机制，实现对重要淤地坝的动态监控和安全风险预警。

“十四五”期间，黄河流域将新建淤地坝 1461 座、粗泥沙集中来源区拦沙坝 2559 座，实施坡耕地水土流失综合治理 407 万亩，匡算总投资 174 亿元。预计可新增保土能力 4600 万吨，增加蓄水能力 1.4 亿立方米，新增粮食生产能力 49 万吨。

三、综合处置，科学调沙

（一）水沙调控思路

人民治黄以来，黄河水沙调控先后经历了“根治水害、开发利用”“科学调度、节约用水”和“生态优先、系统治理”三个阶段。其中，1997 年的《黄河治理开发规划纲要》和 2002 年的《黄河近期重点治理开发规划》明确了黄河“上拦下排、两岸分滞控制洪水”以及“‘拦、排、放、调、挖’综合处理泥沙”的水沙调控思路。2021 年颁布的《黄河流域生态保护和高质量发展规划纲要》明确要科学把握中长期水沙调控总体思路，采取“拦、调、排、放、挖”等多种措施综合处理泥沙。

“拦”是指黄土高原地区水土流失拦减措施和干支流多沙河段水库拦沙运用；“调”即调水调沙，是利用水库的可调节库容，对来水来沙进行合理的调节控制，这也是黄河泥沙综合治理的首要措施。《规划纲要》重点强调了水沙“调控”思路，包括：完善以骨干水库等重大水利工程为主的水沙调控体系，优化水库运用方式和拦沙能力；优化水沙调控调度机制，创新调水调沙方式，加强干支流水库群联合统一调度，持续提升水沙调控体系整体合力；加强龙羊峡、刘家峡等上游水库调度运用，充分发挥小浪底等工程联合调水调沙作用，增强径流调节和洪水泥沙控制能力，维持下游中水河槽稳定，确保河床不抬高；以禹门口至潼关、河口等为重点实施河道疏浚工程；创新泥沙综合处理技术，探索泥沙资源利用新模式。

（二）加强黄土高原水土流失治理

黄土高原水土流失治理是黄河治沙减沙和水沙调控的关键。加强黄土高原水土流失治理，牢固树立绿水青山就是金山银山的理念，统筹山水林田湖草沙综合治理、系统治理和源头治理，以中游黄土高原为重点，因地制宜实施小流域综合治理、坡耕地综合整治、淤地坝和林草植被建设，借助大数据挖掘、地理空间分析、地学信息图谱等现代信息技术，实现常态化遥感监管，构建智能化水土流失治理模式。坚持林草植被为要的中游水土保持治河之本，高度重视现状植被维护，继续实施大规模生态建设工程，积极推进特色林果业的发展。加强多沙粗沙区综合治理，实施粗泥沙拦沙工程，配套建设坡面水土保持措施，构建拦沙入黄的第一道防线，减少黄河下游粗泥沙淤积。开展黄土高原水土流失治理工程现状普查，实施年度水土流失动态监测和重点支流水土保持与泥沙专项监测，加强黄土高原水土流失及防治规律试验观测。

“十四五”期间，黄土高原将重点以小流域为单元，建设以淤地坝、旱作梯田、林草植被等措施为主的立体综合治理体系，确保泥不出沟、水不乱流，水土保持率进一步提高；建设黄土高原水土保持监测监管体系，完善监测网络和监管平台，全面提升水土保持监管能力，基本控制人为水土流失。到2030年，将新增水土流失治理面积12.8万平方千米，建设和保护林草植被21.6万平方千米，适宜治理的水土流失区基本得到治理，减少入黄泥沙6.5亿吨/年。

四、优化水沙调控调度机制

完善水沙调控体系，优化水沙调控调度机制，持续实施更充分的调水调沙，是实现黄河长治久安的关键抓手，也是新时期黄河治理的首要策略。2019年9月18日，习近平总书记在黄河流域生态保护和高质量发展座谈会上强调，“要保障黄河长久安澜，必须紧紧抓住水沙关系调节这个‘牛鼻子’”，“完善水沙调控机制……减缓黄河下游淤积，确保黄河沿岸安全”。

当前，黄河上游刘家峡水库至头道拐断面的1440千米河段尚缺少承上启下的控制性水库，小浪底水库也面临着后续调水调沙动力不足的问题，2020年汛末，小浪底库区总淤积量已占水库设计拦沙库容的42.8%。古贤等重点水库建设将是解决小浪底水库调水调沙后续动力不足的首选措施。现阶段要加快古贤水库的建设。水库建成后将与小浪底水库联合调度，进一步提高汛期输沙量，冲刷下游河道，超过4000立方米/秒的高流量还能清除小浪底库区泥沙。

“十四五”期间，坚持以“拦、调、排、放、挖”方针综合处理泥沙，确保河床不抬高。实施粗泥沙集中来源区拦沙工程建设，从源头减少入黄粗泥沙，以干流骨干工程为基础、支流工程为补充，构建动力强劲的水沙调控工程体系；完善水沙调节机制，优化小浪底水库调水调沙，塑造有利于水库排沙和河道输沙的水量过程，减少水库河道淤积，稳定下游主河槽行洪输沙能力；实施河口治理，尽可能多排沙入海；创新泥沙综合利用技术，实现黄河保护治理和泥沙资源综合利用双赢。

第四节　综合灾害应对体系建设和安全黄河建设

一、拦排结合，建立综合防洪应对体系

（一）洪水防治问题

2019年9月18日，习近平总书记在黄河流域生态保护和高质量发展座谈会上明确指出，“洪水风险依然是流域的最大威胁”。小浪底水库调水调沙后

续动力不足，水沙调控体系的整体合力无法充分发挥，小浪底—花园口区间仍有 1.8 万平方千米无工程控制区。下游防洪短板突出，洪水预见期短、威胁大；“地上悬河”形势严峻，下游地上悬河长达 800 千米，上游宁蒙河段高于地面 20 米；299 千米游荡性河段河势未完全控制，危及大堤安全。下游滩区既是黄河滞洪沉沙场所，也是 190 万群众赖以生存的家园，防洪运用和经济发展矛盾长期存在。河南、山东居民迁建规划实施后，仍有近百万人生活在洪水威胁中。而且随着全球变暖，未来极端降水和洪涝灾害将更为频繁，黄河超标准洪水发生的概率将大幅增加，对城市群人口、产业布局集中的中原城市群和山东半岛城市群人民生命安全和经济安全依然构成巨大威胁。

（二）未来重点与任务

2021 年 1 月，黄委会明确了“十四五”防洪重大目标任务，坚持按照“上拦、下排、两岸分滞”思路处理洪水，坚持“拦、调、排、放、挖”思路综合处理泥沙，建立黄河综合防洪应对体系，完善“上拦”工程体系，开工建设古贤水利枢纽，深化黑山峡、桃花峪枢纽重大专题论证和可行性研究，增强径流调节和洪水控制能力，降低下游滩区漫滩概率。巩固提升“下排”能力，推进下游河道综合提升治理，开展险工改建加固、控导工程新建续建，进一步控制游荡性河段河势，建设下游防洪工程安全监控系统，降低大堤安全风险；因滩施策，推进滩区综合提升治理，开展贯孟堤扩建、温孟滩防护堤加固改造，破解滩区防洪运用和经济发展的矛盾，提高滩区安全水平。改善“两岸分滞”条件，推进东平湖综合治理，修建分洪入湖通道，确保分得进、排得出。建设黄河流域水工程防灾联合调度系统，实施干支流水工程统一调度，完善“一高一低”水库调度思路，提升防洪指挥调度能力。通过工程和非工程措施，确保花园口断面 22000 立方米 / 秒洪水大堤不决口。实施禹潼段和潼三段治理，减少塌滩、塌岸损失，补齐中游防洪短板。

《规划纲要》中明确指出，要实施河道和滩区综合提升治理工程，增强防洪能力，确保堤防不决口。加快河段控导工程续建加固，加强险工险段和薄弱堤防治理，提升主槽排洪输沙功能，有效控制游荡性河段河势。开展下游

“二级悬河”治理，降低黄河大堤安全风险。加快推进宁蒙等河段堤防工程达标。统筹黄河干支流防洪体系建设，加强黑河、白河、湟水河、洮河、渭河、汾河、沁河等重点支流防洪安全，联防联控暴雨等引发的突发性洪水。加强黄淮海流域防洪体系协同，优化沿黄蓄滞洪区、防洪水库、排涝泵站等建设布局，提高防洪避险能力。以防洪为前提规范蓄滞洪区各类开发建设活动并控制人口规模。建立应对凌汛长效机制，强化上中游水库防凌联合调度，发挥应急分凌区作用，确保防凌安全。实施病险水库除险加固，消除安全隐患。

2021年10月22日，习近平总书记在深入推动黄河流域生态保护和高质量发展座谈会上的重要讲话进一步强调，要“加快构建抵御自然灾害防线”“立足防大汛、抗大灾，针对防汛救灾暴露出的薄弱环节，迅速查漏补缺，补好灾害预警监测短板，补好防灾基础设施短板”。

二、实施全河生态调度，实现健康水生态和宜居水环境

（一）生态调度实施及推进

1987年，国务院颁布了《黄河可供水量分配方案》，1998年国家计委和水利部出台了《黄河可供水量年度分配及干流水量调度方案》和《黄河水量调度管理办法》，1999年正式实施了黄河水量统一调度，1999年底小浪底水库投入运行并于2008年首次实施对黄河下游的生态调度。2020年，黄委会启动了全流域生态调度，范围涵盖整个黄河干流及其重要支流，且首次补水进入自然保护区核心区刁口河区域。2021年，生态调度范围继续扩展，涉及了流域内外重点区域生态补水，重点实施了河道内滩区湿地和河道外重要湖泊湿地（白洋淀、永定河等）应急生态补水、华北地下水超采区综合治理生态补水等生态调度任务。随着黄河水量统一调度工作的持续深入，生态调度范围逐步由下游延伸至全河，从干流拓展到支流，由粗放管理向精细管理，由静态管理向动态管理，由以水量管理为主向水量水质联合调度管理转变，不断推动黄河水资源由权属管理向配置管理转变。

（二）生态调度实施成效

经过科学配置、精细调度、严格监管的统一调度，黄河下游河槽萎缩趋势得以遏制，平滩流量由20世纪90年代末的平均不足2000立方米/秒恢复到目前的4000立方米/秒以上；黄河22年未再发生断流，入海水量年均增加约10%，2012年以来黄河年均入海水量达207亿立方米（利津水文站），入海总水量超过3000亿立方米；黄河干流水质稳定向好，干流12个监测断面接近或全部达到水质目标；累计向黄河三角洲湿地补水量9亿立方米（2012—2020年），使得河口三角洲芦苇湿地面积恢复到了20世纪80年代的较好水平，自然保护区共有动植物1900余种，鸟类增加到371种、数量达数百万只；生态用水关键期的4—6月增加水量21亿立方米，形成了有利于鱼类等水生生物繁殖、生长、洄游的75—1000立方米/秒适宜流量过程，头道拐、利津等主要控制断面生态基流也显著增大；2018年开始向乌梁素海应急生态补水，累计补水12亿立方米以上，使鱼类恢复到20余种，鸟类达到264种。

（三）未来重点与任务

生态流量是保证河流生态系统完整的主要控制因素和重要抓手。科学核算河道内生态流量，正确评估和优先配置河流生态需水、湿地/湖泊生态需水和河口生态需水对合理实施生态调度而言至关重要。加强生态调度效果评估，不断完善生态调度方案，将是实现健康水生态和宜居水环境的首要前提。

“十四五”期间，持续实施全河生态调度，确保黄河不断流，保障干支流河道基本生态流量，力争利津多年平均入海水量不低于150亿立方米，初步遏制汾河、沁河等重要支流断流问题，提升干支流生态廊道功能。实施重点区域生态补水，建设清水沟、刁口河生态补水工程，连通河口水系，保障河口湿地生态流量及补水通道畅通，促进河口三角洲湿地生态持续向好；结合来水条件，优化实施乌梁素海、岱海、引黄入冀应急生态补水，促进生态脆弱区和敏感区生态修复治理。强化河湖管理，科学划定黄河流域水生态空间，加强河湖空间管控，深入开展河湖“清四乱”，采沙监管以及人造湖、人造湿地专项整治，全面遏制侵占河湖的行为，维护河湖健康，初步形成健康水生态和宜居水环境。

三、强化灾害应对体系和能力建设，有效提升防洪能力

《规划纲要》明确了对强化黄河流域灾害应对体系和能力建设的部署。具体包括：加强对长期气候变化、水文条件等问题的科学研究，完善防灾减灾体系，除水害、兴水利，提高沿黄地区应对各类灾害能力。建设黄河流域水利工程联合调度平台，推进上中下游防汛抗旱联动。增强流域性特大洪水、重特大险情灾情、极端干旱等突发事件应急处置能力。健全应急救援体系，加强应急方案预案、预警发布、抢险救援、工程科技、物资储备等综合能力建设。运用物联网、卫星遥感、无人机等技术手段，强化对水文、气象、地灾、雨情、凌情、旱情等状况的动态监测和科学分析，搭建综合数字化平台，实现数据资源跨地区跨部门互通共享，建设“智慧黄河”。把全生命周期管理理念贯穿沿黄城市群规划、建设、管理全过程各环节，加强防洪减灾、排水防涝等公共设施建设，增强大中城市抵御灾害能力。强化基层防灾减灾体系和能力建设。加强宣传教育，增强社会公众对自然灾害的防范意识，开展常态化、实战化协同动员演练。

加快海绵城市建设，加大城市降雨就地消纳比重，全面提升防洪排涝能力。源头上，加大生物滞留池、雨水花园、绿色屋顶、渗渠、透水铺砖、雨水桶等“小海绵”的建设力度。过程上，逐步改进旧城区排水管网，提升新建城区排水管网设计标准，推动调蓄池和深层隧道等“中海绵”工程的建设。末端上，优化现有工程运用方式，强化河湖湿地防洪排涝等“大海绵”工程的作用。通过多措并举，全域系统化推进黄河流域海绵城市建设，切实提升城市水灾害防御能力。

第五章
绿色转型，建设特色优势现代产业体系

黄河流域是我国重要的区域经济板块和人口密集区，也是国家重要的能源原材料基地、粮食主产区。但是，区域产业依能依重特点突出，有超过1/2的资源型城市和老工业城市，先进制造业不发达，且产业层次低、竞争力弱，并带来严重的生态环境问题、低质量的经济韧性以及不平衡不充分的发展格局。要实现黄河流域的高质量发展，必须以“创新、绿色、开放、协调、共享”五大理念为指导，构建创新驱动、绿色引领、特色突出的现代产业体系。

第一节　提升产业创新能力

创新发展作为提升社会生产力和综合国力的战略支撑，是我国未来经济增长的强力引擎和竞争焦点。全国政协十二届一次会议上，习近平总书记就曾指出，“实施创新驱动发展战略，是立足全局、面向未来的重大战略，是加快转变经济发展方式、破解经济发展深层次矛盾和问题、增强经济发展内生动力和活力的根本措施”。党的十八大更是将科技创新置于国家发展全局的核心位置，创新能力已成为新时期推动区域高质量发展的基础和动力。

但是，黄河流域创新能力普遍较低，产业转型动力不足，流域整体发明专利授权量也仅占全国发明专利授权总量的15.82%。因此，为实现流域产业的绿色创新转型，需营造良好的产业创新生态氛围，提升科技创新支撑能力，促进产业链、创新链融合，提升流域产业创新能力，加强创新对产业发展的支撑作用。

一、提高科技创新支撑能力

习近平总书记在中国科学院第十九次院士大会、中国工程院第十四次院士大会上的讲话中提到，“同党的十九大提出的新任务新要求相比，我国科技在视野格局、创新能力、资源配置、体制政策等方面存在诸多不适应的地方”。党的二十大报告也指出，“教育、科技、人才是全面建设社会主义现代化国家的基础性、战略性支撑。必须坚持科技是第一生产力、人才是第一资源、创新是第一动力，深入实施科教兴国战略、人才强国战略、创新驱动发展战略，开辟发展新领域新赛道，不断塑造发展新动能新优势”。面向新的发展时期，要促进黄河流域经济高质量发展，必须构建良好的人才、经费、制度以及平台支撑体系，提高产业科技创新支撑能力。

（一）推动重大科技攻关

开展黄河生态环境保护科技创新，加大黄河流域生态环境重大问题研究力度，聚焦水安全、生态环保、植被恢复、水沙调控等领域开展科学实验和技术攻关。着眼传统产业转型升级和战略性新兴产业发展需要，加强协同创新，推动关键共性技术研究。深入开展节水、生态修复、污染治理、绿色农业、循环经济、清洁生产等领域应用研究，形成一批有影响的研究成果。围绕黄河流域生态保护和高质量发展的卡脖子短板技术，推行科技攻关“揭榜制”、首席专家“组阁制”、项目经费“包干制”等组织方式，在新一代信息技术、高端装备、新能源、新材料、现代海洋、生态环保等领域组织实施重大关键技术攻关项目。

（二）激发人才创新能力

党的十八大以来，我国积极推动人才强国战略和创新驱动发展战略的实施。在此背景下，黄河流域 8 省区（除四川省）平均万人研究与实验发展人员当量从 2011 年的 13.61 人年上升至 2019 年的 16.99 人年，科技人才的数量稳步提升。但相较于全国 10.04 人年的增幅，黄河流域与全国平均水平的差距逐步加大。在企业研发人员数量上，2019 年，黄河流域 8 省区（除四川省）规模以上企业的研发人员平均数为 8.42 万人 / 省，也低于全国 14.25 万人 / 省的平均规模。目前，我国比任何时期都更接近实现中华民族伟大复兴的目标，也比历史上任何时期都更加渴求人才。面向新的发展阶段，聚焦黄河流域生态保护和高质量发展重大需求，做好“引才、育才、用才”工作，集聚一批具有带动作用的科技创新人才，是黄河流域提升科技创新支撑能力的基础。

引才方面，要完善普惠性与个性相结合的人才政策体系，充分尊重和用好现有人才，加大高层次人才培养和引进力度，探索开展“云招才”模式。育才方面，要加强创新型、应用型、技能型人才培养，实施知识更新工程、技能提升行动，壮大高水平工程师和高技能人才队伍。围绕黄河流域生态保护和高质量发展的需求，支持高校设置生态保护、现代农业、智能制造、公共卫生等一批急需领域学科。实施现代产业学院建设计划，组建一批跨学科、跨专业的产业学院。加快构建中等与高等职业教育、专业学位研究生教育相衔接的人才培养体系，发展本科层次职业教育。支持职业院校与龙头企业、骨干企业牵头组建黄河流域产教联盟。用才方面，要健全以创新能力、质量、实效、贡献为导向的科技人才评价体系。

（三）加快创新成果转化

黄河流域的科技成果转化效率低。河南省科技成果转化平台自 2019 年投入运用以来，累计入库的科技成果已近 4 万项，但最终实现成果与需求智能匹配的项目仅 3000 余项；宁夏回族自治区科技成果转化平台登记的科技成果共有 129541 项，但最终实现技术交易的合同数仅 92 项；青海省通过举办“西宁—兰州科技成果转移转化对接会”和第二届科技成果转移转化对接会，累计发布科技成果 1400 余项、企业技术需求 103 项、人才需求 54 项，但最终促成的合作签约项目仅 36 项。

为促进创新成果转化，一方面要加强成果转化平台的建设和省际“成果—需求—合同”的成果转化合作；另一方面要深化科技成果使用权、处置权、收益权改革，开展赋予科研人员职务科技成果所有权或长期使用权试点。完善以知识价值为导向的收益分配和期权激励机制，开展高校、科研院所所属的具有独立法人资格的事业单位法定代表人股权激励试点。支持具备条件的高校、科研院所建立专业化、市场化的技术转化服务机构，探索人力资本产业园等新模式，综合运用政府采购、技术标准规范、激励机制等促进成果转化。探索搭建“互联网 +”科技成果转化平台，建立线上线下融合的技术产权交易市场，构建集技术成果、专利信息、技术需求等于一体的庞大数据库，有效推动科技成果与企业需求对接。

二、营造产业创新生态氛围

（一）积极搭建创新平台

创新平台是构建区域创新生态的关键基础，是集聚各类创新资源要素的重要载体。黄河流域的创新平台并不发达，其空间分布极不均衡。2020 年，黄河流域沿线 8 省区（除四川省）的科技企业孵化器数量只有 883 个，仅为全国总数的 15.1%，且主要集中分布在山东、河南、陕西三省；有众创空间 1855 个，全国占比 21.8%，其中近 1/3 在山东；大学科技园仅有 18 个，占到全国总数的 15.7%，山西、内蒙古、宁夏、青海、甘肃等省区的大学科技园仅有一个；国家火炬软件产业基地有 107 个，创新型产业集群 24 个，虽都占到全国总量的 20% 以上，但有近 60% 集中分布在山东省。

为提高黄河流域的产业创新能力，应围绕支撑黄河产业发展现代化建设的重点领域，有效整合集聚各种创新要素，布局构建“基础研究—成果转化—功能服务”各环节高能级创新平台体系。加快布局国家战略科技力量，面向高端装备、生命健康、生态环保、电子信息等新兴产业领域，鼓励并支持流域各省区申报国家重点实验室、国家工程技术中心、国家制造业创新中心和国家自主创新示范区。支持黄河流域农牧业科技创新，推动杨凌、黄河三角洲等农业高新技术产业示范区建设，在生物工程、育种、旱作农业、盐碱地农业等方面取得技术突破。支持流域各省高校、科研院所联合兄弟省区高校、科研院所、行业企业、地方政府，共建面向黄河流域生态保护和高质量发展的实验室、协同创新中心、技术创新中心、成果转移转化基地等创新平台。支持与东部高水平科研院所、高校共建创新平台，深化与京津冀、长三角、粤港澳大湾区等地区创新合作，在人才培养、产业培育、园区共建等方面打造合作示范。支持山东大学、西安交通大学、郑州大学、兰州大学等高校合作建立黄河流域高校创新发展联盟和应用技术大学（学院）联盟，推动学科共建、人才共培、大型科学仪器共享，建立服务全流域的创新平台和人才共享机制。

（二）大力培育创新主体

创新是以知识增值为核心，以企业、高校科研院所、政府、教育部门为创新主体的价值创造过程，而企业创新是引领产业发展的关键。习近平总书记在中央财经领导小组第七次会议中指出，“要围绕使企业成为创新主体、加快推进产学研深度融合来谋划和推进。要按照遵循规律、强化激励、合理分工、分类改革要求，继续深化科研院所改革”。因此，要想营造良好的创新生态氛围，要加强企业和科研院所等创新主体的培育。

黄河流域具有创新活动的企业少。2019 年，黄河流域拥有研发机构的规模以上企业 5611 家，仅为广东省的 23%，在全国的占比更少。而从企业研发经费投入来看，黄河流域 8 省区（除四川省）规模以上工业企业的研发经费投入为 2418.4 亿元，仅占全国的 17.31%，除山东省、河南省外，其余各省的工业企业研发经费投入均低于全国平均水平。流域内 8 省区（除四川省）的高新技术企业总数也仅占全国的 11.7%。不难看出，目前黄河流域具有创新活动的企业数量依然较少，而具有创新能力的企业的创新活动又较弱，急需提升企业创新活动的能力。

因此，要提升区域创新能力，急需加强创新型企业的培养。首先，通过积极打造创业园、创客空间、高新区等平台，通过优惠的地租、税收等政策吸引高新技术企业、创新企业入驻。政府也应提供优惠的贷款和全面的指导，鼓励具有能力的年轻人返乡创业，培养一批本土的创新企业，以增强本土企业的创新竞争力。其次，要发挥各类国家高新技术示范区、创新平台、国家重点实验室的平台支撑作用，发挥龙头企业、科技型企业创新主体作用，吸引国内外一流科技创新资源，围绕现代能源化工、新能源、新材料、仪器仪表、现代农牧业等产业领域，深入开展技术研发和科技成果转化应用，促进传统产业提质增效和转型升级。如陕西要发挥杨凌农业高新技术产业示范区作用，加强农业科技自主创新、集成创新和推广应用，建设农业气象高新技术中心。最后，增加政府研发投入流向企业的比例，完善科技市场管理体制，加大知识产权保护力度，以激励企业进行创新。此外，要注重企业家精神的培育，通过优惠的贷款政策、快捷的申请审批制度，为地区龙头企业、创客提供机会和试错空间，以此鼓励企业开展创新活动。

（三）强化创新资金支持

充足的资金是保障强力创新源的先决条件。黄河流域 8 省区（除四川省）在基础研究中的投入经费均较少。2019 年，流域各省基础研究与运用研究占政府研发经费的比例均未超过 40%，内蒙古、山东、河南三省区的占比甚至未超过 15%。而从企业研发经费投入来看，虽然目前黄河流域企业研发投入已整体超过政府研发投入，但就经费使用结构来说，企业的研发经费大部分用于实验、试制环节，在基础研究方面的投入不足。

为增强创新的资金支持力度，按照市场化、法治化原则，应支持社会资本建立黄河流域科技成果转化基金，完善科技投融资体系，综合运用政府采购、技术标准规范、激励机制等促进成果转化。鼓励设立黄河专项科研基金、国家科研计划等开展对约束黄河流域生态保护和高质量的关键科学问题和产业链的卡脖子技术进行攻关。创新引导资金或由政府和企业共同出资建立联合基金或项目启动资金池开展基础研究和应用研究，精准对接基础研究成果、可市场化成果与技术需求主体。完善科技金融综合服务体系，探索在股权激励、知识产权质押贷款、科创企业投贷联动试点等方面进行科技金融改革创新，建立机构设立、经营机制、金融产品、信息平台、直接融资、金融监管等专项机制，为科技型中小企业搭建全方位信用服务和政银企沟通合作平台。

第二节　做优做强特色农牧业

黄河流域是我国重要的粮食产区和农牧区，在国家粮食安全、农业安全保障中占有重要地位。在《全国主体功能区规划》中，有四个国家层面的农产品主产区分布在黄河流域，包括甘肃新疆主产区、河套灌区主产区、汾渭平原主产区、黄淮海平原主产区，此外还有西北地区的肉牛、肉羊生产带。流域历史悠久的农业文明以及丰富的耕地和林草地资源，为地区发展特色农牧业奠定了基础。

一、保障国家粮食安全

黄河流域耕地资源丰富、土壤肥沃、光热资源充足，是我国重要的农业区与华夏农业文明的重要发源地之一。流域内农业耕作区主要集中在平原及河谷盆地，上游宁蒙河套平原是干旱地区建设“绿洲农业”的成功典型，中游汾渭盆地是我国主要的农业生产基地之一。黄河流域长期为全国提供优质小麦、水稻、棉花以及油菜、专用玉米、大豆和畜产品、水产品等农产品，是国家重要的粮、棉、油生产基地和经济作物的重要产区，对于保障我国粮食安全具有重要作用。

（一）严格保护耕地资源

耕地资源是保障粮食安全的重要基础与保障。党的十八大以来，习近平总书记多次强调耕地保护的重要性、紧迫性和严峻性。2020 年，习近平总书记在中央农村工作会议上强调，“要牢牢把住粮食安全主动权，粮食生产年年要抓紧。要严防死守 18 亿亩耕地红线，采取长牙齿的硬措施，落实最严格的耕地保护制度”。黄河流域是我国的粮食主产区，但受城镇化工业化驱动建设用地扩张、生态退耕和农业结构调整影响导致部分省区优质耕地数量减少。从2007年到2019年，沿黄8省区（除四川省）的耕地面积减少了100.2万公顷，每年减少耕地数量也均在100万亩以上。其中，2006年之前减少耕地主要流向了生态退耕，而2006年之后则主要流向了建设用地（表5-2-1）。黄河流域的优质耕地资源主要位于黄河谷地、河套灌区以及中下游的汾渭谷地和河南、山东华北平原地区。这些地区地势平坦，水热资源充沛，且具有良好的农业种植基础。但同时该类地区也是黄河流域城镇化和工业化建设的重点地区，城市的扩张和工业园区建设对耕地资源占用严重。虽然部分省区实施耕地占补平衡，保障了耕地总量的不减少，但是耕地的质量降低，部分临近城市的平原区耕地被地处偏远且农田水利基础设施条件较差的耕地所补充。此外，黄河流域为加强生态保护的退耕还林还草也导致了部分地区耕地面积减少。黄河流域地形地貌复杂，尤其是中上游黄土高原地区沟壑纵横，生态空间与农业空间相互交织。过去黄土高原地区因为毁林毁草开荒、坡地耕种，成为世界上水土流失最严重的地区之一，每年流入黄河的泥沙有2/3来自坡耕地。自1999年起，随着退耕还林、退耕还草等生态保护措施的实施，黄土高原部分地区耕地逐步退出转为生态用地，导致耕地面积减少，主要集中在甘宁、陕北等地区。

表5-2-1　2004—2017年黄河流域8省区（除四川省）耕地减少的主要流向

年份/流向	2004	2005	2006	2007	2008	2013	2014	2015	2016	2017
建设用地	14.10%	18.19%	24.35%	65.32%	84.46%	78.06%	81.01%	84.79%	84.84%	83.88%
灾毁耕地	3.48%	6.71%	0.76%	9.26%	3.83%	2.37%	0.46%	1.99%	1.61%	1.02%
生态退耕	65.24%	66.19%	55.33%	18.61%	2.42%	4.28%	1.66%	0.22%	0.43%	0.56%
农业结构调整	17.19%	8.91%	19.56%	6.81%	9.29%	15.29%	16.87%	13.00%	13.11%	14.55%

数据来源：中国国土资源统计年鉴。

严格保护耕地是保护、提高粮食综合生产能力的前提。为保护耕地，我国陆续出台了《基本农田保护条例》《省级政府耕地保护责任目标考核办法》《耕地占用税暂行条例》等政策，并于2019年修订了《土地管理法》，严格控制耕地转为非耕地、实行占用耕地占补平衡制度、耕地保护目标责任制度、永久基本农田保护制度、农用地专用审批制度、土地开发整理复垦制度、土地税费制度和耕地保护法律责任制度。通过永久基本农田划定，强化优质耕地特殊保护；强化耕地占补平衡，确保补充耕地数量质量双到位。推进土地整治和高标准农田建设，着力提升耕地产能。健全激励约束机制，将耕地保护考核指标纳入粮食安全省长责任制考核、生态文明建设目标评价考核、领导干部自然资源资产离任审计等重要内容。积极推进土地的开发、复垦、整理，开展水土流失，土地盐碱化、沙化等治理，推进耕地的环境保护，使耕地保护成效显著。根据全国国土资源部第三次土地调查数据显示，沿黄8省区（除四川省）的耕地面积总计41860.19万公顷，占全国耕地总面积的32.74%，超过了其在全国国土面积的占比。

为进一步保护耕地资源，在坚决落实“长牙齿”的耕地保护措施，严守耕地红线的同时，还需要加强高标准农田建设、宜耕后备资源调查、提高土地利用效率等工作。首先，根据新一轮高标准农田建设规划推动高标准农田项目建设，完善农田水利基础设施工程，建设高效节水灌溉农田。加大中低产田改造力度，提升耕地的地力等级。实施保护性耕作，保持土壤肥力。其次，按照“生态保护优先、以水定地”的原则，挖掘潜力增加耕地。全面开展宜耕后备资源调查，科学确定可开发的耕地后备资源。支持将符合条件的盐碱地等后备资源适度有序地开发为耕地，对于一些具备开发条件的空闲地、废弃地，可以在保护生态环境的基础上，探索发展设施农业，破解耕地、光热等资源的约束。最后，进一步推进土地节约集约利用。严守“三区三线”，严格建设用地总量控制，优化空间布局和用地规模，提高空间利用的效率和承载能力。

（二）稳定粮食种植面积，提升粮食产量和品质

黄河流域是我国的粮食主产区，粮食播种面积长期占全国粮食总播种面积的30%以上。尤其是小麦和玉米，占全国播种总面积的比重分在53%和37%以上。党的十八大以来，在国家各项惠农政策的支持下，黄河流域粮食种植面积一直呈现稳中提升的局面。近10年来，小麦播种面积长期稳定在1260万公顷以上，玉米播种面积一直保持在1500万公顷以上，豆类的种植面积稳定在220万公顷以上（图5-2-1）。粮食的产量也呈现逐年提高趋势，其在全国粮食总产量中的占比已由2000年的26.3%增加到30.4%，小麦和玉米产量也呈现稳中有升趋势。2018年和2020年，黄河流域8省区（除四川省）的玉米总产量均突破了1亿吨，占到全国玉米总产量的39%。同期，随着农业生产技术水平的提高，粮食单产规模也呈现不断提升趋势。2020年，黄河流域粮食单产量达到5710千克/公顷，是2000年的149%。其中小麦的单产增幅达到了150%，玉米的单产增幅达到127%。但是，部分地区仍出现耕地“非粮化”倾向，一些地方把农业结构调整简单理解为压减粮食生产，一些经营主体违规在永久基本农田上种树挖塘，一些工商资本大规模流转耕地，改种非粮作物等，甚至有地方出现毁麦作青贮饲料的现象。这些问题如果任其发展，将影响国家粮食安全。

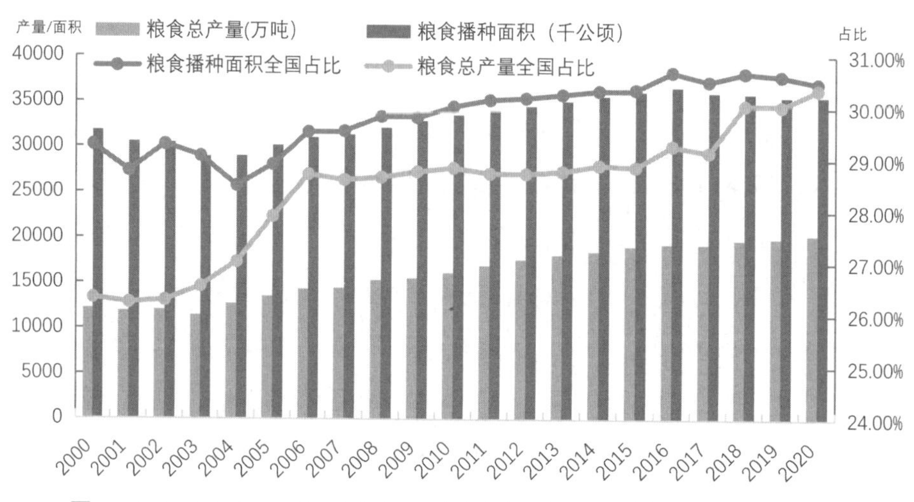

图5-2-1　2000—2020年黄河流域粮食播种面积和粮食产量及其占比变化

稳定粮食种植面积，是保障国家粮食安全的重要基础。要坚持“中国人的饭碗任何时候都要牢牢端在自己手中，饭碗主要装中国粮”，巩固黄河流域小麦、玉米、豆类等作物对于稳定国家粮食安全的重要作用。首先，要加大对产粮大省、产粮大县、产油料大县的支持力度，涉农项目资金向粮食主产区倾斜，支持粮食主产区建设粮食生产核心区。其次，大力开展绿色高质高效行动，深入实施优质粮食工程，提升粮食单产和品质。开展绿色增产模式攻关，集成优良品种和配套技术，推进粮食种植规模化、生产标准化，努力提高粮食单产水平。在黄淮海平原、汾渭平原、河套灌区等粮食主产区，积极推广优质粮食品种种植；在黄淮海、西北地区推广玉米大豆带状复合种植；调整高产创建结构，推进杂粮、马铃薯高产示范片建设。最后，大力建设高标准农田，实施保护性耕作，开展绿色循环高效农业试点示范。

（三）大力发展节水型设施农业

黄河流域耕地的稳产高产受限于农田水利设施和水资源。受水土资源条件制约，灌溉是保证黄河流域农业高产稳产的重要手段，流域内灌溉地粮食单产一般为旱作耕地的2—6倍，尤其在西北干旱地区没有灌溉就没有农业。流域内灌溉面积占耕地面积的30%左右，灌溉区生产的粮食占总量的70%左右。但是黄河水资源总量不足，水资源供需矛盾尖锐，灌区对农田水利设施的依赖程度较高。但现有大中型灌区多是20世纪50—70年代修建，普遍存在建设标准低、配套不全的现象。流域内的部分骨干建筑物老化损坏、干支渠漏水和坍塌问题严重。提水灌区的水泵、电机等机电设备中，应淘汰的高耗能设备占1/2左右。此外，随着经济的快速发展，农业用水得不到保障，特别是枯水年和用水紧张的时期，农业用水往往被挤占。

因此，在稳步推进黄河流域农田水利设施改造提升的同时，要大力支持发展节水型设施农业。推进黄河流域农业深度节水控水，提升用水效率，发展旱作农业。坚持适水种植、量水生产，削减高耗水作物种植面积，发展农田管灌、喷灌、微灌等高效节水灌溉，推进农业灌排水网建设，提高水资源利用率。实施重点水源和重大引调水等水资源配置工程，加大大中型灌区续建配套与改造力度，在水土资源条件适宜地区规划新建一批现代化灌区，优先将大中型灌区建成高标准农田。

二、建设特色农产品优势区

特色农产品种植充分发挥出了黄河流域的资源比较优势，拓宽了各地区农业发展的路径，但黄河流域在特色农产品优势区的建设过程中仍然存在诸多问题。第一，产业化水平不足。多数特色农产品产区由于缺乏必要的组织而处于粗放、分散经营的状态，难以形成品牌优势。第二，产品生产过程缺乏科学技术支撑。虽然黄河流域在农业现代化生产上已取得一定成果，但在农产品品种选育、农民技术培训方面还有所欠缺。第三，产区对消费市场不敏感。特色农产品产区往往与经济发达地区存在较大空间隔离，而这也使得特色农产品产区对市场反应不够灵敏，无法按需供应市场，从而造成商品的短缺或堆积，这对产业发展带来不利影响。第四，部分农产品生产方式粗放，化肥农药施量超标，已对环境造成污染。

因此，推动特色农产品种植，大力发展生态高效农牧业，有助于推广应用绿色生产方式，有序开发优质特色资源，增加绿色优质农产品和生态产品的供给，促进农业绿色发展；建设特色农产品优势区和基地，可以充分利用黄河流域各地资源禀赋和独特的人文历史，吸引现代农业各项要素不断注入，形成科学合理的农业生产力布局。并且，发展特色农产品产业，有助于促进农民增收和地区减贫。部分特色农产品主产区多位于区位条件较差的山区和偏远地区，通过种植特色农产品有助于地区培育特色农业产业，实现产品扶贫减贫。

（一）大力发展生态高效农牧业

黄河流域特色农产品多分布于资源环境较好区域，生产方式相对绿色。但是为了提高黄河流域农产品品质，要因地制宜优化农牧业发展方式和产业结构，推进生态技术的应用，大力发展生态高效农牧业，这将有助于促进黄河流域农业绿色高效发展和生态保护，推进农业供给侧改革和提质增效，实现黄河流域农业高质量发展。

第一，要大力建设高标准农田，实施保护性耕作，开展绿色循环高效农业试点示范。大力推行标准化生产，实施农业“四控”行动，创建绿色食品原料标准化生产基地。如沿黄灌区要依托大企业、大项目、大资本的进入和带动，推进集中连片绿色标准化种养基地与生态循环农业园区建设。第二，要加强绿色、有机、地理标志“两品一标”农产品的认证培育和保护，健全农牧业投入品和农畜产品质量安全追溯体系。第三，要着力构建农牧业创新体系，加强有机旱作农业关键技术研究与示范，大力发展节水、耐旱、抗逆性强的特色产业，实现生态恢复与生产发展共赢。推动杨凌、黄河三角洲等农业高新技术产业示范区建设。此外，要大力发展智慧农业，推进新一代信息技术与农业生产经营深度融合，提升农牧业科技装备水平，实施智慧农业示范工程，建设一批智慧农业应用基地。

（二）布局建设特色农产品优势区和基地

黄河流域范围广、跨度大，自然环境复杂多样，为地区发展特色农产品奠定了良好的自然基础。如上游青海、甘肃地区地处高原，适合发展高原农业和寒旱农业；而中上游的陕西、宁夏、山西、内蒙古等黄土高原地区适合发展多种杂粮种植业和林果业，下游的河南、山东等地则适合发展蔬菜种植和农产品加工业。经过长期发展，黄河流域特色农产品发展已取得一定成果。目前黄河流域拥有 80 个国家划定的特色农产品优势区，占全国优势区的 26%。特色农产品种植充分发挥出了黄河流域的资源比较优势，拓宽了各地区农业发展的路径。

第一，推动农牧业产业化规模化发展。聚焦粮食生产功能区、重要农产品生产保护区和绿色优质特色农畜产品优势区，推动奶、羊绒、向日葵等特色优势农畜产品规模化、标准化生产和全程质量控制体系建设，打造沿黄优势特色农畜产品产业带和产业集群。

第二，建立农牧产品特色产业基地。加大对黄河流域生猪（牛羊）调出大县奖励力度，在内蒙古、宁夏、青海等省区建设优质奶源基地、现代牧业基地、优质饲草料基地、牦牛藏羊繁育基地。做强做优特色农产品优势区，积极打造绿色有机农畜产品输出地，以品种、品质、品牌为抓手兴农兴牧，着力发展畜牧、瓜果、蔬菜、特色杂粮等农牧业特色优势产业。中下游省区要因地制宜，适度发展生猪、家禽及特色养殖。

第三，因地制宜，大力发展戈壁农业、寒旱农业、高原农业等特色产业。积极支持种质资源和制种基地建设，组织实施马铃薯、玉米、大豆、向日葵、小麦和畜禽良种联合攻关，加快选育和推广优质草种。

（三）积极培育地理标志产品

悠久的农耕历史和丰富的地理环境，使黄河流域培育了多个地理标志产品。目前，黄河流域拥有10个国家地理标志产品保护示范区，占全国保护示范区的20%（表5-2-2），各省也均形成了一定数量和特色的国家地理标志农产品，如宁夏回族自治区的盐池滩羊肉和中宁枸杞、甘肃省的兰州百合和定西马铃薯以及山东省的烟台苹果和平阴玫瑰等。

表5-2-2　黄河流域8省区（除四川省）国家地理标志产品保护示范区

地点	国家地理标志产品保护示范区
山西省临汾	吉县苹果国家地理标志产品保护示范区
山西省运城	万荣苹果国家地理标志产品保护示范区
山东省烟台	烟台苹果国家地理标志产品保护示范区
山东省威海	乳山牡蛎国家地理标志产品保护示范区
陕西省渭南	国家地理标志产品保护示范区（陕西富平）
甘肃省定西	定西马铃薯国家地理标志产品保护示范区
甘肃省陇南	国家地理标志产品保护示范区（甘肃武都）
内蒙古自治区巴彦淖尔	五原向日葵国家地理标志产品保护示范区
宁夏回族自治区吴忠	盐池滩羊国家地理标志产品保护示范区

第一，要着力构建农畜产品品牌建设体系，积极培育优势区域公用品

牌。加强农业标准宣传推广，实施农业品牌提升行动。强化如宁夏枸杞、甘肃高原夏菜、内蒙古牛羊肉、山西白酒和杂粮、陕西水果等区域性农业特色品牌。第二，充分挖掘完善农产品种植、加工、存储、贸易等全产业链，打造一批黄河地理标志产品。第三，发展绿色有机农产品，加强无公害农产品、绿色食品和农产品地理标志产品等“三品一标”认证管理。

三、积极发展富民乡村产业

党的十九大提出，“三农问题”是关系国计民生的根本性问题，解决“三农”问题是全党工作的重中之重。而后，国务院在 2018 年的中央一号文件中明确提出要推进农业供给侧结构性改革，发展“互联网 + 农业”，从多渠道增加农民收入，促进农村一二三产业融合发展。目前，黄河流域的乡村发展仍以农业种植为主，缺乏农产品加工、销售服务等工业和服务业，新动能发展不足。因此，在城乡融合发展体制、乡村振兴战略的要求下，积极发展富民乡村产业，培养乡村发展新动能是促进黄河流域兴村富民的重要路径。

要充分发掘乡村特色，形成产业发展比较优势。从农业发展来看，黄河流域在全国粮食市场不占优势。2020 年，黄河流域 8 省区（除四川省）以全国 32% 的土地产出了全国 30% 的主要粮食产量，而东北三省以全国 15% 的土地面积产出了 20% 的主要粮食，平均粮食产量低于东北地区。因此，黄河流域需要利用其优越的自然资源条件，以特色农产品发展作为农业发展的突破。从非农业产业来看，黄河流域作为我国的母亲河，是我国重要文明的发源地，拥有 20 处世界遗产，30 余万处不可移动文物，历史文化深厚。此外，黄河流域自然景观也很丰富，雪山、湿地、草原等多种地形地貌景观均可在黄河流域内看到。在丰富的自然人文景观的支持下，黄河流域形成了 329 个乡村旅游重点村，为乡村产业发展提供了新的路径。在今后发展过程，该类乡村需要围绕旅游资源进行发展，突破农业限制，形成以服务业为主导的乡村发展模式。

（一）推动一二三产业融合发展

以优势产业、特色农业、乡土产业为重点，加快发展农产品加工业，探索建设农业生产联合体，因地制宜发展现代农业服务业，逐步形成多主体参与、多要素聚集、多业态发展格局。

第一，实施家庭农场培育、农民合作社规范提升行动，培植多元化、专业化服务主体，加快培育产业链领军企业，鼓励发展农业产业化联合体，促进农业生产、加工、物流、研发和服务深度对接，推动产前、产中、产后一体化发展。第二，加快发展农畜产品加工业，完善绿色优质特色农畜产品产业链，探索建设农牧业生产联合体，因地制宜发展现代农牧业服务业。第三，鼓励开发农业多种功能，发展休闲观光农业，乡村旅游和农村电商、民宿等，塑造终端型、体验型、循环型、智慧型新产业新业态，实现全环节提升、全链条增值、全产业融合。

（二）培育促进农业产业集群

按照“产业集群、龙头集中、技术集成、要素集聚、保障集合”的思路，围绕黄河流域杂粮、畜禽、蔬菜、鲜干果、中药材等特色农产品资源优势，聚焦精深加工环节，以拳头产品为内核，以骨干企业为龙头，以园区建设为载体，以各类商贸平台为依托，以标准和品牌为引领，打造特色鲜明、结构合理、链条完整的区域农业产业集群。

（三）深入拓展农业产业链

大力发展农产品初加工、精深加工和综合利用加工，推进全产业链开发，加快农产品批发市场升级改造和重要农产品仓储物流设施建设，构建“基地生产—农业综合服务—农产品加工—农产品流通—电商平台”农业全产业链体系。

第一，要提升农产品精深加工水平。开展农产品和畜产品生产加工、综合利用技术研究，建设一批精深加工基地，提升加工转化增值率和副产物综合利用水平。鼓励农业龙头企业、农产品加工领军企业向优势产区和关键物流节点集聚，加快形成一批农产品加工优势产业集群。

第二，要畅通农产品物流体系。推动农村流通服务数字化，支持优势产区批发市场向现代农业综合服务商转型，实施“互联网+”农产品出村进城工程。开展森林生态标志产品、地理标志产品、有机农产品认证和登记保护，建设多种农业特产品电子商务平台。加快推进冷链物流信息化、标准化，完善冷链物流体系，支持在高附加值生鲜农产品优势产区和集散地建设冷链物流基地，实施农产品仓储保鲜设施工程。推进智能商贸物流标准化，建立智能区域性农产品物流中心，加密乡村邮政快递网点，推进物流节点互联互通。

第三，加大对新型农牧业经营主体支持力度，鼓励龙头企业与农牧户建立紧密型利益联结机制，构建“田间—餐桌”“牧场—餐桌”农畜产品产销新模式，打造实时高效的农牧业产业链、供应链。

第三节　建设全国重要能源基地

黄河流域能矿资源丰富，煤炭、天然气储量分别占到全国基础储量的75%和61%，青海的钾盐储量占全国的90%以上，中上游地区风能和光伏能源丰富，是我国“北煤南运”和“西电东送”的重要输出地。有序开发黄河流域的能源资源，对于保障国家能源安全具有非常重要的作用。

一、优化能源开发布局，建设能源基地

能源是保障国民经济和社会稳定增长的重要基石，但我国经济增速放缓，能源供应压力得到缓解，部分能源生产和加工能力出现过剩局面；同时，我国以煤为主的能源生产与消费结构也同步带来生态环境破坏、大气污染、碳减排压力加大等问题。因此，全面系统优化能源开发布局，合理控制大型能源基地开发规模和建设时序是解决问题的重要途径。

（一）以水定产，合理确定能源基地开发规模

黄河流域水资源紧张，山西、山东、河南、宁夏等省区的人均水资源量

不足全国平均水平的1/5，属于极度缺水区域；黄河“几”字弯能源化工产业区集水面积占黄河流域的47.6%，水资源量仅占全流域的24.6%，人均水资源量不足黄河流域人均水资源量的一半，亩均水资源量不足流域亩均的1/3。水资源短缺已经成为限制地区产业发展的主要因素。但区域煤炭资源丰富，且为大型整装煤田，适合进行大规模煤炭开发和煤化工深度加工。2005年之后，中游地区逐步以煤化工为产业发展方向，并布局了宁夏宁东能源化工基地、鄂尔多斯能源与重化工基地、陕西榆神煤化工园区、山西煤化工基地等以煤化工为主的大型产业集聚区，是国家传统煤化工产品的主要产地，主要有焦炭、电石、合成氨等产品。但是煤炭开采会破坏地下水层，并污染地表水；煤电、煤化工发展又需要大量水资源，因此一直以来国家有关部委对于该地区的煤化工产业发展都采取审慎态度。

因此，聚焦水资源和生态环境保护，优化能源开发布局，以地区生态环境承载力为基础，合理确定能源行业生产规模是地区能源基地建设和行业可持续发展的必然基础。要坚持煤炭生产能力与资源环境承载能力相适应，实施控煤减碳，合理控制煤炭开发强度，有序有效开发能源资源。坚持以水定产，重点控制鄂尔多斯、山西、榆林、宁东、陇南新型能源重化产业区的煤炭开采规模，严格控制地区煤化工的扩展态势，按照资源约束确定适度的煤化工规模。

（二）有序开发鄂尔多斯、山西国家综合能源基地

“十二五”期间，黄河流域的鄂尔多斯和山西被规划为国家的综合能源基地，重点发展煤炭、煤电和煤化工产业，规划到2015年，两个基地的煤炭产量要达到16.2亿吨。“十三五”期间，随着能源转型目标的提出，又提出要以国家综合能源基地为重点优化存量，把推动煤炭等化石能源清洁高效开发利用作为能源转型发展的首要任务，同时大力拓展增量，积极发展非化石能源，加强能源输配网络和储备应急设施建设，加快形成多轮驱动的能源供应体系，着力提高能源供应体系的质量和效率。2020年，鄂尔多斯和山西能源基地的煤炭产量已近全国总量的43%，火电装机占全国火电总装机量的

近 10%，是全国重要的煤炭和煤电供应基地，同时也是国家煤制气、煤制油示范基地。但是随着我国“双碳”目标的提出以及能源开发对当地生态环境的影响，应有序开发鄂尔多斯和山西国家综合能源基地煤炭资源，以水定产合理确定地区煤电、煤化工规划，建构多元并举的绿色能源体系，打造黄河“几”字弯清洁能源基地。

鄂尔多斯能源基地要有序开发基地煤炭资源，加快淘汰落后煤电机组，构建以新能源为主的新型电力产业。以煤化电热一体化为重点，推进煤炭清洁高效利用，推动能源化工产业链向精深加工、高端化发展，稳妥推进绿色煤化工示范工程。坚持集中式和分布式并举，大力提升风电、光伏发电规模和质量。

山西能源基地要加快清洁能源转型。合理控制煤炭开发规模，加快煤炭绿色低碳、清洁高效开发利用；探索大容量、高参数先进煤电项目与风电、光伏、储能项目一体化布局，提升清洁电力发展水平；同时统筹考虑电网条件和生态环境承载能力，利用采煤沉陷区、盐碱地、荒山荒坡等资源开展集中式光伏项目，推进“新能源＋储能”试点，推动新能源和可再生能源高比例发展。

（三）推动宁夏宁东、甘肃陇东、陕北、青海海西等重要能源基地高质量发展

随着西部大开发战略的进一步深入，西部地区的宁东、陇东、陕北、海西等能源基地逐步得到开发建设，成为国家能源战略基地的重要组成部分。其中宁东能源化工基地是国家规划的六大煤化工产业示范区之一，主要包括煤制油、煤基烯烃、精细化工三大产业集群，是全国最大的煤制油、煤基烯烃生产加工基地。陇东、陕北能源基地也是重要的能源化工基地以及西电东输、西气东输的重要基地，海西则已建设成为重要的清洁能源基地。这些基地开发较晚，较容易运用经济技术后发优势，稳步推进建设，基地能源产量需要与区域社会经济发展相协调，推进能源基地高质量发展。

第一，宁东、陇东、陕北均是以煤为主发展煤电和煤化工产业，要切实

以水定产、以需定产，根据地区市场需求和竞争能力，合理确定煤电和煤化工产业规模，推进矿区现代化建设和煤炭规模化、集约化、现代化开采，推动煤炭优质产能释放。

第二，拓展煤电、石油、煤化等特色产业链，布局建设一批循环经济型煤电化、石化产业聚集区，根据市场情况合理布局建设煤制烯烃、煤制乙二醇等现代煤化工示范项目，开展煤油共炼、煤提取煤焦油与制合成气一体化、高参数低排放燃煤发电等能源化工关键核心技术攻关，探索二氧化碳减排途径，提升煤炭、石油、天然气清洁开发利用水平。

第三，积极鼓励风光等清洁能源发展，加快氢能制备、存储、加注等技术开发利用，建设“风光火储”一体化的能源基地。促进配套电力外送工程建设，提升电力就地消纳和外送水平。

第四，积极鼓励先进基础材料、关键战略材料、前沿新材料等新材料产业发展，着力推进产业基础高级化和产业链现代化，实现产业体系升级、基础能力再造、新旧动能转换，争做黄河流域生态保护和高质量发展先行区排头兵。

二、促进煤炭产业绿色化智能化发展

黄河流域是我国重要的煤炭生产与供应区，国家 14 个煤炭基地中的鄂尔多斯、晋北、晋中、晋东南、黄陇、宁东、鲁西南、中原矿区等都位于流域内，近 10 年来沿黄 8 省区（除四川省）原煤产量长期占据全国总量的 70%，对于保障国家能源安全具有重要作用。但是，煤炭资源的开发不仅导致黄河流域局部地区生态环境破坏、地表侵蚀和沙漠化加剧，而且还带来严重的大气污染和水污染问题。有研究表明，流域每开采 1 吨煤炭，至少消耗 2 吨用水，造成 65 元的生态资源损失。且随着我国能源消费结构的调整，煤炭等化石能源在能源消费中的比重将逐步降低。因此，合理控制煤炭产业发展规模、减污降碳引导产业绿色智能化转型应成为黄河流域煤炭产业发展的首要目标。

（一）合理控制煤炭开发强度

持续深化煤炭供给侧结构性改革，严格规范各类勘探开发活动，严格控制煤炭和煤电开发规模。大力促进传统煤炭生产基地现代化改造和规模化经营，有序关停小、旧以及布局在生态脆弱区的煤炭，推进煤炭安全高效开采和智能化改造，实施煤电扩能增容提质行动。稳定蒙西、山西、陇南、宁东、黄陇煤炭基地产能，严格限制河南和山东地区的煤炭开采，严格限制水源涵养功能重要区和地下水源功能区的煤炭开采，推动煤炭生产向资源富集地区集中。提高基地长期稳定供应能力，保障国家能源安全。

（二）加快煤矿绿色化智能化改造

推进煤炭智能开采，将5G、大数据技术引入智能煤矿建设，开展人工智能在智慧矿山领域中的应用示范，建设集研发、生产、服务于一体的全球领先的智慧矿山创新基地。严格执行《关于加快煤矿智能化发展的指导意见》相关要求，坚持企业主导与政府引导，坚持自主研发和开放合作，推动煤矿开拓设计、地质保障、生产、安全等主要环节的信息化传输、自动化运行技术体系建设，形成多种类型不同模式的智能化示范煤矿，逐步实现煤矿开拓、采掘（剥）、运输、通风、洗选、安全保障、经营管理等过程的智能化运行，提升煤炭开采智能化水平和安全水平。开展新建煤矿井下矸石智能分选系统和不可利用矸石全部返井试点示范，因地制宜推广矸石返井、充填开采、保水开采、无煤柱开采等绿色开采技术。推广煤与瓦斯共采技术，探索实施煤炭地下气化示范项目。推进新上煤矿智能化建设，加快生产煤矿智能化改造。

（三）推进煤炭高效清洁利用

推进煤炭清洁高效利用，推动煤炭产业技术、产品、质量、管理全面升级。促进燃煤清洁高效开发转化利用，继续提升大容量、高参数、低污染煤电机组占煤电装机的比例。严格控制新增煤电项目，新建机组煤耗标准达到国际先进水平，有序淘汰煤电落后产能。大力推动煤炭清洁利用，合理划定禁止散烧区域，多措并举、积极有序推进散煤替代。开展二氧化碳捕集、利用和封存试验示范。

三、鼓励新能源产业发展

2017年，习近平在致第八届清洁能源部长级会议的贺信上写道："发展清洁能源，是改善能源结构、保障能源安全、推进生态文明建设的重要任务……中国将坚持节约资源和保护环境的基本国策，贯彻创新、协调、绿色、开放、共享的发展理念，积极发展清洁能源，提高能源效率。"黄河流域风能、太阳能资源丰富，具有良好开发条件。内蒙古、甘肃北部位于"三北"风力带上，是我国仅次于东南沿海的最大风能资源区。宁夏北部、甘肃东部、青海西部处于太阳能资源一类区，是我国太阳能资源最丰富的地区之一。此外，山东省还拥有海阳、红石顶、石岛湾三处核电厂。党的十八大以来在党和中央的能源政策指导下，黄河流域清洁能源展现出较好的开发态势。截至2020年底，沿黄8省区（除四川省）风电装机量达到1.36亿千瓦，光伏装机达到1.1亿千瓦，均占到全国总量的40%以上。黄河流域作为我国重要的生态屏障，长期面临能源供给与生态环境之间的矛盾。推动清洁能源发展是黄河流域面向新时期实现能源供给与生态保护平衡的重要途径和手段，对区域实现高质量发展意义重大。

（一）大力推进风电和光伏发电基地化开发

为保障我国"双碳"目标的实现，促进能源转型，要按照集中与分散并举、打捆送出与就地消纳相结合的原则，合理利用区域内风、光资源，加快甘肃、青海、内蒙古等省区沙漠、戈壁、荒漠地区大型风电、光伏基地项目建设，加快构建多元互补的新能源供应体系。重点建设黄河上游、河西走廊、黄河"几"字弯、黄河下游新能源基地和海上风电基地集群。

发挥区域市场优势，主要依托省级和区域电网消纳能力提升，创新开发利用方式，推进黄河下游等以就地消纳为主的大型风电和光伏发电基地建设。利用省内省外两个市场，依托既有和新增跨省跨区输电通道、火电"点对网"外送通道，推动光伏治沙、可再生能源制氢和多能互补开发，重点建设黄河上游、河西走廊、黄河"几"字弯等新能源基地。

加快推进以沙漠、戈壁、荒漠地区为重点的大型风电太阳能发电基地。以风光资源为依托、以区域电网为支撑、以输电通道为牵引、以高效消纳为目标，统筹优化风电光伏布局和支撑调节电源，在内蒙古、青海、甘肃等西部北部沙漠、戈壁、荒漠地区，加快建设一批生态友好、经济优越、体现国家战略和国家意志的大型风电光伏基地项目。依托已建跨省区输电通道和火电“点对网”输电通道，重点提升存量输电通道输电能力和新能源电量占比，多措并举增配风电光伏基地。创新发展方式和应用模式，建设一批就地消纳的风电光伏项目。发挥区域电网内资源时空互济能力，统筹区域电网调峰资源，打破省际电网消纳边界，加强送受两端协调，保障大型风电光伏基地消纳。

有序推进山东海上风电基地建设。重点围绕渤中、半岛北、半岛南三大海上风电片区，打造千万千瓦级海上风电基地。探索开展深远海海上风电平价示范。

（二）积极推进风电和光伏发电分布式开发

积极推动风电分布式就近开发。在工业园区、经济开发区、油气矿区及周边地区，积极推进风电分散式开发。在符合区域生态环境保护要求的前提下，因地制宜推进河南、山西等地的分布式风电开发，创新风电投资建设模式和土地利用机制，实施“千乡万村驭风行动”，大力推进乡村风电开发。积极推进资源优质地区老旧风电机组升级改造，提升风能利用效率。

大力推动光伏发电多场景融合开发。重点在中下游省区推进分布式光伏开发，重点推进工业园区、经济开发区、公共建筑等屋顶光伏开发利用行动，在新建厂房和公共建筑积极推进光伏建筑一体化开发。积极推进“光伏+”综合利用行动，拓展光伏在多个领域的应用。鼓励农（牧）光互补、渔光互补等复合开发模式。如可在库布其、乌兰布和、毛乌素沙漠推进“光伏+生态治理”基地建设，在鄂尔多斯、包头和乌海等地采煤沉陷区、露天矿排土场推进“光伏+生态修复”项目建设，构建新能源开发与生态保护协同融合的发展格局。此外，可结合推进乡村振兴，根据供电和供热需求，在农村牧区推进风能、太阳能等新能源分布式系统建设。

四、加强能源资源一体化开发利用

能源一体化是保障我国双碳目标实现和能源安全的重要基础。通过能源一体化开发，有助于实现清洁能源和化石能源直接的相互支撑，保障能源系统的稳定性。同时也有助于能源项目所在城市产业发展的多元化，便于行业上下游建设的齐头并进，形成能源生产、利用、输送以及相关产品开发的完整产业链，提高地区经济的发展韧性。

（一）风光水火储多能互补的能源一体化开发

黄河上游的甘肃、青海、内蒙古等地核风电、光伏等清洁能源资源丰富，但长期以来受电网稳定性影响和输出通道限制，地区弃风率和弃光率较高。为加大地区风电、光伏等清洁能源开发，应发挥水电、煤电调节性能，适度配置储能设施，统筹多种资源协调开发、科学配置，建立以风光水火储为核心的能源多品种协同开发促进机制。挖掘黄河上游现有梯级电站潜力，建设混合可逆式抽水蓄能电站，依托风能、太阳能资源优势，开展风光水储一体化、风光储一体化建设，构建“风光水火储”多能互补系统。

（二）鼓励能源产业全产业链一体化开发

发挥大型能源基地建设带动效应，推动能源产业链向下游延伸、价值链向中高端攀升，积极创建国家现代能源经济示范区，开展国家级能源革命综合改革试点。鼓励电力、化工、新材料以及装备制造等配套产业一体化发展，拓展煤电、石油、煤化等特色产业链，布局建设一批循环经济型煤电化、石化产业聚集区，根据市场情况鼓励煤制烯烃、煤制芳烃、煤炭中低温热解、煤油共炼、煤提取煤焦油与制合成气一体化、高参数低排放燃煤发电等能源化工关键核心技术攻关，加强能源资源一体化开发利用，建设现代精细化工基地，加快能源化工产业向精深加工、高端化发展。以高端智能制造为方向，培育引进装备制造行业龙头企业，依托重大能源工程推进能源装备自主创新和试验示范，形成特色突出的能源装备制造集中地和产业集聚区。

五、完善能源输储运设施建设

我国能源资源与经济活动的空间分布极度空间失衡，导致大量能源资源需要跨区域运输，主要形成了“西电东送”“西气东输”“北煤南运”等格局。因此，完善能源输储运设施也是保障国家能源安全的重要内容。黄河流域是我国“北煤南运”和“西电东送”的重要源地，是国家重要的能源储备基地和输出基地。2020 年，黄河流域煤炭净调出 10.84 亿吨，占当年全国煤炭总产量的 27.8%；电力净输出量 6079.69 亿千瓦时，占当年流域发电量总和的 24.32%。同时，西气东输等通道从流域穿过。因此，完善能源输运储设施建设是新时期推动黄河流域能源高质量发展的重要环节。

要完善跨区域能源输送网络建设。完善煤炭跨区域运输通道和集疏运体系建设，扩大“陕煤入渝”规模，保障蒙西、陕西和山西煤炭外运能力，提升“北煤南运”运输通道能力。

完善流域内跨省区电力通道建设。强化“西电东送”网架枢纽建设，稳步推进资源富集区电力外送，加快已建通道的配套电源投产，重点建设黄河上游和“几”字弯、河西走廊等清洁能源基地输电通道，建设“宁电入湘”“陇东—山东”等特高压输电工程，加大青海、甘肃、内蒙古等省区清洁能源消纳外送能力，完善送受端电网结构，提高交流电网对直流输电通道的支撑。

完善油气互联互通网络建设，推进西气东输四线前期工作；加快天然气支线管网和储气调峰设施建设；规划建设甘肃玉门国家油气战略储备基地。

促进网源荷储一体化协调发展，开展大容量、高效率储能试点示范工程建设，推进网域大规模 720 兆瓦时电池储能电站试验示范项目。

第四节　加快战略性新兴产业和先进制造业发展

2017 年，中国共产党第十九次全国代表大会指出：中国经济已由高速增长阶段转向高质量发展阶段，建立健全绿色低碳循环发展的经济体系是新时期高质量发展的方向。面向新时期，我国资源供应短缺、人口红利消失、环境污染严重等问题依然严峻，继续发展以要素投入为主导的高能耗、高污染产业已难以满足国家今后的需求，推动产业体系升级，打造以科技为支撑的战略性新兴产业和先进制造业的产业发展体系是促进产业向绿色、低碳、高效转向的根本途径。

受发展条件和发展历史制约，黄河流域沿线各省工业发展过分依赖资源型产业，产业链条较短；高端且资源消耗低的产业门类少，规模小，层次低。2020 年，黄河流域大部分省区以煤炭、石化、电力、钢铁、有色冶金、建材等为主的能源基础原材料产业在工业主营业务收入的占比均在 40% 以上，中上游省区能源基础原材料产业的比重基本在 60% 以上，尤其是山西、青海、甘肃等省的比重甚至超过了 70%。相对而言，装备制造业规模较小，发展层次低。尤其是山西、内蒙古、青海、甘肃和宁夏 5 省区装备制造业结构单一化严重，产业安全风险系数较高。

而实现生态保护和高质量发展，必须有现代化的产业体系和竞争力强的产业作为支撑。因此，新时期抓住 5G、“互联网 +”、区块链等契机，改变黄河流域产业发展方式，以信息化促进地区工业组织与生产方式的转型，加快培育战略性新兴产业和先进制造业，促进产业转型升级，是推进黄河流域产业高质量发展的必由之径。

一、打造竞争力产业集群，推动产业体系升级

制造业是实体经济中最重要和最基础的部分。习近平总书记多次强调，

“制造业是立国之本、强国之基”。制造业也是产业链条中创造价值、吸纳就业和带动生产性服务业等其他行业发展的关键环节。而战略性新兴产业则是以重大技术突破和重大发展需求为基础，对经济社会全局和长远发展具有重大引领带动作用。这些产业科技含量高、市场潜力大、带动能力强、综合效益好，打造具有竞争力的制造业和新兴产业集群，有助于在一定地理空间上集聚大量企业、相关机构构成相互合作和协同的生产网络，具有产业、企业、技术、人才和品牌集聚协同效应，不仅能实现规模效应和集聚效应，有效降低生产成本和交易成本，更能助推创新型经济，打造竞争新优势。培育和打造具有竞争力的先进制造业和战略性新兴产业集群已经成为我国参与全球化发展、形成国际竞争新优势的重要途径，对于畅通制造业国内国际双循环、提升产业链和供应链现代化水平具有重要意义。

黄河流域的先进制造业和新兴产业发展主要集中在中下游中心城市。近年来，山东、河南、陕西等省区，以山东半岛城市群、中原城市群和关中城市群为核心，依托城市群的经济集聚和人才、资金等集聚优势，积极发展先进制造业，并取得较好成绩。如山东实施“雁阵形”集群提升行动，培育了动力装备、轨道交通装备、智能家电等一批世界级集群，打造国家先进制造业中心。软件产业也跻身国内第一梯队，山东半岛工业互联网示范区成为全国三大工业互联网示范区之一，济南市、青岛市先后被命名为“中国软件名城”。河南全面实施制造业“三大改造”战略，装备制造、食品制造产业产值规模加快跃向万亿级，战略性新兴产业和数字经济加速发展，以“Huanghe”本土品牌为引领的鲲鹏计算产业初具规模，服务业增加值占比接近 50%。陕西聚焦创新能力提升、结构优化升级、产业融合发展、优质企业培育和产业集聚发展，能源化工、航空航天、装备制造、电子信息等产业集群不断壮大，高技术制造业、战略性新兴产业在“十三五”期间年均增长 16.4% 和 10.2%。

但是，相较于长江沿线省区，黄河流域先进制造业和新兴产业发展规模依然较低。2019 年以来，工业和信息化部启动先进制造业集群和战略性新兴产业集群培育工作，已分别遴选出两批共 25 个国家先进制造业集群和一批共

66个国家战略性新兴产业集群，但黄河流域只有3个先进制造业集群和13个战略性新兴产业集群列于名单之上，而长江经济带则分别有16个国家级先进制造业集群和22个国家级战略性新兴产业集群。黄河流域尤其是中上游省区先进制造业和新兴产业发展仍处于起步阶段，产业链龙头企业规模较小，缺乏具有行业领先水平的领军企业。见表5-4-1。

表5-4-1 黄河流域国家先进制造业集群和战略性新兴产业集群

省区	数量	国家先进制造业集群名称
陕西	1	西安市航空集群
山东	2	青岛市智能家电集群、青岛市轨道交通装备集群
省区	数量	国家战略性产业集群
山东	7	青岛市轨道交通装备产业集群、青岛市节能环保集群、济南市信息技术服务产业集群、淄博市新型功能材料产业集群、烟台市先进结构材料产业集群、烟台市生物医药产业集群、临沂市生物医药产业集群
河南	4	郑州市信息服务产业集群、郑州市下一代信息网络产业集群、平顶山市新型功能材料产业集群、许昌市节能环保产业集群
陕西	2	西安市集成电路产业集群、宝鸡市先进结构材料产业集群

先进制造业和战略性新兴产业代表未来产业变革的方向，是培育发展新动能、获取未来竞争优势的关键领域。对于正处于新旧动能转换过程中的黄河流域而言，培育壮大以先进制造业和战略性新兴产业为代表的新动能对于促进黄河流域产业体系整体转型提升尤为重要。因此应以沿黄中下游产业基础较强地区为重点，依据自身比较优势，搭建产供需有效对接，产业上中下游协同配合，产业链、创新链、供应链紧密衔接的战略性新兴产业合作平台，推动产业体系升级和基础能力再造，打造具有较强竞争力的产业集群。

（一）积极搭建各类产业平台，促进产业创新

先进制造业和战略性新兴产业通常都是技术含量高的行业，需要有一定的技术、创新、人才等为积累。但是从创新资源的角度而言，黄河流域沿线

省区的人才和资金投入力量相较于其人口和经济的规模相对较低。2010 年以来，沿线 8 省区（除四川省）研究与试验发展（R&D）人员和内部经费支出占全国总量的比重均在 18% 左右，远低于长江经济带 44% 的比重。而且除陕西省外，其余 7 省区研究与试验发展（R&D）经费投入强度（%）都显著低于全国平均水平。尤其山西、内蒙古、甘肃、青海等省区与全国的差距不断加大，而陕西省的领先优势也逐步降低。

科技创新平台作为人才、资金、信息等各类创新要素的汇聚地，是促进科技成果转移转化和培育发展高新技术产业的重要载体。完善科技创新平台体系有利于有效整合政、产、学、研、用各类资源，贯通研发、孵化、转化、投融资服务等关键链条，有效提升科技成果转移转化成效，推动科技创新赋能经济高质量发展。从科技企业孵化器数量来看，黄河流域 8 省区（除四川省）科技企业孵化器数量的分布也极不均衡，且仅山东省孵化器数量位于全国平均水平以上。因此，黄河流域要积极围绕先进制造业集群和战略性新兴产业集群，深入实施创新驱动战略，抢抓国家优化区域创新布局机遇，积极争取国家重大创新平台和重大科技基础设施布局，参与国家实验室和国家重点实验室体系建设，加快布局建设一批产业创新中心、企业技术中心和工程研究中心等创新平台，支持重大项目建设和产业链协同创新平台、检验检测和智能园区等产业基础建设。此外，为了推动集群内部协同创新，增强平台的科技创新支撑能力，还要完善科技成果产业化平台，壮大创新科技金融支撑平台，完善科技资源共享平台及人才培育引进机制，提升区域科技创新支撑能力。

（二）促进产业链和创新链融合，以创新驱动培育新动能

产业链与创新链的两链融合是地区积极融入全球价值链、全球生产网络、提升产业价值和竞争力、实现地区产业转型升级的重要手段和途径，也是推进我国制造业强国战略的重要内容。

围绕产业链部署创新链，应积极发挥龙头企业的创新引领作用，加大对制造业企业的科技投入，加强制造业产业基础、产业链短板和堵点环节的重

点攻关，提高产业基础高级化和产业链现代化水平，增强中间产品、高技术终端产品的国内供给能力，降低关键核心技术对进口的依赖。黄河流域应重点围绕煤炭及石油等钻采设备、有色金属新材料、化工新材料、生物医药、绿色制造、智能制造等关键技术部署创新实验室。围绕创新链部署产业链，积极依托黄河流域内的国家实验室体系、国家级创新平台等国家战略科技力量，通过应用示范、政府采购、新型基础设施建设、用户补贴等方式，加快先进技术的规模化、商业化应用，培育壮大战略性新兴产业和未来产业。

（三）积极培育龙头企业，壮大企业主体

富有竞争力的产业集群必须要有在全国甚至全球具有竞争力和影响力的领军企业。目前在飞机制造、轨道交通、智能家电等先进制造业产业集群方面黄河流域已经拥有了西飞、青岛机车、海尔等龙头企业，但是在生物医药、新材料等产业还缺乏具有全球竞争力的领军企业。

第一，要深入实施“领航型”企业培育计划。围绕推进产业转型升级，聚焦高端石化、能源装备、轨道交通、动力装备、生物医药等特色优势产业发展，引进和培育若干具有全国影响力的行业领军企业，并鼓励龙头企业、骨干企业发挥资本、品牌、营销、研发等优势，落地生成一批重大项目。

第二，支持行业领军企业打造行业平台，推动要素资源高效配置、产业链条整合并购、价值链条重塑提升、多业务流程再造集成、新型业态培育成长，构建若干以平台型企业为主导的产业生态圈。

第三，要加强骨干企业和中小企业配套协作，鼓励各类市场主体通过组建产业联盟等方式，协同开展关键技术创新、行业标准制定、品牌培育推广，促进形成大中小微企业专业化分工协作的产业生态体系，并积极培育“专精特新”高成长型中小企业集群。造就一批专精特新“小巨人”“单项冠军”和“瞪羚”“独角兽”等高成长企业。

此外，要实施高新技术企业培育计划，着力打造一批具有核心竞争力的高新技术企业。

（四）强链补链，推动产业链现代化

上、下游紧密协作且相互关联的产业链是提升产业竞争力的重要基础。针对黄河流域先进制造业产业链的短、弱、缺等问题，立足产业基础和比较优势，选择具有竞争力潜力的细分产业链条，通过推广链长制、培育“链主”企业、吸引中小企业集聚等手段，实施建链、强链、补链等策略，促进产业链不同单元的合理布局、分工协作和融合拓展，打造具有竞争力的产业链条。其中山东省可重点围绕绿色化工、新能源、新材料、轨道交通装备、电力装备、汽车、工程机械、农业机械、海工装备、新型智能终端等产业优势，培育核心技术、拳头产品和标准体系；河南省主要围绕装备制造、绿色食品、电子制造、先进金属材料、新型建材、现代轻纺等产业固链强链；陕西省则围绕新一代信息技术、光伏、新材料、汽车、现代化工、生物医药等重点领域，补齐产业链、供应链短板，提升产业链整体精准优势。

而中上游省区也可围绕地区特色基础原材料开发和加工，对能源基础原材料加工装备、新材料、新能源、生物医药等产业进行培育并完善。如山西可重点围绕煤机、轨道交通、新能源汽车等产业，建设核心设备的研制平台基地，完善关键零部件和核心部件的配套能力；内蒙古则可围绕重型卡车、光伏设备、硅碳基等新材料、化工新材料等产业建设制造基地，促进关键设备和零部件的国产化；而甘肃可围绕地区的石油化工、有色冶金等优势产业，大力推进石化延伸产品、精细化工产品、镍铜钴新材料、特种不锈钢、高端铝制品等产业链的延链补链，提升精深加工水平。

二、数字化赋能，推动优势制造业绿色化转型

2021 年，习近平总书记在深入推动黄河流域生态保护和高质量发展座谈会上强调，“要坚定走绿色低碳发展道路，推动流域经济发展质量变革、效率变革、动力变革”。黄河流域资源型产业与传统制造业比重大，产业发展的生态环境压力较大。推进黄河流域的高质量发展就是要推进产业的高质量发展。推动黄河流域走生态优先、绿色发展的现代化道路的关键就在于构建以

绿色高效为核心的现代产业体系，而绿色转型、智能升级和数字赋能是现代产业体系建设的重要抓手。

近年来，互联网、大数据、云计算、人工智能、区块链等技术加速创新，已经成为重组全球要素资源、重塑全球经济结构、改变全球竞争格局的关键力量。习近平总书记在主持召开中共中央政治局第三十四次集体学习时强调，要“站在统筹中华民族伟大复兴战略全局和世界百年未有之大变局的高度，统筹国内国际两个大局、发展安全两件大事，充分发挥海量数据和丰富应用场景优势，促进数字技术与实体经济深度融合，赋能传统产业转型升级，催生新产业新业态新模式，不断做强做优做大我国数字经济”。因此，以价值释放为核心、数据赋能为主线，以数字化转型驱动生产方式变革，对黄河流域传统产业进行全方位、全角度、全链条的改造，加快推进产业数字化，对实现传统产业与数字技术深度融合发展，促进黄河流域产业高质量发展和转型提升具有十分重大的意义。

（一）推动传统优势制造业的智能化数字化转型

深化产品研发设计、生产制造、应用服役、回收利用等环节的数字化应用，加快人工智能、物联网、云计算、数字孪生、区块链等信息技术在传统制造领域的应用，提高绿色转型发展效率和效益。推动制造过程的关键工艺装备智能感知和控制系统、过程多目标优化、经营决策优化等建设，实现生产过程物质流、能量流等信息采集监控、智能分析和精细管理。打造面向产品全生命周期的数字孪生系统，以数据为驱动提升行业绿色低碳技术创新、绿色制造和运维服务水平。推进绿色技术软件化封装，推动成熟绿色制造技术的创新应用。实施“工业互联网+绿色制造”。鼓励企业、园区开展能源资源信息化管控、污染物排放在线监测、地下管网漏水检测等系统建设，实现动态监测、精准控制和优化管理。尤其是针对黄河流域占据产业主体的钢铁、化工、煤炭、电力、焦炭等污染型产业，要以安全、清洁、循环利用为核心，推进行业智能化生产、节能减排与安全生产管理。利用互联网、现代感知等技术手段，对生产全过程进行动态监控，严格控制污染排放。加强对

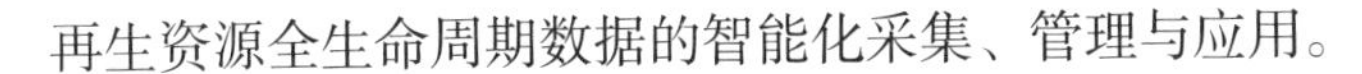

再生资源全生命周期数据的智能化采集、管理与应用。

（二）实施产业数字化升级工程

以“数字产业化”为推动，以“产业数字化”为主战场，抢抓“东数西算”机遇，高水平建设西安国家超算中心以及全国一体化算力网络内蒙古、甘肃、宁夏枢纽，并带动数据清洗、数据集成、数据变换等数据预处理服务发展，壮大数据采集、存储管理、挖掘分析、安全保护及可视化等大数据服务产业。

重点推进生产过程数字化、网络化、智能化技术改造，总结推广离散型企业智能化技术改造、流程型企业智能化技术改造以及共享工厂、大规模个性化定制、行业平台化远程运维服务等新模式，促进企业数字化转型、网络化协同、智能化生产、平台化服务。推广智能化生产、网络化协同、服务化延伸、数字化管理及产融结合等新模式。

推进“现代优势产业集群＋人工智能”，支持企业“上云用数赋智”。聚焦能源、化工、冶金、建材、装备制造、农畜产品加工、食品加工制造等行业，全面提高产业技术、工艺设备、产品质量、能效环保等水平，加快设备换芯、生产换线、机器换人，大力推进数字化车间、智能工厂建设，打造国家产业转型升级示范区。在高端化工、高端装备等重点领域率先应用“5G+工业互联网”，积极申报并建设国家级“双跨”工业互联网平台，推进能源、化工等领域的企业级、行业级、区域级工业互联网平台建设，推动智能化工厂、数字化车间建设，推进山东半岛、河南等地国家级工业互联网示范区建设。强化大数据在电子政务、电子商务、交通旅游、生态环境等领域的应用，推动数字经济和实体经济深度融合。

（三）推动先进制造业和现代服务业融合发展

发展服务型制造，推广研发设计、个性化定制、总集成总承包、全生命周期管理、系统解决方案等场景模式。加快推动原材料企业向产品解决方案提供商和专业服务解决方案提供商转型，装备制造企业向系统集成解决方案提供商和整体解决方案提供商转型。推动物流、快递企业融入制造业采购、生产、仓储、分销、配送等环节，促进现代物流和制造业高效融合。

生产性服务业是知识密集度最高、高层次人才最集中的产业。随着产业融合的蓬勃发展，生产性服务业，尤其是现代生产性服务业成为推动产业结构调整的重要力量。黄河流域生产性服务业发展较弱，成为产业转型升级的阻碍因素，也难以发挥对制造业高级化的支撑作用。因此，黄河流域要以服务实体经济、延伸重要产业链为着力点，重点发展现代物流、金融保险、商务服务和科技服务等生产性服务业，培育一批专业性强的研发设计、现代物流、商务咨询等生产性服务企业，推动产业向专业化和价值链高端延伸，发挥生产性服务业对实体经济和产业升级的支撑作用。同时，推动域内金融服务、技术服务等一体化发展，实现省区间服务业的共建共享，提高流域内服务的供给效率。

三、积极承接产业转移，促进新旧动能转换

产业转移是推动黄河流域区域均衡发展，提升整体发展水平的重要手段。2021 年，习近平总书记在深入推动黄河流域生态保护和高质量发展座谈会上谈到，“要提高与沿海、沿长江地区互联互通水平，推进新型基础设施建设，扩大有效投资”。通过积极承接沿海地区的承接转移，有助于黄河流域城市打破地区产业发展的路径依赖，培育发展制造业，同时也有助于促进新旧动能转化。

（一）积极承接产业转移

自 2010 年《国务院关于中西部地区承接产业转移的指导意见》发布以来，产业转移已成为沿黄各省市经济结构调整和发展方式转变的重要途径。2016 年，宁夏青铜峡市通过承接浙江等东部地区的数十家轴承制造及上下游企业，迅速形成了产值近百亿的轴承产业集群，成为西部最大的轴承生产基地；河南省在“十三五”时期积极招商引资和承接产业转移，大力引进延链补链项目，华为、海康威视、上汽大数据中心等项目开始在河南布局，全省形成装备制造、现代食品 2 个万亿级产业集群，电子信息、汽车及零部件、

生物医药、新型材料、现代化工5个3000亿级产业集群；而山西省的运城、临汾也依托晋陕豫黄河金三角承接产业转移示范区，在先进装备制造、新型材料、高效农业等方面加大了承接力度；山东省也积极在京津举办高水平招商会、推介会、签约会，为企业、项目搭建平台，提升“山东造”承接转移影响力。不难看出，黄河流域各省区通过各类方式积极承接发达地区产业转移，在传统制造业升级和新兴产业布局上都取得了巨大成果。但目前黄河流域在承接产业转移过程中依然面临着地方配套能力不足、劳动成本高、人才流失严重等问题，区域产业链、供应链重构进程远未完成。

新时期，黄河流域要依托各地比较优势，以产业链和供应链上下游对接、区域间产业合作、科技成果跨区域转移转化等合作模式为抓手，继续加强产业承接工作，提升地方产业竞争力。具体而言，流域内各省市要以自身优势产业为依托，一方面与发达地区相关产业开展紧密合作，使产业向高精尖转型升级；另一方面，要积极引进相关产业，推动产业链延伸，形成产业集群优势。其次，流域内各城市在产业承接过程中也需要充分考虑城市等级规模。对于区域核心城市而言，需要更多地引入高新技术企业，将部分劳动密集型产业向外转移，为城市技术密集型产业的发展“腾笼换鸟”；而对于部分中小城市而言，其产业基础可能本身就较为薄弱，不具备承接高精尖产业的能力。对于该类城市，则需要充分利用核心城市的辐射作用，承接劳动密集型、资本密集型的产业。此外，区域在承接产业转移过程中还需要充分考虑产业性质和自身优势。一方面，要加强对污染型产业的转入审查力度，严格限制该类产业的转入，对于部分生态功能重要的城市，则应禁止该类产业的转入。而对于其他产业而言，要根据自身实际情况考虑是否引入。例如，对于有资源基础的城市，可以考虑适当承接发展技术水平先进的高载能产业，淘汰落后产能，推动地区能源资源开发向精深加工方向转型。

（二）加快新旧动能转换

新旧动能转换是经济转型发展的关键。一般认为新旧动能转换主要包括新动能培育、旧动能升级和新常态支撑三个方面的内涵。新动能培育即通过发展以创新知识、创意产业为主导的“新经济”为经济社会发展注入新动力；旧动能升级即在传统优势产业基础上，结合互联网、人工智能等科技手段推动产业高级化转型；而新常态支撑即继续发展消费服务业，使其逐渐取代投资、出口成为经济增长新动力。2016年，我国在《中华人民共和国国民经济和社会发展第十三个五年规划纲要》要中多次提到要做好新旧动能转换工作，推动经济社会发展；2017年，国务院印发了《关于创新管理优化服务培育壮大经济发展新动能加快旧动能接续转换的意见》，2018年国务院正式批复了《山东新旧动能转换综合试验区建设总体方案》。在一系列的政策指导下，黄河流域各省区都积极展开新旧动能转换工作，并取得一定成果。

新时期一方面要积极培育并壮大新动能，流域各省区要面向信息技术、生物技术、新材料技术三大高新技术领域，以战略性新兴产业为载体，继续加强区域在高精尖产业的建设，推动产业向知识密集型产业转变。积极引导各类生产要素向中心城市和城市群聚集，提高资源配置效率，积极培育高质量、专业化的先进制造业集群。另一方面则要优化旧动能，激发市场潜力，挖掘传统动能增长潜力，推动传统产业高端化、智能化、绿色化转型升级，推动产业向上下游延伸，完善产业链。

（三）优化产业空间布局

进一步强化中心城市和周边城市产业联动、区域城市产业协作。建立健全黄河流域协商机制，积极搭建各方沟通平台，深化区域合作。充分发挥黄河流域济南、青岛、郑州、西安、太原、兰州等中心城市先进制造业创新优势，依托黄河流域内邻近城市的产业发展基础，进一步培育先进制造业都市圈，加快城市间产业协同发展，推进黄河流域科创大走廊、济南—郑州—西安数字同城化建设。鼓励跨省产业协作与产业转移，推进晋陕豫黄河金三角承接产业转移示范区、鲁豫产业转移示范区建设。

积极发挥郑东新区、西咸新区、兰州新区等国家级新区的辐射带动作用，推进园区特色化集约化发展。加快调整优化园区布局，积极引导产业向园区集中，突出主导产业、注重结构优化，推动产业链纵向延伸、产业间横向耦合、园区间协调联动，打造规模体量大、延伸配套好、带动能力强的产业集群。加大园区低成本化改造力度，推进园区智能化建设和管理，提升要素集聚和综合配套能力。深化园区体制机制改革，探索建设、招商、运营、管理和园区服务的市场化模式，健全土地集约利用评价和奖惩机制，完善环保和生态标准，推动集约发展、绿色发展、创新发展。

第六章
城乡融合，促进区域格局优化

城乡融合是一种多层次、多领域、全方位的融合，它包括城乡要素融合、产业融合、居民融合、社会融合和生态融合等方面的内容。城乡融合的本质就是通过城乡开放和融合，推动城乡一体化发展，促进区域格局优化。随着黄河流域生态保护和高质量发展重大战略的确立，黄河流域要努力推进更高质量、更有效率、更加公平、更可持续的城乡融合，从而促进区域格局优化。黄河流域的城乡融合是以城镇化为依托，以乡村振兴为乡村建设主要思路，在避免城市无序扩张和促进乡村美丽宜居的基础上逐渐打破城乡发展壁垒，促进城乡融合，从而优化黄河流域空间发展格局，这对推进黄河流域生态保护和高质量发展具有至关重要的作用。

第一节　高质量推进城镇化与沿黄城市群的建设

城市群是我国区域经济发展的一种重要组织形态，也是我国推动现代化、城镇化和工业化的主要空间载体。改革开放 40 多年来，黄河流域首先发展起来一批核心城市，随着这些核心城市的不断积累和发展，逐步对周边地区产生辐射带动效应，形成以核心城市为中心、以周边区域为腹地的城市群发展形态，逐步成为黄河流域人口和资源要素的集聚区。根据《黄河流域生态保护和高质量发展规划纲要》和《中华人民共和国国民经济和社会发展第十四个五年规划和2035年远景目标纲要》(简称《“十四五”规划纲要》)，沿黄城市群共有7个，分别为山东半岛城市群、中原城市群、关中平原城市群、兰州—西宁城市群、呼包鄂榆城市群、宁夏沿黄城市群和山西中部城市群。

一、提升城市群的要素集聚与辐射能力

城市群是黄河流域经济发展水平最高的区域，也是流域内的增长中心和辐射源。城市群的发展通过吸引劳动力、资本、土地等生产要素集聚，不断提升自身实力并实现外部辐射带动作用。从发展水平看，黄河流域七大城市群分处上中下游，发展水平受区位禀赋等因素的影响而存在较大差异。一般而言，山东半岛城市群、中原城市群和关中平原城市群是需要不断发展壮大的区域性城市群，兰州—西宁城市群、宁夏沿黄城市群、呼包鄂榆城市群和山西中部城市群是正在培育发展的地区性城市群。从空间结构上看，山东半岛城市群是包括青岛、济南两个核心城市的双核心结构；中原城市群是以郑州为核心的单核结构；关中平原城市群是以西安为主导的单核结构；兰州—西宁城市群呈现双核心结构，核心城市分别是兰州市和西宁市；呼包鄂榆城市群是以呼和浩特、包头、鄂尔多斯为中心，以榆林为支撑的一体化空间结构；宁夏沿黄城市群打造以银川为中心，带动石嘴山、吴忠和中卫一体化发展的单核结构；山西中部城市群是以太原为核心的单核结构。发展至今，七大城市群已逐渐在确立顶层设计的基础上蓬勃发展，但是受限于发展水平和空间结构的不同，城市群的要素集聚和辐射能力还有待进一步加强。其中，山东半岛城市群和中原城市群虽然是黄河流域内经济体量大、创新实力强、基本公共服务质量高的地区，但同京津冀、长三角和粤港澳大湾区等城市群相比仍有较大的差距。随着城市群经济发展水平的提高，人口集聚、产业发展、要素流动等动态变化，对要素集聚的需求更为迫切，也更应起到辐射带动周边地区发展的作用。

城市群发展是高质量推进城镇化的过程，也是加快提升城市群要素集聚

与辐射能力的重要机遇。第一，提升城市群的要素集聚能力有助于城市群更好地统筹经济、社会、人口、资源与环境的协调发展，根据城市群发展水平，分阶段确立发展目标。例如，黄河中上游城市群发展多处在初期阶段，城市群结构尚未成熟，其发展过程就是要素集聚的过程。通过加快要素集聚，能够让城市群更好地明确其资源承载能力和促进城市群发展与推进城镇化建设的限度。如若照本宣科式地确定发展路径，必然会与实际情况不相匹配，造成极大的资源浪费，因此，要素集聚过程就是对城市群发展与城镇化建设的实践探讨，对城市群发展大有裨益。第二，城市群发展不能只发挥虹吸效应，更应该起到带动区域经济发展的辐射作用。集聚与外溢是城市群发展中并存的现象。在城市群发展初期，要素集聚现象更为强有力；而当城市群发展成熟后，其更应该辐射带动周边地区发展。提升城市群的辐射能力，要注重提高城市群的产业竞争力和创新能力，以此在加快新旧动能转换的过程中促进黄河流域高质量发展。例如，黄河流域中下游城市群发展水平相对较高，山东半岛城市群和中原城市群也已基本处在成熟发展阶段，两城市群需要进一步提高辐射能力，以产业分工、产业转移、跨区域合作等途径让其余城市群和周边地区共享高质量城市群的发展成果，从而实现黄河流域的协调发展。

二、严控城市发展边界提升发展效率

伴随着我国经济快速发展，城市扩张极为迅速，但往往重量不重质，导致城市无序扩张侵占了大量耕地和生态用地。特别是受城市总体规划编制时间过长的影响，规划的滞后性无法管控城市边界发展问题，导致规划范围边界形同虚设，为城市可持续发展、生态环境、空间结构带来诸多隐患。

对黄河流域而言，七大城市群发展阶段和质量不一，城市扩张在发展初期的城市群中更为常见。但是，需要注意的是，在新型城镇化背景下，要调整外延式扩张，避免重复建设和低效发展，要以集约高效发展为主要思路优化存量土地资产，精细利用每一寸土地以充分发挥城市群功能。同时，各城市要根据本地特征有针对性地确定发展路径，避免“千城一面”，根据本地发展实际情况形成适宜的生产、生活和生态环境，理性开发避免造成永久性破坏。并且，要防止城市扩张以盲目吸引农村居民入城为代价，应该在提供好适宜农村居民生活发展的各方面条件的基础上，破除城乡壁垒，引导城乡融合，从而实现城乡一体化发展。

严控城市发展边界与提升发展效率，还应遵守三个原则：第一，要根据区域特点确定城市发展。黄河流域七大城市群分处上中下游，也分处在我国地形三大阶梯，区位禀赋的不同促使城市群的城市发展边界要根据实际情况而定。上游城市要注重保护生态红线，在遵守生态保护的基础上进行精细化发展；中游和下游城市则要避免摊大饼式扩张，以提升质量为主实现城市的精明增长。第二，要确保规划连续性和操作的灵活性。城市边界问题要以刚性和弹性管制双结合为基础，涉及规划红线和生态问题的不予宽松，而对于与经济社会变化相关的问题则要根据实际情况并结合可行性评估确定新的思路。特别是对于模糊与不可预期的内容，可以适当预留一定空间，在有效监管的基础上确保规划体系顺利演进。第三，统筹好各类规划文件，避免资源浪费。针对国民经济和社会发展规划、城市总体规划和土地利用规划，要践行“三规合一”，实现各规划内容的互相匹配，从而在空间上形成明确的发展格局与思路，有利于地方按照统一标准执行。

三、优化城市产业集聚区布局

产业集聚区是指通过政府统一规划，促使企业和资源集中在一定范围内以提高整体经济效益的区域。从某种意义看，产业集聚区的发展水平与城市自身经济实力有着紧密联系，这是因为产业集聚区具有产业关联与集聚的双重特征，是在高效利用本地优势与资源的基础上提高经济效益，这就需要本地具有一定的产业基础支撑其发展。与此同时，随着城市经济水平的不断提高，以第三产业为主的具有高附加值的现代服务业和高技术产业成为产业集聚区的新兴主体，既有助于区域内产业转型发展与产业转移，还有助于吸引大量人才实现集聚，从而提高城市与产业竞争力。

黄河流域部分地区受经济发展水平的制约，仍未围绕优势产业形成产业集聚区。在黄河流域生态保护和高质量发展重大战略确立后，流域各地区要紧抓机遇，结合区域产业特色形成产业集聚区，更好地集中资源以提高竞争力，并激发创新活力，以更好地赋能区域经济发展。对黄河流域七大城市群而言，优化城市产业集聚区布局具有多重意义：一是有助于发展水平较高的城市群更好地实现资源整合，提高产业集群发展质量，而对欠发达的城市群而言则是有利于界定当前产业发展现状与不足，形成可行的发展思路。二是促进产业与城市发展紧密融合，使产业更好地服务城市发展，根据城市不同阶段的发展需要提供不同的服务，使城市更加便民宜居。三是合理利用土地，避免挤占农村地区或浪费城市边界土地，形成节约集约发展大势，在优化经济结构的基础上，保障城市群不同功能区的发展权益，实现协调发展。四是产业集聚区根据自身发展与城市水平而动态演进，这对土地、劳动力等生产要素也是提质的过程，有助于高质量推进城镇化。

值得注意的是，黄河流域部分地区当前仍以农业作为主要发展产业，因此产业集聚区的确立不应拘泥于传统工业园区和现代服务业园区等，而应探讨可推广的高效农业园区发展路子，将食品生产、加工、包装等在同一产业链上的经济活动灵活集聚在特定区域，抑或是围绕集中从事林牧渔业的区域就地形成高质量农业园区以减少加工运输成本。总之，要针对黄河流域各地的产业特征，灵活形成有助于区域发展的产业集聚区，并不断注重优化调整以持续推动产业结构升级。

四、协调城市群之间的分工协作

城镇化是一个复杂的系统过程，不仅是农村人口向城镇集中和非农业人口比例提高的过程，而且在土地利用、人口聚集、民生就业、消费结构和自然禀赋等方面也发生着不同程度的转变。高质量提升黄河流域城镇化水平，需要以城市群为依托，以产业为主要媒介，协调好城市群之间的分工协作。

同时，城市群间也应在现有国家战略领导下，搭建工作交流平台，形成常态化的联席会议协调机制。

从产业协同看，首先，要注重产业体系的发展。城市群实现分工协作要在做大做强主导产业的基础上，培育发展各具特色的产业体系，形成互补发展的协调大势，以此实现城市群的错位发展，为其分工协作奠定基础。其次，要注重城镇体系的协调。城市群间的分工协作要注重城市体系的系统作用，要在城市群内合理规划、整体布局，充分利用比较优势实现资源整合，提供便利的基础设施服务。再次，要注重产业结构的协调。各城市群应遵循服务业转型发展的基本规律，借此时机吸引大量劳动力以促进城镇化与经济发展，并根据城市群发展水平形成适宜本地发展的生产性服务业和生活性服务业，促进产业协调。最后，要注重产业创新的发展。实现城市群间的分工协作要注重创新在其中的重要作用，以创新加强基础设施和公共服务建设，提升承接东部沿海相应成熟产业的能力，促进连续型创新发展，为城镇化发展提供动力。同时，也要以新兴技术产业化促进产业结构调整，并灵活运用新兴技术的产业化成果来提高人民生活水平和城镇化的质量。

除此之外，城市群间分工协作的实现，除了受产业链等自然作用驱使之外，还需要通过行政机关的主动合作辅助推进。城市群间发展存在着显著的行政壁垒和利益冲突，单纯依靠产业链、运输成本等优势无法确保分工协作的顺利实施。在黄河流域生态保护和高质量发展战略确立后，成立常态化的联席会议协调机制能够有效促进城市群间分工协作。例如，2022 年 1 月，内蒙古自治区政府主办的黄河流域生态保护和高质量发展省际合作联席会就是促进流域和城市群分工协作发展的有益尝试。通过在会议明确一系列管理制度，能够促使多方明确各自利益诉求和矛盾冲突，把共享放在首位，优先解决好潜在风险，从而强化省际、区际、县际合作，形成城市群之间共赢发展的积极态势。

第二节　乡村振兴与生态宜居美丽乡村建设

随着我国脱贫攻坚取得全面胜利，乡村振兴成为当前促进农村和欠发达地区发展的重点。根据《中共中央 国务院关于做好2022年全面推进乡村振兴重点工作的意见》看，乡村振兴的重点依然是防止发生规模性返贫，从补助资金等渠道补短板，并注重创新体制机制和强化责任义务，从而实现生态宜居的美丽乡村建设。党的二十大报告也指出，全面推进乡村振兴，坚持农业农村优先发展，巩固拓展脱贫攻坚成果，加快建设农业强国，扎实推动乡村产业、人才、文化、生态、组织振兴。本节围绕过去一段时间以来的乡村建设与脱贫减困经验，总结特色乡村建设的主要成就，最后立足特色，介绍建设生态宜居美丽乡村的具体做法。

一、乡村建设与脱贫减困的主要措施与手段

党的十八大以来，按照2010年中国农村贫困线标准测算，贫困人口大幅下降，2019年下降至551万人，贫困发生率下降为0.6%，2020年底实现9899万人的整体脱贫，按照规划的脱贫目标及任务，取得了消除绝对贫困的胜利。与此同时，832个贫困县也已实现摘帽，脱贫减困效果显著。

黄河流域受自然条件和气候等因素的影响，流域内经济发展水平较低，有274个县属于贫困县，流域经济发展不平衡不充分问题较为严重。除了根据县域区位禀赋和产业条件开展相应特色帮扶措施之外，黄河流域乡村建设与脱贫减困的主要做法与全国相似，也是优先以人为主体，围绕政策、制度、资金等各方面制定完善的帮扶体系。第一，精准识别贫困人口是实现脱贫减困的前提条件。脱贫攻坚当中，我国农村地区主要是通过“建档立卡”制度来识别贫困人口。建档立卡第一次实现了到村到户到人，有助于摸清贫困人口底数、贫困程度和贫困原因，并每年实行动态调整，及时做到剔除识

别不准人口和对新识别贫困人口的补录，以此提高扶贫措施的有效性。第二，向贫困村选派驻村人员和驻村工作队是实现脱贫减困的工作特点。针对驻村帮扶工作中可能出现的问题，上级组织部门专门印发了加强驻村工作队选派管理的指导意见，规范日常帮扶工作人员管理，强化工作绩效考核中的责任制和激励机制。驻村干部在扶贫工作中发挥了重要作用，打通了精准扶贫的“最后一公里”。第三，分类实施各项政策和举措是实现脱贫减困的根本途径。这些措施主要有产业扶贫、就业扶贫、易地搬迁扶贫、生态扶贫、教育扶贫、交通扶贫、水利扶贫、健康扶贫、危房改造扶贫、电力扶贫、网络扶贫和旅游扶贫，等等，本着因地制宜、因村因户因人分类施策的基本扶贫原则，把各项政策举措落到实处。第四，机制得当是实现脱贫减困的制度保障。为保证贫困户的退出机制畅通和脱贫户的稳定，明确贫困县、贫困村以及贫困户退出的标准，严格把关脱贫摘帽。为杜绝弄虚作假，搞形式主义，制定了脱贫摘帽滚动规划和年度减贫计划，循序渐进。地方政府委托第三方进村入户对脱贫户调查评估，对摘帽县和贫困人口进行严格的定期脱贫验收，确保贫困县和贫困人口退出结果的真实性。针对贫困户的稳定发展问题，则建立了防止返贫监测和帮扶机制，对已摘帽但不稳定的贫困户和在贫困标准边缘徘徊的易致贫户进行监测，一旦发现问题，及时组织采取针对性的帮扶措施，防止发生已摘帽贫困户返贫和易致贫户成为新贫困户的特殊情况。

当前，乡村振兴已接续脱贫攻坚成为乡村经济发展与建设的主导战略。虽然黄河流域在脱贫攻坚战略指导下有效提升了居民生产生活环境和福利水平，但这更多是解决了绝对贫困问题，仍需通过乡村振兴战略继续缓解相对贫困现象并加强乡村建设。这主要分为五大方面：第一，产业振兴。产业振兴是推进黄河流域乡村振兴的一大重点，培育好产业发展，对提高乡村自身的“造血”能力十分关键。同时，产业振兴也是难点，主要因为黄河流域虽然第一产业占比相对高于其他区域，但是产业基础较为薄弱，生产技术水平有待提高，产业发展受自然地理条件限制较多，需要加快发展现代农业体系。第二，人才振兴。人才振兴是黄河流域实现乡村振兴的关键点，由于黄河流域生产生活环境有待进一步提高，吸引力不足，导致人才主动流入的概率低，需要依靠人才引进等特殊渠道吸纳人才。未来黄河流域乡村建设要坚持精准扶贫时期选派驻村干部的成功经验，让驻村干部为乡村注入新活力的基础上把乡村建设成为绿色、和谐、文明的宜居地。第三，生态振兴。拥有理想的生态环境是乡村的绝对优势，能够形成旅游业从而进一步增收，同时把握运用好这一优势对促进城乡均衡发展也非常关键。特别是对黄河流域而言，生态环境是黄河流域发展的重中之重，也是优先于高质量发展的重要选项，确保生态保护工作顺利开展，就是为未来黄河流域经济腾飞而积淀的重要财富。第四，文化振兴。文化振兴是黄河流域乡村振兴中的重要精神支撑。黄河文明源远流长，要在保护已有文化的基础上，进一步挖掘黄河文明和乡村文化传统。同时也要破除乡村陋习，提高乡村居民文化素质，杜绝不良风气。第五，组织振兴。组织振兴是黄河流域乡村振兴与建设发展的重要保障，建设好乡村基层干部组织机构，为开展乡村全面振兴工作提供智力支持和人力支持。

二、特色乡村建设的主要成就

由于历史、自然条件等因素，黄河流域生态系统脆弱，经济社会发展相对滞后，乡村建设仍处于探索阶段。习近平总书记在黄河流域生态保护和高质量发展座谈会上指出，“沿黄河各地区要从实际出发，宜水则水、宜山则山，宜粮则粮、宜农则农，宜工则工、宜商则商，积极探索富有地域特色的高质量发展新路子”。黄河流域特色乡村建设的主要成就可以分为以下四类：

第一，特色乡村农业现代化：以山西省晋中市太谷区农谷科创城为例。

为了形成引领黄土高原地区现代农业发展的创新源、动力源、服务源，山西“农谷”战略的实施成为推动黄河流域农业供给侧结构性改革的重要抓手。在太谷全县域内建设山西“农谷”是山西省委、省政府立足实际、着眼“三农”长远发展和全面建成小康社会大局作出的战略部署。依托于山西省酿品、饮品、乳品、主食糕品、肉制品、果品、功能食品、保健食品、化妆品、中医药品等优质产业集群，山西农谷旨在突出功能农业（食品）研发和高新技术产业化两大核心功能，集聚政策、科技、人才、金融、市场等要素，加快科技创新，增强农业发展动能，建成立足山西、面向全国的功能农业（食品）研发高地、农业科技创新高地和技术集成示范推广平台。并在此基础上，推动形成高价值创新成果和技术组合，培育行业领先、领军企业以及精品品牌，进一步助力山西省农村改革先行区，农谷总部基地，中国农科院山西农谷花卉、蔬菜科研基地等基地的建设，打造黄河流域特色优势产业链。

第二，特色乡村因地制宜化：以河南省洛阳市沟域经济为例。

作为黄河流域重要节点城市，河南省洛阳市位于豫西地区与东秦岭褶皱系，市内约 86.2% 为山区丘陵，境内大小沟（岔）数十万条，沟域面积约 3200 平方千米，涵盖 60% 的乡镇和 20% 的贫困人口。针对沟域生态脆弱、土地贫瘠、交通不便、产业落后、贫困发生率高等问题，洛阳市深入贯彻落实新发展理念，基于自身生态基因和生态功能定位，创造性提出了“发展山区特色产业，建设豫西沟域经济示范区”，以沟域支撑流域，将发展沟域经济放在黄河流域生态保护和高质量发展的大局中统筹推进，带动脱贫攻坚和乡村振兴发展。目前，洛阳已形成以新安樱桃谷、洛宁苹果谷、孟津图河谷为代表的林果业，以栾川伊源康养谷、新安黄河神仙湾、嵩县龙潭沟为代表的乡村旅游业，以宜阳香鹿山谷、洛宁玄泸河小镇伊滨倒盏村的民族文化为代表的特色沟域经济乡村产业。

第三，特色乡村生态宜居化：以山西运城沿黄美丽乡村示范带为例。

黄河共有 345 千米流经运城市，流长占到山西全省的 34.7%，运城作为黄河中游重要节点城市，是黄河流域生态保护和高质量发展的重要组成部分。在《规划纲要》中，涉及运城市的汾河及涑水河水污染防治、小浪底调水调沙清淤、小北干流河道疏浚、晋陕豫黄河金三角承接产业转移示范区等方面合计 9 项内容，占山西省项目总数的 40%。在此基础上，山西省运城市提出建设“五条绿色走廊”工作方案，其中“沿黄美丽乡村示范带”以沿黄河8县（市）为重点，实施沿黄美丽乡村“1+5”工程。通过创新“黄河旅游公路+”模式，促进交旅、农旅、文旅等融合发展——即以黄河一号旅游公路为纽带，打造“特优农业、生态保护、文旅融合、美丽乡村、特色小镇”五大基地，串联沿线生态资源、农业资源、文化资源、乡村旅游资源。到2025年，创建200个左右“产业兴旺、生态宜居、乡风文明、治理有效、生活富裕”示范村，与黄河一号旅游公路及主干道串点成线、连片成带，形成示范效应，推动乡村振兴，形成独具晋南特色的黄河文化风情体验带。

第四，特色乡村扶贫精准化：以甘肃省庆阳市生态扶贫为例。

习近平总书记在深度贫困地区脱贫攻坚座谈会上指出：“深度贫困地区往往处于全国重要生态功能区，生态保护同经济发展的矛盾比较突出。”黄河流域的扶贫工作需要在生态与贫困区域建立转换通道，通过生态扶贫手段助力黄河流域打赢脱贫攻坚战，真正实现生态保护与脱贫目标同步。庆阳市严格落实“四个不摘”要求（摘帽不摘责任、摘帽不摘帮扶、摘帽不摘政策、摘帽不摘监管），采取多种措施培育绿色富民产业，实现生态保障和脱贫人口稳岗就业两手抓。“十三五”时期，庆阳市林业系统积极发展绿色经济，充分利用宜林荒山发展苗林产业，采取“政府引导推动、社会组织参与、农户自主经营”的模式，按照生态保护要求调整产业方向，打造绿色增长点。采取“农民合作社+贫困户”模式，吸纳建档立卡贫困户参与项目建设，发挥扶贫模式的辐射带动作用，实现了生态扶贫与脱贫攻坚双赢，有效实现“既要金山银山，又要绿水青山”。

由于各地农村在区位、自然条件、经济水平、文化特点和社会特点等方面有很大不同，这意味着特色乡村建设的具体路径是不同的。但不论如何，黄河流域乡村建设的相关探索要始终秉承因地制宜的原则，以增加人民福祉为出发点，在借鉴其他发展经验过程中切忌照搬照抄、机械学习，应适时推出新政策，防止过于超前的政策造成对欠发达地区的损失。总体看，黄河流域特色乡村建设取得了重要成就主要是由于产业振兴和绿色扶贫起到了重要作用。

首先，产业振兴是黄河流域乡村全面振兴的重点任务，同时产业扶贫是脱贫攻坚工作中的有力措施，能够有效赋能乡村农业振兴，促进乡村建设。产业发展可以成为实现巩固拓展脱贫攻坚成果同乡村振兴有效衔接的动能来源。当前，针对欠发达乡村，要继续保持脱贫攻坚工作中所实施的一系列产业扶贫政策举措，给予其足够的过渡时间，随着其接近全国乡村发展水平，再将原有的产业扶贫政策举措有序地撤出。针对其他类型村，根据乡村自身所特有的优势资源，打造各乡村的农业全产业链。同时，促进欠发达乡村的发展需要增加非农产业的比例。基于各地区乡村的特点，组织邻近城市的工业园区等开展符合欠发达地区发展需求的特色产业帮扶效益链，使农民增收、生活富足，促进乡村发展。产业特点可能涉及但不限于：对交通运输条件要求不高、对从业人员的学历要求不高、适应欠发达村所在地区的黄河流域特色自然环境、以当地特色农业资源为原料、要求环境安静、要求具备特定生态资源等。

其次，黄河流域生态振兴是乡村全面振兴的主要任务之一，同时绿色扶贫也是脱贫攻坚中的重要举措，其中易地扶贫搬迁和生态保护移民就是绿色扶贫的“标志性工程”，既解决了当地贫困问题，又缓解了生态压力。在过渡期内，要分类实施绿色发展措施，即对乡村的帮扶举措要各有侧重。针对欠发达村，还是应该以保障民生、巩固脱贫成果为主，逐渐开展绿色帮扶新举措，推进向其他类型村的绿色帮扶举措过渡，解决生态性相对落后问题。同时，要鼓励与黄河生态相关的林草与动物的种养殖产品的研发和发展，培育特色种养殖产业，从特色产业发展角度保障绿色发展。研究探索对欠发达地区扶贫工业园区提供污染治理和循环经济等方面技术、设备及资金支持的办法，降低欠发达农村所在地区在工业发展方面因后发时序带来的生态成本增加的劣势，鼓励更多符合生态环保要求的项目投资。探索工业文明与绿色发展的融合道路，尤其在具有一些特色自然环境条件的地区，要注重探索工业发展与生态促进相结合的方式。鼓励和支持具有重大发展前景的欠发达农村发展生态旅游和健康养生等产业。

三、立足特色建设生态宜居美丽乡村

生态宜居是乡村生态与乡村宜居的有机统一，是乡村振兴战略的关键内容，也是乡村生态保护的现实需要和城乡融合发展的内在要求。目前，生态宜居美丽乡村依然存在规划设计不甚科学、照搬城市发展模式导致整体水平依然不高且不可持续的问题，且未根据乡土文化形成特色乡村面貌，过于重视经济开发而忽视文化特色和历史地域特点，更未形成风格统一、特色明确的整体规划思路，导致建筑风格混乱。进一步从实施细节看，仍然存在只注重考核指标缺乏精神层面建设、乡村人居环境改善不充分、产业绿色化发展和生态保护重视不足、乡村文化开发不彻底、乡村人才制度不完善、乡村土地权益保障制度不健全等问题。一系列问题反映出建设生态宜居美丽乡村仍有很多堵点和难点需要处理，需要紧紧围绕“产业兴旺、生态宜居、乡风文明、治理有效、生活富裕”的总体要求，让乡村成为具有吸引力且有助于人民安家乐业的美丽家园。

从目前已探索的建设生态宜居美丽乡村经验看，主要可以划分为非农产业带动型，农产品加工业带动型，农业旅游业融合带动型，一二三产业融合带动型和种植结构优化带动型五类。从这五类看，均是立足区域乡土特色和地域特点所形成的特色模式。对黄河流域而言，受经济发展水平、自然资源和地理环境等因素影响，流域内乡村各具特色也各有差异，因此，要在合理规划乡村发展布局的基础上，以产业优势为基础，保障建设资金供给充足、提高农民参与环境保护和生态修复的主体意识、鼓励社会资本参与建设，从而形成生态宜居美丽乡村。同时，要关注城市临近乡村的发展状况，适时搭建承接产业转移的发展平台，承接城市功能外溢，让临近乡村与城市有机融合，实现更好更快的发展。

具体来看，黄河流域立足特色并建设生态宜居美丽乡村，首先要建立切实可行的长效工作和运营机制，对黄河流域经济发展水平较低的区域要缓解其财政压力，鼓励其加大基础设施投入，同时也可探索流域内跨境支援建设，鼓励社会资本参与建设，对发展水平较高的乡村，要注重提高乡村居民在乡村建设中的参与感，并从软环境传播生态宜居美丽乡村建设的重要性，形成政府—市场—村民三方参与、共商共议的发展模式。其次，要实事求是地形成适宜本地发展的生态宜居美丽乡村发展形态，应以切实服务地区发展和保护生态环境为宗旨，拒绝盲目跟风，因地制宜发展农产品精深加工、农产品及农产品加工副产物综合利用、乡村绿色休闲旅游等农村产业融合发展关键环节，通过延伸产业链和提升价值链，激发合作社与农户个人参与并带动乡村产业发展的积极性。最后，必须坚持重视生态保护的原则，生态宜居需以生态环境满足发展需求为前提，特别是对生态环境较为脆弱的黄河流域，更应该重视环境保护，从人文、居住、生态等多方面提升居民保护意识，将“绿水青山”转化为“金山银山”，真正实现宜居美丽乡村的愿景。

第三节　因地制宜推动城乡融合和城城联动

城乡融合和城城联动发展体现了新时代的阶段特征，即响应社会主要矛盾变化所带来的新要求。党的十九大报告指出，我国社会主要矛盾已经转化为人民日益增长的美好生活需要和不平衡不充分的发展之间的矛盾。其中，城乡发展的不平衡不充分是社会主要矛盾的突出表现。而城乡融合发展能够弥合城乡发展差距，是解决社会主要矛盾的根本之策。与此同时，城城联动也是当前促进区域经济发展的有益尝试，各个城市以共同的目标实现资源共享与政策互补，能够更有效地实现预期目标。

对黄河流域而言，城乡融合与城城联动发展不仅能够增强城市发展实力，还有助于补齐农村经济与现代化发展短板。这不仅事关黄河流域生态保护和高质量发展战略的实施，也关乎流域农业农村现代化发展的成效。

一、统筹县城和乡村建设，推进城乡统合

由于黄河流域横跨东西多个省市地区，区域资源承载能力与环境承载能力的差异较大，城市化的速度和路径存在差异，应该探索适合当地发展的新型城乡融合道路、有效协调可持续城镇化的空间格局，以乡村振兴为中心实现城乡融合发展。从人口、资源和环境等制约因素出发，通过区域协调发展的空间格局和“集约城镇化”的发展模式，可以实现城乡就业、社会保障、教育一体化，推动城乡融合发展，激活乡村内生发展，保障组织机制，进一步落实乡村振兴。

从人口空间规划方面考虑，黄河流域中上游城市群适合人口和产业集聚的区域较少，超载人口维持生计的方式主要依附于利用土地资源开展农牧业；中游的关中平原城市群，人口和城镇密集，但科教资源的经济竞争力转化较弱；黄河中下游地区人口和经济规模较大，但科技和教育对经济的支撑能力不强，开放发展能力不足。这些因素均制约了城乡融合发展。乡村振兴农民是主体，人才是关键，通过财政资金在黄河流域重点区域农村的投资，可以培养适应现代农业发展需要的新农民，引导农民向非农产业转移，优化农业从业者结构。具体包括，通过在黄河流域欠发达地区组织开展农民职业教育培训等手段，促进农村经济的发展与繁荣；通过全面取消县城落户限制，简化户籍迁移手续，促进农业转移人口就近便捷落户。

从土地空间规划方面考虑，针对黄河流域土地利用的突出问题和土地集约的利用条件，土地空间规划是探索城乡区域协调发展的重要战略思维方式。黄河流域以高消费、高排放、低生产为特征的低效率经济发展方式对资源环境造成了严重破坏。在政策和市场机制不断变化的背景下，具有指导性、约束性、科学性、长期性和稳定性的国土空间开发战略规划和实施不同类型的区域发展方案可以实现土地资源高效利用，推动农村经济向城市融合。发达地区可以通过采取网络化发展模式优化人口和产业空间分布。在欠发达地区可以采取多点支撑的开发模式，保护生态环境，减少人类活动对自

然环境的破坏和影响。在城镇化水平较低的地区可以通过将区位条件较好、辐射半径较大的城市作为区域中心城市，以加快这些城市的经济发展，辐射周边地区的发展。

从矿产和生态资源空间规划考虑，黄河流域总体上应该采取“适度开发、集聚布局、保护生态”的基本空间布局策略，缓解目前工业化、城市化与生态环境脆弱之间的矛盾。从黄河流域生态保护和高质量发展战略出发，加强对粮食生产基地和能源矿产资源基地的管控，严格控制耕地基本红线，不减少耕地资源面积和质量。建立战略资源储备体系，建设一批能源矿产资源战略储备基地，将相关产业和城镇开发集聚到合适的空间，实现集聚布局。通过优先保护重要的生态脆弱地区和生态屏障地区，缓解生态环境的压力，保护生态系统和生物多样性。

从产业和城镇空间规划考虑，黄河流域要注重产业化和城镇化的协调发展。黄河流域城镇化、产业水平、经济质量等均存在较大差异，因此要在统筹县城和乡村建设的过程中注重多因素的协调。较发达的县域存在着由制造业向服务业转变的趋势，能够吸引更多的劳动力从乡村流入，提高本地城镇化水平。但是，这种核心—外围式的发展关系不能忽视乡村在县城发展中的重要作用，县城应该从乡村建设等方面提供财政帮扶和人力支持，使乡村建设成为绿色、和谐、可持续的宜居美丽环境。这就形成了县城经济化—乡村生活化，二者协调互动的有机格局，能够让县城居民在为区域经济发展奉献的过程中，享受乡村提供的自然休闲环境，促进人的健康和全面发展。

二、优化中心城市和城市群发展格局

中心城市在整合资源要素、深化区域合作、密切国际交流等方面正扮演着日益重要的角色。当前，以中心城市为基础的多点支撑、协同发力的空间格局已初具雏形，成为“优势集中”的高地，产生了显著的正外部性。在中央正式批复的 9 座国家性中心城市中，郑州和西安是黄河流域的两座入选城市，两市地处黄河流域干支流交汇处，是所在城市群乃至流域范围内的发展重心。从现有发展水平看，两城市已基本具备了综合交通枢纽、科技创新中心、历史文化名城和国际化大都市的多重特质，是区域经济发展的重要增长极。除了国家级中心城市以外，黄河流域也可以基于七大城市群中心城市发展水平，战略性确立多个区域性中心城市（例如，可考虑将青海、甘肃、宁夏、山西等省区的省会城市确立为中心城市），这不仅是为了避免黄河流域国家性中心城市过速扩张可能引发的集聚不经济现象，而且也是为了有效优化流域空间格局，形成多层级中心城市互相协作的空间体系，对推动城乡融合和城城联动具有重要作用。

一方面，中心城市的人才储备、经济规模、市场活力、创新水平和基础设施建设等方面比普通地级单位具有显著优势，在特定空间范围内具有一定的正外部效应，能够带动周边地区发展，以此形成一种“中心—外围”协调融合发展的趋势。同时，受已有规划文件的约束，中心城市发展以精明增长和外延吸纳扩张为主要思路，这就需要周边乡村或城市在达成利益共识的前提下参与或辅助其发展，据此形成城乡融合和城城联动。特别是这一过程是根据实际发展需要而来，各方要在明确发展有益、有利、有得的基础上实施，避免了短视导致的潜在发展风险。在此基础上，中心城市的发展格局更加具有特色和可持续性，既确保了自身长久发展，也确保了周边乡村或城市在合作发展中受益。此外，在发展中心城市的过程中，也要以水资源实际情况形成可承载的发展格局：第一，要统筹推进骨干水源工程、水资源调配工程、应急备用水源工程、管网互联互通工程建设，加大城市再生水利用力度，提高城市饮水保障能力。第二，针对地下水超采问题，黄河流域中心城市要加大水源置换、修复补充力度，逐步恢复和提升地下水位，缩小地下水超采区和漏斗区面积，加快进行回灌补源工程、地下水源替代工程。

另一方面，黄河流域城市群在短期内应不会发生较大改变，更多是在保持山东半岛城市群、中原城市群、关中平原城市群和兰州—西宁城市群的基础上，将呼包鄂榆城市群、宁夏沿黄城市群和山西中部城市群联合成为黄河“几”字弯都市圈，来打造黄河流域的第五极。上述城市群均陆续出台了明确的发展规划，并根据黄河流域生态保护和高质量发展战略以省级为单位明确了新的发展目标。从已有相关文件看，城市群空间格局的发展更多的是以精细化发展为主，走中心城市辐射带动周边地区发展的路子，实现发展格局优化。同时，也注重避免经济虹吸现象拉大区域差距，加快非中心城市地区的产业、公共服务等的建设。上述过程就包含了城乡融合，但要注意的是，需在已具备适宜乡村居民迁至城市生产生活的条件和不破坏黄河流域生态环境的前提下进行融合，保障融合过程能够给乡村居民带来实惠。城市群一体化发展也为城城联动明确了具体的思路，即根据产业特征错位发展，结合比较优势，确定不同城市重点发展的产业，并在产业链作用下联动其他城市参与这一产业生产。这一过程在其他城市也会复现，最终就会形成各城市的特色产业带动其他城市发展，所有城市都互相联动形成协调发展大势，共同提高城市群竞争力，更有助于优化城市群空间格局。同时，由于黄河流域文化资源丰富，也可以旅游业为枢纽形成区域旅游产业的“合纵连横”，打造文旅一体化发展联盟，从而提高联盟内地区间的经济联系。

三、加强基础设施建设促进城城联动

基础设施包括能源、交通运输、居住条件与环境、电话电信等多个方面。基础设施服务质量不高是阻碍黄河流域发展的重要因素，由于黄河流域在地形上横跨三个阶梯，区位禀赋上的限制导致很多地方需要具有更加先进的技术来辅助建设，而从现有科技水平看往往仍未达到这一要求。在这一客观因素制约下，目前加强黄河流域基础设施建设更多是以提升基础设施的便捷性、保障性和先进性为主要工作，同时注重体系化建设，以此确保城城联动的顺利进行。

从城市群看，黄河流域城市群仍需进一步加强基础设施建设，建立完善的运输体系和贸易制度，缓解经济要素往来不均的问题。当前，即使是发展水平较高的中原城市群，中心城市依然有多条“断头路”，直接反映出公路规划的不完善，这不仅不利于资源和商品的周转，也限制了中心城市与周边地区的联系。而对于相对欠发达的城市群，则有更多的“断头路”严重阻碍了交通运转。同时，结合城市群内部看，中心城市与周边城市也需要形成密集的交通网络，在促进中心城市集聚发展的基础上，也为未来周边城市享受外部溢出奠定坚实的基础。城市交通网络的完善也有助于提高中心城市和周边地区的分工协作，实现城城联动，有助于基于比较优势促进各地繁荣发展。

值得注意的是，城城联动不能忽视乡村在其中的潜在作用。乡村是城乡融合过程中的参与者，同时也是城城联动中提供生产要素的一方。促进城城联动，就需要加强乡村的基础设施建设，这也是当前乡村振兴战略下乡村建设的主攻方向之一。具体包括：保障电力基础设施，提升自来水水质；提高乡村天然气管道等清洁能源的建设；增加主干道之外的道路建设，改善农田基础设施的建设；提高居民居住在钢筋混凝土和砖混材料结构住房的比率；提高欠发达村污水和生活垃圾处理能力；提高网络入户率和新技术普及应用。同时，对于关系产业发展的交通运输体系，在提高道路体系建设水平的基础上，还要进一步打通与跨行政边界的临近发达地区的通道，加强物流运输体系和综合交通服务体系的建设。

四、促进流域性合作与跨省经济圈建设

当国民经济发展水平持续走高时，区域市场一体化程度也会不断提高，使得贸易一体化向政策一体化过渡，从而实现区域经济一体化。区域合作是在行政和市场双重导向下进行的，逐渐使劳动力、技术、资本等深度融合，起到了促进区域经济发展的作用。一般而言，区域合作可以根据合作领域进一步细分为生产合作、商业合作、消费者合作和分销合作等。不同的合作项目在区域经济发展中起到不同作用，共同编织出区域发展的蓝图。其中，流域性合作是区域合作的表现形态之一，是在包含县际合作、区际合作、省际合作、城市群间合作等各种合作类型基础上的更为宏观的合作形式，能够更为有效地通过顶层合作来推进黄河流域生态保护和高质量发展。不仅如此，跨省经济圈建设是打破行政区划限制，发挥同一区位城市间共同优势的有益

尝试。从现有如南京都市圈等代表性跨省经济圈的发展情况可以看出，经济圈能够更加因地制宜地推动城乡融合和城城联动。黄河流域也在根据发展水平有针对性地培育跨省经济圈，如晋陕豫黄河金三角区域合作、郑洛西高质量发展合作带、豫鲁毗邻地区共建黄河流域高质量发展示范区等，相信未来跨省经济圈会成为黄河流域经济发展的重要动力，区域协同发展将迈上新台阶。

流域性合作与跨省经济圈建设主要是从以下几方面展开工作：从产业发展角度，加快形成产业集聚和集群，提高产业分工水平和生产效率，形成相对竞争优势，加快构建现代产业体系。从体制机制角度，以维护各方利益为前提形成纲领性的区域合作文件，针对各类合作形成具体且有据可循的指导文件，确立短期和中长期发展目标，制定硬指标和软指标相结合的考核制度。从财政角度，要加强财政、货币和投资等的协调共享，确保财税利益可分享，让发展水平待提高的区域利用好帮扶资金，缩小区域间的发展差距。从公共服务角度，要加强基础设施建设，不断加强经济联系和交通便捷性，同时在医疗、教育、文化等方面互通协作，不断提高居民生活质量。

综上所述，黄河流域促进流域性合作与跨省经济圈建设，要大力加快新型基础设施建设，推进数字信息等新型基础设施建设，以交通和通信手段为基础，构建便捷智能绿色安全综合交通网络，建设黄河流域现代化交通网络，实现城乡区域高效连通。要把城市群、经济圈作为区域合作与发展的主要载体，把中心城市作为区域经济发展的“增长极”，发挥好中心城市对周边二级城市的辐射带动效应。注重打造以市场为基础、政府为主导的区域合作模式，并在经济体制改革的推动下，形成相对完善的市场机制和政府监管。

五、提升特殊类型地区发展能力

特殊类型地区包括革命老区、少数民族地区、边疆地区、贫困地区、老工业基地、资源枯竭型地区和生态脆弱地区七个区域，多数为欠发达地区，因而需要因地制宜开展有效帮扶以促进其发展。黄河流域特殊类型地区主要集中在上中游，以少数民族地区、革命老区和生态脆弱地区为主。在推进黄河流域生态保护和高质量发展的过程中，要针对特殊类型地区实行分类规划，如针对革命老区和少数民族地区要加强帮扶与资金支持，对生态脆弱地区要加快发展转型与生态修护等。

黄河流域发展条件复杂，不同特殊类型地区的产生本身就是对所在区位禀赋等的合理反映，因此形成切实有效的发展道路需要谨慎思考与合理评估。提升特殊类型地区发展能力，应在尊重一般规律的前提下进行。更为重要的是，提升特殊类型地区发展能力要坚持重视生态保护。黄河流域过去以高消费、高排放和低生产为特征的低效率经济发展模式对自然环境造成了严重破坏。特殊类型地区由于居民受教育程度、农业生产技术等因素的制约，对自然环境也造成了诸多破坏。生态修复是自精准扶贫战略确立以来，在帮扶特殊类型地区发展中长期达成的共识。未来，在推进黄河流域生态保护和高质量发展过程中，更应该强化生态保护在特殊类型地区发展中的重要性。

在此基础上，要针对特殊类型地区形成有针对性的帮扶做法，提高其发展能力。第一，在以政府为主导和尊重市场发展基本规律的前提下，巩固脱贫攻坚取得的伟大成果，建立扶持特殊类型地区发展的长效机制并提升其发展潜力，确保地区人口形成并具备自主发展的能力，最终实现同乡村振兴的有效衔接。第二，从体制机制和产业等方面进一步保障居民获得稳定收入的能力，因地制宜开展特色手工业等产业，促进地区就业，并在基本公共服务方面坚持对口支援和扶持力度，保障妇女儿童基本权益。第三，对于发展水平相对较高的特殊类型地区，可以注重更高质量发展，形成地区特色优势产业，保障就业者基本权益和福利，努力实现基本公共服务均等化，促进相应地区形成财政兜底、自负盈亏的周转能力，深入推进乡村振兴。第四，参考黄河流域地理地形特征，继续做好易地扶贫搬迁后续工作，坚持做好东西部协作、对口支援、定点帮扶等工作，确保特殊类型地区居民生活环境持续优化，坚持提供宜居环境。第五，加大对特殊类型地区的投资，从基础设施、公共服务、产业等方面提供帮扶，增强特殊类型地区同其他地区的经济联系，打通“最后一公里”，同时在公共服务方面定向定点确立帮扶策略，确保居民生活平稳运转。第六，坚持以工代赈等赈济方式发展特殊类型地区，并结合财政帮扶增加居民收入，设立专区财政金融服务，鼓励居民投资消费，让区域经济可持续运转。

第四节　加强基础设施的引领与支撑能力

盘活黄河流域流通网络是城乡良性循环的重要基础，是衔接社会扩大再生产各个环节的中枢。自改革开放以来，虽然基础设施建设有效促进了国民经济运转，但是受黄河流域经济发展水平不平衡不充分现象较为严重的影响，城乡经贸网络建设有待增强，仍存在大量堵点限制区域发展，物质流与信息流的“最后一公里”并未真正打通，高企的交换成本成为阻滞城乡良性循环的最大绊脚石。加强基础设施的引领和支撑能力成为当前以及未来推进黄河流域生态保护和高质量发展的重要基础，有利于提高上中下游、各城市群、不同区域之间互联互通水平，并促进人流、物流、信息流自由便捷流动。

针对上述问题，近年来，国家开创性地将大数据、物联网、第五代移动通信等新兴技术广泛运用于城乡流通网络建设中，功能齐全的集成化物流管理平台升格为城乡物质流、信息流网络的核心单元，传统工农产品批发零售市场正面临前所未有的深刻变革。通过对配送中心与销售网点的有效整合，传统规模与地理分割所导致的产业区隔被新技术革命彻底颠覆，工农产品运输、储藏、加工、装卸、包装与流通等交换环节得以平稳运行，有效改善了城乡间商品与要素交换的外部环境。基础设施是促进城乡融合和优化区域发展格局的基础，只有交通便捷和要素周转流畅，才能更好地实现人口集聚和资源辐射。

一、加快新型基础设施建设

从现有国民经济发展格局和区域差距特征看，黄河流域继续赶追东部发达地区已成熟优势领域的难度较大，是否长期适用于流域经济发展也是值得思考的问题。在当前黄河流域坚持加大基础设施投入的基础上，不妨围绕新型基础设施开展新一轮布局，尝新探索“黄河经验”，或能在流域地区取得意想不到的效果，甚至在某些领域起到带动其他地区发展的作用。

一方面，重大基础设施牵动着国计民生和经济命脉，是稳增长、调结构的重要抓手；另一方面，黄河流域内基础设施一直存在着总量不足和结构短缺的双重困境。2022 年 4 月 26 日，中央财经委员会第十一次会议召开，会上强调“要适度超前，布局有利于引领产业发展和维护国家安全的基础设施，同时把握好超前建设的度”。需要注意的是，加快新型基础设施建设投入力度并不代表“撒胡椒面”，而是要注重精准投资，重点布局的领域应该包括基础设施存在重大短板的地区、关乎新型城镇化的重点工程、基本公共民生事业、生态发展领域和“双碳”项目等。

水土灾害防治、水环境治理、城市水网建设等水利事业，是黄河流域需要特别重视的方面，也是在新型基础设施建设领域形成黄河特色的重要攻坚口。以黄河流域部分省份为例：2022 年，陕西计划完成水利投资 406 亿元，较 2021 年增长 8%，其中涉及加快水网建设，一体推进水灾害、水资源、水生态、水环境系统治理；改善农作物灌溉环境，提升农村人口供水保障水平；降低地方单位生产总值用水消耗，等等。河南则把“推进水利和损毁工程修复加固”纳入扩大有效投资的 10 条措施之中，具体包括“汛前基本完成 4227 项受损水利工程修复”“对 25 座病险水库进行除险加固”等。继长治获评“第一批海绵城市建设示范城市”并拿下 A 级考核后，山西宣布推荐晋城申报“第二批海绵城市建设示范城市”，希望借此契机提升城市抗洪防涝能力，促进水文系统高效循环，改善人与自然交互环境。

此外，在新经济业态方兴未艾的当下，要尤其关注人工智能、移动物联网、5G 等新型基础设施，在促进基本公共服务均等化方面扮演的独特角色。也要大力推进数字信息等新型基础设施建设，以交通和通信手段为基础，从重视区域信息网络建设入手，强调信息资源的共同开发和共享，提高黄河流域上中下游、各城市群、不同区域之间互联互通水平，强调区域基础设施建设的深度。例如，借助高速互联网和交互式虚拟现实技术，突破时空界限，将优质教育、医疗资源下沉至欠发达地区；通过在沿黄重点信息节点城市部署国家超算中心，强化黄河流域数据信息的网络化布局和全域共通共享，构建“互联网＋生态环保”的新型模式；在交通等重点领域率先推进泛在感知设施的规模化建设及应用；完善面向主要产业链的人工智能平台等的建设。

二、构建便捷智能绿色安全综合交通网络

交通路网发挥着促进区域内外要素流动沟通的支撑作用，黄河流域除了要在现有战略指导下加强基础设施建设，还应加快构建黄河流域便捷绿色安全的综合交通网络。综合交通网络具有多重含义，根据黄河流域的实际情况看，要形成黄河流域“水陆空”串联交通网、城市群交通网、城乡交通网等多层次网络，再结合智能辅助设备，从终端组织搭建交通网络管控平台，以此形成内外互通的综合交通网络，畅通区域经济运转，实现流域高质量发展。

具体来看，要优化提升既有普速铁路、高速铁路、高速公路、干支线机场功能，谋划新建一批重大项目，加快形成以“一”字形、“几”字形、“十”字形为主骨架的黄河流域现代化交通网络，填补缺失线路、畅通瓶颈路段，实现城乡区域高效连通。公路方面，要优化完善黄河流域高速公路网，提升国省干线技术等级。航空方面，要加快西安国际航空枢纽和郑州国际航空货运枢纽建设，提升济南、呼和浩特、太原、银川、兰州、西宁等区域枢纽机场功能，完善上游高海拔地区支线机场布局。水运方面，要加强跨黄河通道建设，积极推进黄河干流适宜河段旅游通航和分段通航。燃油管道方面，优化油气干线管网布局，推进西气东输等跨区域输气管网建设。食品运输方面，以铁路为主，加快形成沿黄粮食等农产品主产区与全国粮食主销区之间的跨区域运输通道；加强航空、公路冷链物流体系建设，提高鲜活农产品对外运输能力。

三、强化跨区域大通道建设

作为《“十四五”规划纲要》中承载着国家区域重大战略的空间主体之一，除了关注流域内城市和城市群的民生发展之外，黄河流域还应积极向外拓展，促进自身与京津冀、长江经济带、成渝双城经济圈等周边增长极的互联互通，这既有利于吸收引进先进生产要素和治理经验为我所用，又能够将区域内特色优质产品和禀赋资源向外输送，互通有无。强化跨区域大通道建设是进一步促进黄河流域发展和空间格局优化的重要举措，一方面能够通过跨区域经贸联系整合流域内经济资源，有助于流域根据市场实际情况形成有价值的产业体系和经济结构，能够更好地参与经济循环；另一方面能够更好地缓解跨区域之间的行政、市场、体制机制壁垒，加快区域协调发展，有助于提升黄河流域的整体实力。

强化跨区域大通道建设，应重点关注以下方面。第一，以铁路为重要载体，加快促进区域间人货来往。推进雄安至忻州、天津至潍坊（烟台）等铁路建设，强化黄河“几”字弯地区至北京、天津的大通道建设，以实现快捷连通黄河流域和京津冀地区。推动西宁至成都、西安至十堰、重庆至西安等铁路重大项目实施，研究推动成都至格尔木铁路等项目，构建兰州至成都和重庆、西安至成都和重庆及郑州至重庆和武汉等南北向的客货运大通道，形成连通黄河流域和长江流域的铁水联运大通道。以铁路为主，加快形成沿黄粮食等农产品主产区与全国粮食主销区之间的跨区域运输通道。加强煤炭外送能力建设，加快形成以铁路为主的运输结构，推动大秦、朔黄、西平、宝中等现有铁路通道扩能改造，发挥浩吉铁路功能，加强集疏运体系建设，畅通西煤东运、北煤南运通道。第二，加强能源产品的通道建设畅通。推进青海—河南、陕北—湖北、陇东—山东等特高压输电工程建设，打通清洁能源互补打捆外送通道。优化油气干线管网布局，推进西气东输等跨区域输气管网建设，完善沿黄城市群区域、支线及终端管网。

第七章
弘扬文化保护，延续历史文脉

黄河流域的开发贯穿了整个中华文明发展历程，五千年的流域开发史使黄河流域积累了大量的文化遗产。黄河流域文化遗产类型丰富、数量庞大，具有丰富的历史内涵。

第一节　文化旅游资源现状与开发

一、历史文化保护与旅游开发的现状

根据第三次全国文物普查结果，黄河流域共有不可移动文物约 12.4 万处，占全国不可移动文物总数的 16.2%，区域不可移动文物密度约为全国平均密度的 1.9 倍，国保单位分布密度约为全国平均密度的 2.6 倍。文化遗产成为黄河流域文化的关键载体。

（一）黄河文化美誉度较高，开发利用价值突出

黄河流域众多文化遗产被纳入全国、省级重点文物保护单位。据不完全统计，黄河流域内的世界文化遗产（含文化景观和双遗产）12 处，全国重点文物保护单位 2119 处，省级文物保护单位 2054 处，市县级文物保护单位 8815 处。莫高窟、五台山、兵马俑、殷墟、泰山等黄河流域的世界文化和自然遗产具有典型代表性，已成为全世界范围内知名的文化资源，具有极高的

观赏价值、科学价值、文化价值等。

黄河文化资源具有较高的开发利用价值，尤其在我国脱贫攻坚、乡村振兴、中原振兴工作中发挥关键作用，依托黄河文化遗产和文化景观开展乡村旅游已成为贫困地区脱贫增收的重要渠道。如壶口瀑布已成为国家 AAAA 级景区，作为山西省重要的旅游吸引物带动区域经济发展。黄河非物质文化遗产社会传承基础好，如河南洛阳三彩国际陶艺村依托洛阳三彩走出一条“艺术扶贫”的新路径，带动周边贫困户的农副产品销售和农家乐发展。黄河文化经过合理开发利用，有效提升区域文化认同与凝聚力。

（二）黄河文化旅游发展迅速，高质量发展初见端倪

黄河流域在我国旅游业发展中具有特殊地位。经过改革开放以来 40 多年的发展，黄河流域已形成一批具有较高知名度和影响力的旅游目的地和旅游品牌，初步构建了现代旅游产业体系，成为助推黄河流域区域绿色发展的重要动力。重点项目赋能黄河流域文化旅游高质量发展。2021 年，文化和旅游部资源开发司完成了黄河文化旅游带重点项目储备库的编制，共遴选出 59 个入册项目和 10 个签约项目，59 个入册项目总投资 1711 亿元，拟融资 564.2 亿元；10 个签约项目，签约总额 433.3 亿元。入选项目凝练和融合了具有黄河流域特色、区域特色的多样化文化主题，涉及历史文化、草原文化、杂技文化、砖雕文化、音乐文化等，为传承黄河文化、讲好黄河故事提供了实践路径。如山西临汾市沿黄现代农业文化旅游带项目、山西杏花村酒文化和旅游融合项目、只有河南 · 戏剧幻城项目等，推动了文旅新业态的培育，促进相关产业的价值延伸和产业升级，为“打造具有国际影响力的黄河文化旅游带”提供了重要支撑。

（三）黄河文化旅游带基本成型，各省发展势头高涨

随着沿黄各省区旅游资源的开发，连点成线、以线带面，黄河流域优质旅游廊道正在形成。2021 年，文化和旅游部以具有突出代表性的黄河文化旅游资源为节点，发布了 10 条黄河主题国家级旅游线路，分别为华文明探源之旅、黄河寻根问祖之旅、黄河世界遗产之旅、黄河生态文化之旅、黄河安澜文化之旅、中国石窟文化之旅、黄河非遗之旅、红色基因传承之旅、黄河古

都新城之旅、黄河乡村振兴之旅。通过“文化场景化、场景主题化、主题线路化”的设计，实现黄河流域文化的立体化展示，打造“中国黄河”整体形象。

沿黄各省区陆续推出黄河非遗旅游线路。如甘肃省的“滔滔黄河非遗之旅”融合了辉煌灿烂的大地湾、马家窑等彩陶文化和黄河农耕文明，可以体验羊皮筏子、黄河水车等富有甘肃特色的非遗文化；山东省的黄河入海非遗之旅串联具有山东黄河文化特性的非遗项目，并评选出济南百花洲历史文化街区、青岛胶东非物质文化遗产博物馆等15处非遗旅游体验基地。打造“景区+非遗”模式，非物质文化遗产进景区使优秀传统文化全面渗透旅游景区，使旅游业发展更具文化底蕴和文明品质。

文化和旅游部发布的《“十四五”文化和旅游业发展规划》中提出要“打造具有国际影响力的黄河文化旅游带建设”。沿黄各省区积极响应，黄河旅游正从点状开发向线路开发转变，从单一观光向综合业态发展，各省区依据资源优势，初步建设了特色分明的黄河旅游带（见表7–1–1）。

表7–1–1 沿黄各省区黄河旅游带建设规划重点内容

旅游带	具体内容
青海黄河生态文化旅游带	以国家公园旅游名地、世界第三极旅游高地、自驾车旅游胜地、江河源头文化旅游胜地为依托，着力打造具有国际影响力的旅游目的地，展现“一江清水向东流”的上游风貌。青海自然生态保护修复工作已经取得明显成效，水资源总量、植被覆盖度、生物多样性等多项指标大幅增加
甘肃黄河风情旅游带	已经形成了“一带两翼一线”的特点。“一带”指白银黄河沿岸带，景泰黄河石林、黄河大峡、红山峡、太阳岛、靖远黄河风情园、四龙度假村、五佛寺、北武当山、黄河水车等主要旅游景点大多分布在这个带上；两翼指景泰县和靖远县，“一线”指寿鹿山、屈吴山、哈思山等自然风光带
宁夏黄河金岸	重点对东线沿黄河文化旅游带进行规划开发和建设，已经完成了枸杞博物馆、青铜峡黄河楼、黄河圣坛、黄河小镇等一批标志性的文化旅游项目。黄河景观长廊、西夏古城文化博览园、黄河文化园、塞上江南博物馆、中阿博览会永久性会址——宁夏国际会议中心等一批沿黄城市带标志性工程陆续完工

续表

旅游带	具体内容
内蒙古黄河生态经济带	内蒙古以黄河三盛公水利枢纽工程为中心打造“黄河生态经济带”的生态文明建设典范。大力兴建以包兰铁路黄河双向大桥、丹拉高速公路黄河桥、黄河三盛公游乐园等为主体的黄河文化风情旅游景观带，并发展黄河漂流、黄河特色餐饮、陌上农家游等旅游项目
陕西黄河文化旅游带	黄河陕西段串联起50余处名胜古迹，形成了黄河生态文化旅游长廊。完善沿黄旅游带建设规划，努力把黄河文化旅游带打造成为国际一流旅游目的地。一方面治理生态环境，提升沿黄旅游带人文及景观吸引力；一方面改善沿黄旅游带基础设施，加强与晋蒙两省区合作交流
山西黄河之魂旅游带	打造黄河文化保护传承廊道、汾河—涑水河流域高质量发展廊道、沁河流域农耕—手工业文化保护传承廊道三条黄河文化旅游带，串联古渡古镇商贸文化、黄河水利文化、独具东方特色的沁河古堡群等
河南黄河文明旅游带	“一廊一核五区”黄河文化保护传承弘扬格局。“一廊”即统筹构建黄河文化、大运河文化、都城文化、红色文化交相辉映的璀璨文化长廊；“一核”即建设郑汴洛黄河国际文化旅游带，培育黄河文化保护传承弘扬核心；“五区”即三门峡仰韶、“五都荟洛”、郑州大嵩山、开封大宋及安阳殷商五大文化遗址区。推进实施黄河文化旅游新业态项目：打造音乐舞蹈史诗《黄河》及黄河文化旅游演艺项目《黄帝千古情》《只有河南·戏剧幻城》《印象·太极》等
山东特色黄河文化旅游带	统筹黄河文化、运河文化、儒家文化、齐文化、红色文化一体化发展，统筹文化保护传承弘扬与精品旅游产业发展，构建“一轴两带、九大组团”战略布局。即黄河干流文化旅游融合发展轴贯穿“黄河入海”“黄河入城”“黄河古风”“黄河入鲁”四大片区，齐鲁优秀传统文化两创示范带贯穿“邹鲁”“泰汶”“青齐”三大传统文化高地，黄河故道生态文化协同发展带贯穿“九河故道”“微山湖”两大生态文化发展集群

（四）文化旅游合作机制初步建立，区域融合进度加快

区域协同合作是推进黄河流域文化旅游高质量发展的必由之路。目前黄河流域已开展不同形式的旅游合作。2011年，沿黄9省区旅游部门在三门峡共同签署《沿黄九省（区）黄河之旅旅游联盟倡议书》，形成了沿黄9省区“9+1”旅游合作机制。2020年，沿黄9省区城市黄河文化旅游发展合作交流

大会在银川召开，旨在推进黄河流域生态保护和高质量发展，加强沿黄各省区联系交流，深化黄河流域各兄弟城市旅游资源开发整合、内涵价值发掘、产品线路推广等领域的合作共建。2021 年 5 月 18 日，黄河流域景区发展论坛暨文化旅游发展大会主题会议召开，推动黄河流域实现产业融合和文化融合，“共饮黄河水，共赏黄河景”。此外，以晋陕豫“黄河金三角区域”合作为突破点的次区域旅游合作也已经全面展开。

二、文化旅游开发存在的问题

（一）黄河文化资源保护利用深度仍待提升

黄河流域文化久远厚重，在中华文明发展的历史长河中，长期处于核心区域，代表着中华主流文化并推动中华民族精神的形成及发展，以黄河文化精神为中心的中原地区也是全世界中华儿女的心灵故乡。这种说法早已深入人心，但在具体工作的进程中，人们对黄河文化保护传承的紧迫感认识还明显不足。黄河流域的历史文化资源丰富多元，但是由于时间久远和一些历史原因，整个黄河历史文化资源的家底还不十分明晰，资料整理还不够完整，一些文物古迹和非物质文化遗产急需得到系统性保护。因此急需开展全面摸底普查，从而对黄河文化资源开展系统性的保护、传承与开发。

传承保护与合理利用的有机结合难度大。黄河文化遗产资源的保护是传承黄河文化精神的重要方式，目前黄河文化中物质文化遗产资源，尤其是历史悠久、价值巨大的资源面临着巨大的保护压力，自然风化侵蚀、旅游人流量造成的环境变化都会影响到对遗产的保护，而对于那些由于历史原因造成巨大破坏的物质文化遗产，保护形势更加紧迫。非物质文化遗产资源的保护利用也同样如此，文化环境、社会审美风尚等发生巨大变革，非物质文化遗产资源自身内发展规律的限制，传承人对传承内容文化价值的不认同，或是受到经济利益驱动，不愿意继续传承等，是许多非物质文化遗产资源面临的困境，需要依据抢救第一、合理利用、传承发展的工作方针，首先做好传承保护工作，在此基础上进行科学合理的开发利用。

（二）黄河文化遗产资源整合和利用模式急需更新探索

黄河流域出现过众多文化名家，留下了众多影响深远的文学文化作品，产生了重要的人文思想，中国人传统的家国意识、民生情怀、使命担当、勇于抗争等精神理念也由此产生。黄河文化的精神物质载体具有多元化特点，包含各地民居、宗教建筑、生产工具、民族服饰、特色美食等。尤其是黄河故道、千里黄河大堤等标志性物质遗存，是最能直接产生历史触动的载体，具有重要价值。沿黄地区文化资源、文化禀赋、自然风貌各不相同，亟待进行全方位的资源整合。

黄河文化产品是文化精神的现实载体，但是并未转化为产业优势。黄河文化的产业化发展与它的历史地位、文化影响、社会价值、研究深度不相称，也与我国近年来文化产业的快速发展不相匹配。在文化产品领域，还缺少能够反映黄河文化、表达黄河精神的广播影视、网络动漫、演艺娱乐等方面的文化产品；在文化创意领域，还缺乏将厚重黄河与时尚现代相勾连的现代化、年轻化、科技化的时代表达；在文化传播领域，还缺乏与之相配套的高水准文化展示及多渠道营销推广；在文化组织领域，还缺乏与时代需求相匹配的人才队伍、文化中介组织、相关行业协会。由于缺乏顶层设计，导致沿黄地区文化利用都是单打独斗、各自为战，削弱了黄河文化产业建设和开发的综合实力和产品竞争力。同时，黄河流域文化旅游产品基本以“点”的开发为主，产业集聚能力不强，旅游业与城市乡村发展融合度需提升。旅游产品目前尚处于初级阶段，开发水平较低，资源尚未有效转化为高品质旅游产品，旅游产品老化与产品匮乏并存，开发方式单一、旅游项目雷同、设施重复建设、游客体验不足等问题较为普遍。

（三）文化旅游开发的区域发展不平衡现象突出

黄河中上游文化旅游发展距离国际高质量还有很大差距，尤其是黄河上游地区。一是旅游基础服务设施不完善。因受黄河中上游地理环境等因素的限制，交通、宾馆、通信等旅游基础设施欠发达，整体旅游供给规模小、质量差。黄河中上游沿岸高速公路和国道布局密度低，联系中心城市或者旅游景点之间的支线通达性差，制约了旅游网状式的发展。二是旅游业开发本身水平不高，住宿接待设施、水电等旅游配套服务设施不完善，旅游人才队伍缺口较大。

与经济发展水平相似，黄河流域的旅游发展水平也基本呈“西低东高”态势，区域间差异明显。上游5省区的旅游规模与下游山东一个省相当，上游城市的旅游发达程度普遍低于中位数，下游城市则普遍高于中位数。黄河旅游带主要城市旅游产业发展不平衡，产业布局不合理，旅游景点沿黄河呈带状分布，但是彼此缺乏合作，旅游产业占地区生产总值比例不高，旅游业发展理念落后。虽然沿黄各省区旅游人次逐年上涨，但是黄河文化旅游带的产业发展不足，致使游客的消费偏少，旅游经济效益提升不大。旅游消费主要集中在著名景点、个别旅游热线、沿黄中心城市等交通良好地段，偏远广袤的旅游区开发度低，多处于待开发状态。

（四）黄河文化区域合作深度仍需大幅提升

一方面，黄河中上游文化旅游带跨度大，著名旅游区开发和营销都比较分散，缺乏主动性，产业集聚效应不明显，没有形成黄河文化旅游带的整体形象。各个省区旅游资源的开发、建设存在一定重复性和盲目竞争的情况。例如，在西夏文化方面，甘肃的武威、敦煌也有大量关于西夏的历史文物、壁画，但宁夏与甘肃之间的旅游合作有待进一步加强。另一方面，旅游资源相似性强。譬如，青甘宁、陕晋豫各属同一文化区，各自具有相似的旅游资源，地理位置接近，部分景区甚至隔河相望，旅游发展反呈竞争状态。区域合作的欠缺、旅游业整体协作的不充分导致区域品牌尚未建立，尚未实现黄河流域旅游资源的有效利用，也难以保护和继承开发黄河流域优质文化。

目前仍然缺少统一的国家黄河文化品牌。“地理黄河”完整性和“文化黄河”碎片化是不一致的。黄河上游为多元民族文化，中游则为蒙元文化、西夏文化主导，中下游平原是以三晋文化、关中文化、中原文化和齐鲁文化为主体的黄河地域文化，但是黄河文化缺少在国家意义上的整体提升，其文化内涵和外延缺少统一的品牌引领。目前，各省区结合特色优势推出了不同的文旅品牌。如青海省主推“天下黄河贵德清”（贵德清清黄河）旅游品牌、四川的“九曲黄河第一湾”品牌、宁夏的“天下黄河富宁夏”文旅品牌、山东的“黄河入海”文旅品牌。然而各品牌之间尚未形成合力，还未形成具有国际知名度的黄河流域文化旅游“金字招牌”。

第二节　系统保护黄河文化遗产

一、全面调查和认定黄河文化资源

新石器时代黄河流域就出现了马家窑文化、齐家文化、老官台文化、龙山文化、大汶口文化等史前文化。进入文明社会后，从夏至宋均建都在黄河流域，黄河文化成为国家文化、主导文化，串联起了中国历史，丰富多元的黄河文化为黄河流域留下了大量的文化遗产。黄河文化遗产涉及的地域范围包括：四川、青海、甘肃、宁夏、内蒙古、山西、陕西和山东 9 个省级行政区，总共包括 73 个地区。其中，青海、宁夏和山西全域均属于黄河流域；四川仅有阿坝藏族羌族自治州属于黄河流域；其余 5 省、自治区中，甘肃有 20 个、内蒙古有 7 个、陕西有 8 个、河南有 11 个、山东有 12 个地区级行政区（市、州、盟）属于黄河流域。

（一）物质文化遗产

据第三次全国文物普查，黄河流域不可移动文物 12.4 万处，占全国不可移动文物总数的 16.2%；黄河流域内的世界遗产（含文化景观和双遗产）有 12 处，全国重点文物保护单位有 1497 处，省级文物保护单位有 2054 处，市县级文物保护单位有 8815 处。其中，位于黄河流域的世界文化遗产有长城，秦始皇陵及兵马俑坑，曲阜孔府、孔庙、孔林，平遥古城，龙门石窟，云冈石窟，安阳殷墟，“天地之中”历史建筑群，中国大运河，丝绸之路：长安—天山廊道的路网共 10 处；世界文化景观遗产有山西五台山 1 处；世界文化与自然双重遗产有山东泰山1处。目前，全国6个重大遗址保护项目，4个在黄河流域，即西安片区、洛阳片区、曲阜片区、郑州片区。黄河流域范围内各省份物质文化遗产见表7-2-1。

表7-2-1　黄河流域范围内各省份物质文化遗产汇总表

区域	省份	类别	数量及具体遗产名录
上游	四川省（阿坝藏族羌族自治州）	世界遗产	—
		全国重要大遗址保护项目	—
		全国重点文物保护单位	15处
	青海省	世界遗产	—
		全国重要大遗址保护项目	2处（喇家遗址，热水墓群）
		全国重点文物保护单位	50处
	甘肃省	世界遗产	—
		全国重要大遗址保护项目	2处（大地湾遗址，大堡子山遗址）
		全国重点文物保护单位	104处
	宁夏回族自治区	世界遗产	—
		全国重要大遗址保护项目	3处（西夏陵，水洞沟，开城遗址）
		全国重点文物保护单位	36处
	内蒙古自治区	世界遗产	—
		全国重要大遗址保护项目	2处（居延遗址，和林格尔土城子遗址）
		全国重点文物保护单位	60处
中游	山西省	世界遗产	3处（平遥古城，云冈石窟，五台山）
		全国重要大遗址保护项目	5处（陶寺，侯马晋国，曲村—天马，晋阳古城，蒲津渡与蒲州故城遗址）
		全国重点文物保护单位	531处

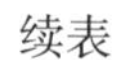
续表

区域	省份	类别	数量及具体遗产名录
中游	陕西省	世界遗产	1处（秦始皇陵及兵马俑坑）
		全国重要大遗址保护项目	14处［秦咸阳宫遗址，阿房宫遗址，汉长安城遗址，秦始皇陵，西汉帝陵（含薄太后陵），唐代帝陵（含唐顺陵），杨官寨遗址，丰镐遗址，周原遗址，秦雍城遗址，统万城遗址，石峁遗址，黄堡镇耀州窑遗址，黄帝陵］
		全国重点文物保护单位	249处
	河南省	世界遗产	3处（龙门石窟，安阳殷墟，“天地之中”历史建筑群）
		全国重要大遗址保护项目	13处（二里头遗址，偃师商城遗址，汉魏洛阳故城，隋唐洛阳城遗址，邙山陵墓群，安阳殷墟，郑韩故城，郑州商代遗址，宋陵，北阳平遗址，仰韶村遗址，庙底沟遗址，北宋东京城遗址）
		全国重点文物保护单位	282处
下游	山东省	世界遗产	2处（泰山，曲阜孔府、孔庙、孔林）
		全国重要大遗址保护项目	6处［城子崖遗址，大辛庄遗址，临淄齐国故城（含临淄墓群、田齐王陵），曲阜鲁国故城，大汶口遗址，即墨故城，六曲山墓群］
		全国重点文物保护单位	170处
跨区域		世界遗产	3处（长城、中国大运河，丝绸之路：长安—天山廊道的路网）
		全国重要大遗址保护项目	8处（长城，丝绸之路，大运河，万里茶路，秦直道，茶马古道，明清海防，蜀道）
		全国重点文物保护单位	—

（二）非物质文化遗产

黄河流域的非物质文化遗产丰富多样，由深厚的民间文化孕育而成，经过历代人民的传承具有强大的生命力，是黄河文化的鲜活体现。截至目前，在 1372 项国家级非物质文化遗产项目中，黄河流域 9 省区有 919 项，且涵盖了我国非物质文化遗产的十大门类。

黄河上游自古以来多民族繁衍生息，相互交融汇聚成河湟文化。河湟文化是古羌戎文化历史演进过程中，以中原文明为主干，不断吸收融合游牧文明、西域文明形成的包容并举、多元一体的文化形态。河湟文化是黄河源头人类文明化进程的重要标志，也是草原文化走廊与农耕文化走廊文化荟萃之地的瑰宝。独特的地理环境和生态环境使河湟地区兼具农耕和游牧两种文化形态，孕育了《格萨尔王》史诗、土族盘绣、自贡灯会等艺术形式，形成了河西宝卷、洮砚制作技艺等非物质文化遗产。

黄河中游以灿烂的仰韶文化为主要代表。仰韶文化作为新石器时代彩陶文化的重要代表，也是中国分布地域最广的史前文化，距今 7000—5000 年，具有强大生命力，传播区域甚广，涉及河南、陕西、河北、甘肃、青海、湖北、宁夏等多各个地区。仰韶文化对于重建古史、探寻中华文明的源头意义重大。这一时期，先民们创造了半坡彩陶文化，形成了陕西剪纸、秦腔、安塞腰鼓等非物质文化遗产，展现了仰韶文化时期深厚的文化底蕴。

齐鲁文化是黄河下游中国悠久历史文化的代表。儒学是齐鲁文化的核心，自汉朝以来，儒学思想在齐鲁大地上被统治者尊崇、在民间广泛传播，奠定了儒学的正统地位。2004 年起，为尊崇和怀念至圣先师孔子，山东曲阜每年在孔庙举办祭孔大典，祭孔大典于 2006 年被列入第一批国家级非物质文化遗产名录。在齐鲁文化的影响下，还形成了潍坊风筝、泰山东岳庙会、鲁锦织造技艺等国家级非物质文化遗产，彰显齐鲁文化的深厚底蕴。黄河流域范围内各省区非物质文化遗产数量见表 7-2-2。

表 7-2-2 黄河流域范围内各省区非物质文化遗产数量汇总表

区域	省份	国家级非物质文化遗产代表项目名录	国家级非物质文化遗产代表性项目代表性传承人	国家级文化生态保护区	国家级非物质文化遗产生产性保护示范基地
上游	四川省（阿坝藏族羌族自治州）	19 项	13 位	羌族文化生态保护实验区	1 个 传统美术类基地：汶川杨华珍藏羌织绣文化传播有限公司（藏族编织挑花刺绣工艺和羌族刺绣）
	青海省	73项。共73项，省属 8 项，余分属各地区	88 位。共 88 位，省属 11 位，余分属各地区	热贡文化生态保护实验区、格萨尔文化（果洛）生态保护实验区、藏族文化（玉树）生态保护实验区	4 个 传统技艺类基地：青海省海湖藏毯有限公司（加牙藏族织毯技艺）；传统美术类基地：青海黄南州热贡画院（热贡艺术）、青海省互助土族文化传播有限公司（土族盘绣）；传统医药类基地：青海金诃藏药药业股份有限公司（七十味珍珠丸赛太炮制技艺）
	甘肃省	58项。共68项，省属 3 项，余分属各地区	57 位。共 68 位，省属 4 位，余分属各地区	—	3 个 传统美术类基地：环县道情皮影保护中心（环线道情皮影戏）、甘肃省庆阳祁黄文化传播有限公司（庆阳箱包绣制）、夏河县拉扑楞摩尼宝藏族文化艺术中心（甘南藏族唐卡）

续表

区域	省份	国家级非物质文化遗产代表项目名录	国家级非物质文化遗产代表性项目代表性传承人	国家级文化生态保护区	国家级非物质文化遗产生产性保护示范基地
中游	山西省	168 项。共 168 项，省属 5 项，余分属各地区	150 位。共 150 位，省属 10 位，余分属各地区	晋中文化生态保护实验区	3 个 传统技艺类基地：山西老陈醋集团有限公司（美和居老陈醋酿制技艺）、稷山赵氏四味坊传统面点传习中心（稷山传统面点制作技艺）；传统医药类基地：山西省广誉远国药业有限公司（定坤单制作技艺和龟龄集传统制作技艺）
	陕西省	69 项。共 79 项，省属 8 项，余分属各地区	68 位。共 78 位，省属 17 位，余分属各地区	陕北文化生态保护实验区	3 个 传统技艺类基地：铜川市印台区陈炉镇民间工艺瓷厂（耀州窑陶瓷烧制技艺）；传统美术类基地：陕西省凤翔新明民俗文化传承有限公司（凤翔泥塑）、陕西省西安大唐西市文化发展有限公司（西秦刺绣）
	河南省	72 项。共 113 项，省属 5 项，余分属各地区	87 位。共 127 位，省属 19 位，余分属各地区	—	2 个 传统技艺类基地：洛阳九朝文物复制品有限公司（唐三彩烧制技艺）；传统美术类基地：开封市素花宋绣工艺有限公司（汴绣）

续表

区域	省份	国家级非物质文化遗产代表项目名录	国家级非物质文化遗产代表性项目代表性传承人	国家级文化生态保护区	国家级非物质文化遗产生产性保护示范基地
下游	山东省	145 项。共 173 项，省属 6 项，余分属各地区	91 位。共 104 位，省属 19 位，余分属各地区	潍水文化生态保护实验区	3 个 传统技艺和传统美术类基地：山东省潍坊杨家埠民俗艺术有限公司；传统技艺类基地：鄄城县鲁锦工艺品有限责任公司（鲁锦织造技艺）；传统医药类基地：山东省东阿阿胶股份有限公司（东阿阿胶制作技艺）

二、实施黄河文化遗产系统保护工程

（一）凝聚高度认同的黄河文化符号

黄河文化是中华文明蕴含在黄河流域中的主体文化，保护和挖掘黄河文化的内涵与时代价值是我国为实现历史文脉的延续、精神文明的传承和文化自信的传递的现实需要，是实现中华民族伟大复兴的精神力量。将黄河文化打造为中华民族极具代表性的文化符号，对增强文化自信、民族自信具有重大现实意义。黄河作为中国的象征符号，一直处于中国历史记忆的核心地位。

在黄河流域生态保护和高质量发展座谈会上，习近平总书记指出：“黄河文化是中华文明的重要组成部分，是中华民族的根和魂。”“根”和“魂”是黄河文化在源远流长的中华文明中的符号表达。中华民族的“根”代表着黄河流域范围内，从古至今不同阶段的自然和文化遗产资源；而中华民族的“魂”代表着这些文物和遗迹遗址在历史岁月的洗礼中而形成的坚韧不拔、开拓进取的精神以及海纳百川、开放包容的态度，它们是黄河文化的精神内核。不同时期不同形态的黄河文化融合，将多样的黄河文化凝结、转化成统

一、鲜明、真实的流域文化符号，有助于增强中华民族的认同感，从而将黄河文化建构成中华民族的文化标识。

（二）构建全面的政策支撑体系

突出顶层设计，做好系统谋划规划，构建边界清晰、责任明确、协同有力的流域文化保护体系。以国家《黄河流域生态保护和高质量发展规划纲要》为依据，组织编制《黄河文化保护传承弘扬规划》《黄河文化旅游带总体规划》《黄河流域非物质文化遗产保护传承弘扬规划》等规划为指导，明确不同分区内的黄河文化遗产保护和利用原则，突出文化遗产保护，突出强调黄河文化遗产保护利用的重要性，细化保护的具体实施方案，完善黄河文化遗产保护的推进措施。将黄河文化遗产保护积极纳入经济和社会发展规划，健全和完善文化遗产保护责任制度，制定责任追究制度，由领导小组对黄河文化遗产的保护工作进行统一协调。

各省为对接好《黄河流域生态保护和高质量发展规划纲要》《黄河文化保护传承弘扬规划》，开展了一系列黄河文化遗产保护工作。陕西省印发《2020年陕西省黄河文化保护传承弘扬工作计划》，健全黄河文化保护传承弘扬规划体系，高质量编制《陕西省黄河文化保护传承弘扬规划》《陕西省黄河流域非物质文化遗产保护传承弘扬专项规划》，创造性实施文旅融合发展工程、黄河文化公园建设工程，多方位多层次保护弘扬传承黄河文化遗产。甘肃省编制了《甘肃省黄河文化保护传承弘扬规划》，提出构建“一心、一带、四区”的黄河文化保护传承弘扬空间布局。山西省近些年出台了《山西省黄河、长城、太行三大板块旅游发展总体规划》《山西省中华优秀传统文化传承发展工程实施意见》《推动文化文物单位文化创意产品开发实施意见》《关于全面提升旅游服务质量和水平的实施意见》《山西省传统村落传统院落传统建筑保护条例》等，有效保障了黄河文化的保护、传承、弘扬，引领了黄河文化遗产的规划工作。

（三）落实严格的黄河文化遗产保护措施

建立黄河文化遗产数据库。黄河文化遗产保护工作是一项数量庞大、内容繁杂的系统性工程，工作推进首先要加强黄河文化遗产资源的普查登记工作，特别是潜在文化遗产资源的挖掘整理工作。黄河文化遗产构成的认定中要把握好五个兼顾原则：人工要素与自然属性兼顾、物质性和非物质性兼顾、流域共性与地域特性兼顾、历史厚重与时代需求兼顾、流域范围和行政区划兼顾。依托流域系统建立黄河文化遗产数据库，构建完整的遗产体系，进行综合保护可行性计划研究。

加强黄河文化遗产教育宣传工作。整理和挖掘黄河文化遗产是讲好黄河故事的基础，推进黄河文化保护工作是为凝练中华民族时代精神汇聚力量。大力宣传著名的大型遗址遗迹，推广名人遗迹的影响力，提升黄河文化遗产的知名度。在面向全社会的宣传教育上，要树立以传承黄河文化精神为使命的理念共识，以学校和教学基地作为重要载体，利用线上和线下两种途径，积极开展黄河文化遗产保护与弘扬的宣传教育工作。加强文化遗产保护法律法规的普及，充实文化遗产保护执法力量，对盗掘、盗窃、非法交易文物等犯罪行为要从严打击。

加强流域内的文化交流与合作。对黄河文化进行分类分级，有序构建黄河文化标志性旅游目的地，以促进区域之间的交流与合作，推动文化和旅游融合发展。发挥上游生态优势，黄河上游具有多样的自然景观、原生态风光、丰富的民族文化以及鲜明的地域特色，在青海、四川、甘肃等区域共同打造国家生态旅游示范区；中游发挥人文资源优势，以地域文化和农耕文化为特色，依托古都、古城、古迹打造历史文化旅游目的地；下游发挥文化遗产优势，以泰山文化、孔庙文化为主体，推动中华优秀传统文化传承与弘扬；依托陕甘宁革命老区、红军长征路线、西路军西征路线、吕梁山革命根据地、南梁革命根据地、沂蒙革命老区等打造红色旅游走廊。在黄河流域沿线的重要节点，规划设计以黄河文化遗产展示为主题的博物馆、文化馆等平台载体，彰显黄河文化的时代精神与深刻内涵。

完善黄河文化保护体制机制。除了自上而下的政策指引、逐步推进的保护措施外，还需要完善黄河文化保护体制机制，有效保障黄河文化的保护传承与弘扬。立法明确黄河水文化保护主体责任，做到“不冲突、不缺失”，形成统一的黄河文化保护与管理机构，建立社会组织网络，提高公众参与的层次、深度，完善社群组织培育和社会监督机制建立；大力完善文物安全保障的行政执法制度、应急保障制度、监督管理制度和责任追究制度等，使安全风险及时得到化解，违法者及时得到制裁；建立资金保障机制，拓宽资金来源渠道，通过引导性政策鼓励慈善团体及个人的多方配合辅助；充分调动市场力量，激活文化资源，大力培育新兴文化业态，弥补单纯政府开发利用的能力与资金缺失以及由于地方经济发展水平参差不齐导致的文化保护资金投入缺乏保障的问题。实现黄河文化保护的创造性转化，以文化促进经济发展，以经济促进文化传承，最终实现文化经济一体化发展。

三、保护与弘扬非物质文化遗产

（一）加强调查研究，推进非物质文化遗产整体保护与传承

对黄河流域内非物质文化遗产代表性项目和资源进行科学、准确、全面调查，理清其种类、数量、分布和存续状况，完善非物质文化遗产档案建设；科学制定记录标准，采用音频、影像等现代化信息技术手段，对国家级非物质文化遗产代表性项目和传承人进行全面、系统记录；联合高校、科研机构等学术平台，创新非物质文化遗产记录方式，提高记录水平；妥善保存记录数据，加强记录成果运用；支持省级非物质文化遗产研究基地设立开展黄河非物质文化遗产保护研究，培养专业研究人才；鼓励设立黄河非物质文化遗产学术专刊、著作。

完善黄河流域各级非物质文化遗产代表性项目名录体系，将涉及中华民族文明发源、文化发祥，覆盖广泛、民众参与度高，在国家、省重大战略中发挥文化引领作用，与生态文明、环境治理相关的非物质文化遗产项目列入各级代表性项目名录。明确不同级别项目保护单位的主体责任，实施绩效评估等有效措施，做到灵活且动态协调地管理黄河流域非物质文化遗产项目；积极遴选黄河文化特色鲜明，保护工作理念正确、措施有效、成果显著的非

遗代表性项目优秀保护案例，发挥示范作用，提升黄河流域非物质文化遗产的整体水平。

以传承为中心开展认定工作，建设一支专业的代表性传承人队伍，建立健全黄河流域各级非物质文化遗产代表性传承人名录体系。将传承具有集体参与性文化项目的团体认定为非遗代表性传承团体；加强传承梯队建设，采取称号授予、政府资助和适当奖励的方式，支持技艺精湛、业界公认、素质过硬的中青年传承人纳入各级代表性传承人队伍；积极支持国家级、省级非物质文化遗产传承人群研培基地等的建设，对黄河流域非物质文化遗产代表性传承人开展培训；加强黄河流域非物质文化遗产代表性传承人评估和动态管理，增强非物质文化遗产代表性传承人的使命感，肯定、弘扬其工匠精神。

（二）挖掘非物质文化资源，采用多样化的保护措施

1. 数据库保护模式

合理有效地利用数字技术，采取文字、录音、摄像等方式对音乐、舞蹈及仪式等传统文化进行抢救、保存，以弘扬黄河文化为契机建立文化基因库，以备今后相关民族文化艺术创造的需要。

2. 博物馆式保护

特色服饰、手工制品、宗教器物、生产生活用具等，应当分门别类记录、收集、归档在当地的博物馆内。在条件成熟时，创新性地建造生态博物馆，对非物质文化遗产的文化背景、表现形式、丰富内涵、独特风格以原状的、动态的、整体的形式保护和保存在其所属的环境中，包括自然景观、人文景观、遗迹遗址、生产生活用品等文化表征。

3. 民族民间艺人的保护

建立民族民间艺人档案，将其纳入特殊人才库，并支持和鼓励民间艺人带徒授艺，参与乡土文化教育，使他们的手艺技能成为致富的有效手段。

4. 开发利用式保护

民族音乐、舞蹈、传统技艺等文化资源已经处于开发状态，但仍是“粗放型开发与加工”，尚未形成较完善的保护与开发并重的模式，游艺、医药等

特有的民族文化资源还未被挖掘整理。因此，应对诸多非物质文化资源实行先挖掘、整理，后提升、开发，开发与保护并重，形成开发式保护模式。例如，肃南裕固族自治县拥有50年历史的县民族歌舞团，挖掘整理、编排、创作出了一大批具有较高观赏性、较高艺术价值且民族风情浓郁的文艺作品，包括裕固族风俗音乐舞蹈《迎亲路上》，以及优秀剧目《裕固婚礼》《裕固族姑娘就是我》《牧人》等。

（三）合理利用非物质文化资源，打造非遗衍生品文化传播链

以黄河非物质文化遗产项目为重点，充实完善各省区传统工艺振兴目录，积极推荐重点项目列入国家传统工艺振兴目录。支持黄河非物质文化遗产项目，与相关高校、科研机构合作建立传统工艺工作站，联合开展理论研究与技术攻关，改进工艺、完善功能、创新产品，加强衍生品开发。依托各级各类非遗场馆、非遗传习地、大师工作室、非遗工坊等，培育一批非物质文化遗产旅游体验基地。支持旅游演艺经营主体以黄河非物质文化遗产为题材，创作一批底蕴深厚、特色鲜明、涵育人心的优秀旅游演艺作品。

合理利用非物质文化资源，创造黄河非物质文化遗产衍生品。推动黄河非物质文化遗产与旅游景区、度假区等旅游地有机融合，鼓励支持传统工艺等门类的非物质文化遗产传承人入驻景区。将具有地域特色的非遗元素和符号融入旅游业发展体系，开展形式多样的常态化体验。利用区域公共文化设施开展非物质文化遗产展览，促进艺术学者进行学术交流，利用现代化数字媒体平台设立黄河流域非物质文化遗产专题、栏目，采用微博、直播、短视频等新媒体形式传播黄河流域非物质文化遗产；将非遗文化融入游戏、动漫、电影、电视剧等。

（四）探索非物质文化遗产传承新模式，赋予黄河文化时代价值

1. 加强传统村落非物质文化遗产保护传承

要在传统村落保护发展规划与非物质文化遗产保护规划之间做好有效衔接，合理利用传统村落的空间环境，将其作为非物质文化遗产的文化表征。保护和延续传统村落内村民特有的生活方式，培育扩大非物质文化遗产传承

人群体。充分利用古城、古镇、古街、古民居、古客栈等进行非物质文化遗产展示、体验。支持在传统村落建设非物质文化遗产传承体验设施，设立非物质文化遗产特色产品商店或销售点，让传统村落成为传承、展示黄河流域非物质文化遗产的重要文化空间。

2. 加强非物质文化遗产特色街区创建工作

选择一批具有浓郁黄河特色、具备黄河文化历史价值与时代价值的特色建筑、历史文化街区、历史文化村镇等传统生活区域，挖掘利用其中的非物质文化遗产资源，建设非物质文化遗产特色街区，尊重居民的主体地位，提高参与感、获得感、认同感，维护和改善非物质文化遗产赖以生存的土壤和空间。建设一批非物质文化遗产特色休闲街区，建立健全非物质文化遗产特色街区管理机制。

3. 积极推进黄河流域“非遗在社区”工作

营造有利于非物质文化遗产传承发展的社区氛围，以非物质文化遗产代表性传承人为主，探索社区化传承模式。支持代表性传承人设立面向社区居民的公益工作室、传习所、展示馆等，鼓励代表性传承人及其团队深入社区开展传承，利用街镇文化站、社区文化活动中心、非遗传习所、学校、楼宇、餐馆、商圈、社区等，举办非物质文化遗产宣传展示活动。将非物质文化遗产融入社区生活，推广“非遗在社区”常态化。

第三节　旅游资源开发与文旅融合

一、深入传承黄河文化基因

（一）深入探源中华文明

1. 系统梳理黄河文化脉络

理清黄河流域历史发展脉络，是追溯黄河文明源头，挖掘黄河流域文化内涵的前提基础。旧石器时期，黄河文化开始萌芽，早在一百万年前黄河大地已有人类活动。到新石器时代，黄河流域形成了马家窑文化、齐家文化、裴李岗文化、老官台文化、仰韶文化、龙山文化、大汶口文化等文化瑰宝。黄河上游以洮湟区为代表，这一历史文化区包含了大地湾文化、马家窑文化以及齐家文化等文化类型。黄河中游对应的是中原区，以关中、晋南、豫西为中心地带，辐射整个黄河中游乃至部分下游地区，被视为中国母体文化——黄河流域文化圈的摇篮，孕育出了中国考古学的源头——仰韶文化。黄河下游对应的是山东大部分地区及苏北一带，其经历了北辛文化到大汶口文化再到山东龙山文化的发展历程。黄河流域进入文明社会之后，顺次迎来璀璨的夏、商、周文化，从春秋战国到秦汉王朝大一统时代，黄河流域经历了秦文化、三晋文化、齐鲁文化等多元文化的发展演化，黄河文化体系逐渐形成。历经数年的王朝发展，黄河文化吸取北方游牧文化，并不断融合其他地域文化，兼容并包，成为中华文明的核心组成部分，成为凝聚中华多民族的重要力量。

2. 推进高水平考古机构建设

依托各省市博物馆、高校、科研机构等，以建设世界一流考古科研机构为目标，加强人才队伍建设，创新科研体制机制，筹建国际一流的“黄河流域考古研究中心”。集合行业资源和尖端科技，高站位、高起点、高质量推进黄河流域考古工作创新发展。扎实开展文化交流、考古合作、大遗址保护等工作，形成考古发掘、学术科研、阐释展示和社会服务的良性互动。为北大考古文博学院、国家文物局考古文物中心、中国社科院考古研究所等行业顶尖的考古科研机构提供合作交流平台，为各机构开展联合考古营造良好环境，科学谋划、多学科联合攻关，在中华文明起源与发展、考古理论研究、科技考古和文物科技保护研究领域走在世界前列。

3. 综合运用前沿科技开展考古挖掘

运用生物学、分子生物学、化学、地学、物理学等前沿学科的最新技术进行分析。坚持多角度、多层次、全方位，推进考古学和历史学、人文科学以及自然科学的联合攻关，拓展数字考古、环境考古、动物考古、植物考古、冶金考古、陶瓷器等科技考古领域。在考古探测中综合运用遥感技术、数字技术、智能技术等，借助 3D 打印、无人机航拍、DNA 分析等新的科技手段，揭示更多的考古信息。例如应用无人机拍摄、多视角三维重建和地理信息系统等空间信息技术，探讨史前聚落的人地关系；应用 CT 扫描、三维激光扫描、多视角三维影像等技术实现对标本的虚拟三维重建；应用高通量测序技术及由此发展出的古基因组学开展动物古 DNA 研究。深入实施中华文明探源工程，需要综合运用其他学科领域成熟的科学技术，并通过多种渠道积极接收现代先进科技发展最新动态，积极探索新的科技手段在黄河流域考古中的应用。

4. 促进考古成果转化和社会共享

推动多层次、多渠道成果转化，对黄河流域考古成果进行深入挖掘和阐释，依托考古博物馆等展示平台，凸显文物的历史价值、时代价值和文化价值。推进考古遗址公园、文化遗址公园的建设工作，提升社区博物馆、数字化博物馆的展陈水平和社会服务能力，推动考古成果的转化，通过文创产品、数字化体验等多元方式拓宽转化渠道，向公众普及介绍黄河流域文化遗产方面的成果和知识，以考古成果讲述黄河故事，让文物“活”起来。鼓励开展考古夏令营、考古研学游、考古文化日等活动，现场演示考古发掘方法，模拟文物出土时的现实场景，增强人们对黄河文化遗产的亲近感和敬畏感，激发人们对文物保护工作的兴趣和热情。建立多元开放的公众考古平台，释放文物资源在助推公共文化服务、全域旅游创建、美丽乡村建设方面的潜力，形成社会、公众与考古之间的良性互动，实现全民共享考古成果。

5. 打通考古成果跨文化传播渠道

通过跨文化传播提升黄河流域考古成果的国际影响力和话语权，促进中外文明对话和交流互鉴，让华夏文明远播海外。建立学术交流平台，通过举办国际性考古论坛、专题性学术会议以及学术讲座、公共考古论坛、专题成果展等活动，开展多元交流研讨，输出具有中国特色的文明研究学科体系、学术体系、话语体系。依托“中华文明探源工程”等重大项目，拍摄面向世界的纪录片和短视频，在考古工作与相关成果的基础上，讲述黄河流域故事，传播中华文明历史知识，揭开黄河流域的神秘面纱，使国内外公众深入了解璀璨的中华文明，增强我国的文化自信。

6. 建立健全激励奖励机制

建立健全考古成果奖励机制，推动新时代考古事业高质量发展，向行业展示高标准、高水平的田野考古工作实例，激励广大考古工作者提升专业水平和创新能力，为考古领域注入创新动力；提升考古一线人员待遇水平，从“人力、物力、财力”等多方面提供支撑，保障一线考古人员合法权益；完善人才激励机制，为科研工作者学习交流、研修深造、科研合作搭建平台，促进科研队伍专业化水平提升。

（二）传承创新黄河文化，阐发黄河文化精神

1. 深入挖掘黄河文化精神内核

黄河文化内涵特征丰富，具有延绵不断的连续性、有容乃大的包容性、多元一体的统一性。黄河文明在数千年的历史岁月中得以较为完好地保存下来，使得中华文明有源头可溯、有迹可循。黄河文化作为一种具有极强包容性的文化体系，具有强大的生命力和同化性，不断吸收其他地域和民族文化的精华。黄河文化是我国增强民族认同感和民族团结的精神内核，在纷繁复杂的国际形势下，为实现中华民族伟大复兴贡献了伟大的精神力量。

黄河文化的精神内核在于同根同源的民族心理、大公无私的群体精神、开拓创新的创造精神和自强不息的奋斗精神。黄河文化孕育了以孔子为代表的儒家和以老子为代表的道家两大思想体系，创造了“天人合一”“中庸之道”“爱国爱家”“和谐统一”“自强不息”“厚德载物”等富有民族特色的精神文化符号，并演化出河湟文化、河洛文化、关中文化、齐鲁文化等多元区域文化形式，不断焕发新的生机与活力。近现代时期，红色文化、爱国主义以及生态文明又为黄河文化赋予了新的内涵。跨越千年的黄河文化凝结出愈发强大的精神内核，展现出顽强的生命力，成为中华民族伟大复兴的重要精神力量。

2. 全方位展示黄河文化的历史内涵

深入挖掘黄河文化资源的科学价值、艺术价值和历史价值，以点带面，多角度、全方位地展示黄河文化的历史内涵。探寻历史起源、讲好历史故事，以人民群众喜闻乐见的方式表达黄河文化核心价值。除传统静态展示方式外，创新利用增强现实（AR）、虚拟现实（VR）、混合现实（MR）、扩展现实（XR）等高科技方式，提高考古遗址遗迹和相关文物的虚拟化、数字化展示水平，动态展示黄河流域沿河各省区代表性文化遗产、非遗项目的保护成果，提供沉浸式、全景式的文化场景和文化体验。通过环境整治、遗址揭露展示、场景模拟复原等手段，推进仰韶村、马家窑、二里头、大汶口等重要考古遗址的发掘和保护展示工作。打造黄河流域文化地标，凸显黄河文化的兼容并包、气势磅礴，展示东方审美的独特性和优越性，充分发挥黄河文化地标"培根铸魂"的精神价值。

3. 加强黄河文化产业发展力度

沿黄省区需坚持因地制宜，加强科技创新前瞻布局，对接国土空间规划，打造各具特色的现代产业园区，优化产业布局。以黄河文化产业带、黄河国家文化公园建设为抓手，发展沿黄生态文化产业、高效优质农业、现代旅游业等，推动传统产业的高端化、智能化、绿色化，建设特色优势的现代产业体系。推动发展大数据产业，加快经济社会数字化转型。打造一批专精特新的中小型文化企业，培育发展文旅创意、文化研学、非遗体验、数字娱乐等新业态，推动休闲、体育、广告等服务业提质扩容。坚持生态优先、创新驱动、动能转换，加强规划设计和基础设施建设，发展具有地方特色的新产品、新业态、新线路，促进黄河文化的创造性转化和创新性发展。

4. 完善体制机制建设保障

健全完善黄河文化保护弘扬的工作体系，提升治理效率。推动政府、企业、社会等多方利益相关者联动，从多方面统筹黄河文化建设。建设高质量的黄河文化人才队伍，探索人才培养新模式。推进黄河文化遗产研究人才培养基地建设，培养文物科研专业人才，整合优化文化遗产保护资源配置、多元化培养专业技术人员、加强文博单位人才梯队建设。筹措黄河文化保护传承专项资金，进一步完善财政投入保障机制，建立多元投入经营渠道，鼓励引导金融资本、社会资本和公益组织参与。形成黄河文化遗产保护执法检查机制，依法打击盗掘、盗窃、非法交易文物等破坏黄河文化遗产的犯罪行为，营造良好的法治环境。

二、讲好新时代黄河故事

（一）讲好“黄河故事”的内涵

1. 挖掘新时代黄河文化的价值

黄河文化是中华民族的精神纽带，携带着中华民族优秀传统文化的基因，它不仅培育了中华民族的精神内核，塑造了中华民族崇尚自然与家国情怀的理念，而且在跨越历史与承载民族精神的过程中，不断融入近现代科学意识、革命精神及社会主义先进文化成分，充分彰显了根基文化、轴心文化与认同文化所具有的优秀品质。讲好“黄河故事”需要基于黄河文化的优秀品质，深入挖掘黄河文化的新时代价值，为实现中国梦注入绵延不绝的精神动力，这是新时代讲好“黄河故事”的核心内涵。

2. 塑造黄河文化知名品牌

通过构建黄河文化 IP、黄河文化地标，充分整合黄河文化的历史基因，叫响黄河文化品牌。推广“黄河宁、天下平”主题口号，与黄河标志相呼应，让古老的黄河文化“活起来”，实现黄河文化、中国精神的现代表达创新。牢牢抓住沿黄古都文化、黄河山水文化和黄河治理文化三大主轴线，全面体现中华文明的高度和人类不同文明交流的价值和视野，加强空间组合和整合，形成整体的、主题鲜明的文化地标体系。

3. 创新打造黄河文艺精品

凝练黄河文化关键主题，创作、打造、推出一批展现黄河精神内核，讲好“黄河故事”的文艺精品。创新文化精品创作生产的体制机制，完善文化精品创作的全流程保障，制定黄河文艺创作规划，实施黄河文艺作品创作激励计划，确定一批重点创作项目，吸引国内外实力团队参与。进一步推进以黄河为主题的文学、美术、摄影、歌曲、舞蹈、民俗、雕塑、影视剧、电影等主流文艺创作，传承黄河文化基因，坚守新时代黄河故事的主要阵地。同时，拓展新兴文艺领域，创造黄河流域文艺新形态，围绕黄河文化创作动漫、游戏、综艺、微电影、脱口秀等新兴文艺精品，运用虚拟现实、元宇宙、微电影、短视频等技术手段和艺术形式进行创作，融合文艺科技、激发创意灵感。

4. 引领黄河流域发展新征程

黄河流域生态保护和高质量发展是事关中华民族伟大复兴的千秋大计。新时代要围绕大江大河治理的重要标杆、国家生态安全的重要屏障、高质量发展的重要实验区、中华文化保护传承弘扬的重要承载区四大战略定位，深入推动生态保护和高质量发展协同并进。黄河沿线始终把生态保护放在首位，坚持“山水林田湖草沙生命共同体”理念，开展系统治理、综合整治，坚决守牢黄河生态“底色”，在协同发展上攻坚突破。黄河流域高质量发展也在华夏大地上书写出了黄河故事的新篇章，科技创新、新旧动能转换等一系列举措促进了黄河流域产业结构、布局升级调整，擘画出了绿色发展新画卷，为建设造福人民的幸福河做出了贡献。

（二）书写新时代“黄河故事”

1. 新时代黄河治理故事

“黄河宁，天下平”，千百年来人们对黄河的治理从未间断。在治理、建设黄河的历程中，中国共产党带领中国人民为黄河文化持续不断注入新鲜动力。从毛泽东发出“要把黄河的事情办好”的伟大号召，到邓小平、江泽民、胡锦涛筹划治理黄河的方略，再到习近平提出黄河流域生态保护和高质量发展。中国共产党带领人民，从最初的下游防洪走向全流域治理、小流域综合治理、大规模退耕还林（草）工程，直至近年来的生态优先、山水林田湖草生态空间一体化保护与区域生态文明综合治理等，水沙治理取得显著成效。在治理黄河过程中，激发出了中华民族不屈不挠、艰苦奋斗的精神。如河南在治理黄河过程中，诞生了“亲民爱民、艰苦奋斗、科学求实、迎难而上、无私奉献”的焦裕禄精神。打造黄河文化品牌，要着力讲好中国共产党治理黄河故事，促进黄河治理文化传承发展。

2. 新时代黄河流域扶贫故事

黄河流域是中国打赢脱贫攻坚战的关键区域。黄河流域生态系统脆弱，很大程度上限制了黄河流域社会经济发展，使其成为我国贫困人口相对集中的地区。党的十八大以来，黄河流域在脱贫攻坚方面取得了突出成绩。黄河流域各省区的生态扶贫实践成效尤为卓越，生态护林工程、生态休闲产业、多样化生态补偿的有序推进，使黄河流域脱贫攻坚工作不断深化，新时代黄河流域“扶贫故事”讲得愈发出彩。

3. 加强黄河文化教育引入

充分发挥学校在黄河文化教育中的基础作用。编撰教育层次差异化、生动通俗、科学严谨的黄河文化教材和科普读物，增进青少年对黄河文化的认知认同。紧密结合时代主旋律，策划针对性强的社会教育、研学活动，建立黄河流域中小学生研学实践教育基地，展示悠久的黄河文明发展历程及灿烂的黄河文化，传播水利科学知识和流域地理知识，宣传人民治黄成就、护水文化、生态治理之路，打造黄河文化德育品牌。

4. 丰富黄河故事的现代传播形式

融媒体时代，纸媒传播、电视传播、网络传播等多种媒介为黄河故事和黄河文化的传播提供了新的载体。黄河文化传播的全媒体矩阵正逐步构建，综合用好用活广播电视、报纸、刊物、各大网站等主流媒体，以及 VR、直播、短视频等新媒体，精准传播让观众沉浸式体验的黄河文化。精心打造以现代手法表现黄河故事的作品，将现代创作理念与制作技术相融合，以表现切合时代需求的中华文化为立足点，以精美的舞蹈展示作为主要表现方式，依托 5G、AR、3D 动画与漫画转场及航拍、三维建模、染色等技术手段，实现虚拟场景与现实世界的融合，打造深度阐释黄河文化内涵的视听盛宴。

三、活化文旅资源和产业业态

（一）黄河流域文旅资源的保护性开发

1. 以科学保护为前提的旅游开发

科学保护是一切发展的前提。在旅游发展中，要高度重视生态评估和环境保护，把水资源作为最大的刚性约束。在国家公园、南水北调保护带、沿黄生态水系廊道、沿黄自然保护区、森林公园、黄河湿地公园等的建设中，把生态保护放在首位，兼顾旅游开发的需要。旅游发展要在统筹推进沿黄地区山水林田湖草环境污染协同治理，实施水生态、水资源、水环境、水灾害“四水同治”的前提下进行，并做好环境承载力评估和容量控制，尽量发展低密度、小规模、深体验、低影响、绿色化的旅游。

2. 明确上中下游地区旅游发展特色

黄河上游地区是我国生态环境最为薄弱的地区，也是限制开发和禁止开发区域比重较高的区域，生态保护和涵养是其重点。上游应加强三江源、祁连山、秦岭等区域的生态保护工作，推进国家公园建设，完善相关法律法规，制定详细发展规划；重点发展生态旅游、社区旅游和环境友好型旅游。中游地区是我国文化资源相对富集的区域，交通相对便利，可重点推动文化和旅游融合发展、旅游与交通融合发展，发展适合现代游客需求的文化旅游、深度体验游、自驾游等。下游地区经济相对发达，可多样化地开发各类旅游和休闲度假产品，将黄河文化与海洋文化相结合，实现河海互补、黄蓝交辉。

（二）推动黄河流域文旅融合

1. 创新文旅融合形式，打造体验新载体

文化旅游体验载体是指通过对黄河文化资源的挖掘与开发，依托黄河流域各具特色的地域文化，通过现代创意设计和技术复原黄河历史文化古迹和各种历史事件发生地，寓中华优秀传统文化之核心价值于其中，建构起各种文化旅游场所和场景，为旅游消费者提供参与式、互动式、体验式文旅场

景，以达寓教于乐之目的。围绕黄河流域各种地域性文化、自然资源，打造以食文化、民居文化、行旅文化、遗址文化、姓氏文化等为主题的文化旅游体验场景，寓娱乐和文化体验于一体，开辟黄河文化资源创造性转化的新路径，进一步提升黄河文化资源转化效能。

2. 以数字经济推动文旅融合提质增效

《中华人民共和国国民经济和社会发展第十四个五年规划和2035年远景目标纲要》指出，迎接数字时代，要激活数据要素潜能，尤其加快数字经济建设，以数字化发展驱动生产方式与生活方式的变革，扩大优质文化产品供给，推动智慧文旅等各类场景数字化。在黄河文化资源的创造性转化与创新发展中，充分利用数字化技术使历史文化资源得以活化，结合以虚拟现实、增强现实、现代剧场、实景演艺、游乐等为主要内容的场景式、沉浸式、体验型文化消费业态，在兼顾时代精神与立足我国当下丰富实践的基础上，进一步调动消费者的积极性与自主性，融入人们的日常生活，用人们喜闻乐见的方式，打造人们广泛参与的文旅消费场景。

3. 打造黄河文化旅游产品谱系

在充分挖掘黄河文化资源基础上，全方位打造黄河文化旅游产品谱系，分先后、分层次、分梯度地进行开发利用。重点培育具有黄河文化代表性、国际影响力的标志性世界自然和文化遗产、文物遗址、古城古镇，打造一批具有黄河文化标志性意义的国际旅游目的地城市和景区，形成国际黄河文化特色旅游集聚区。依托自然和文化遗产、自然景观、古村落、博物馆、科技馆等，打造研学旅游、体育旅游、红色旅游等专项旅游产品，有序开发寻根访古、水上观光、山地休闲、民俗风情等系列主打旅游产品，开发绿道骑行、自驾露营、特色民宿等新型旅游产品，建设国家黄河文化体验基地和传承基地。

4. 强化区域间文旅资源整合协作利用

黄河流域文化和旅游资源丰富，集聚了大量优质文旅资源。加强区域间文旅资源整合协作具有重要意义，要按照黄河上中下游资源禀赋和发展定位，分区域做好规划建设工作。定期召开9省区文化和旅游联席会议，共同探讨、谋划黄河流域旅游业发展的顶层设计，协调建设流域共享的旅游信息平台、大数据平台。推进流域或跨区域发展规划编制。协调建设流域共享的旅游信息平台、旅游集散中心等旅游公共服务体系，推进跨区域旅游交通合作体系建设，协调省际、城际间的汽车便捷通道与汽车营地建设等。构建黄河旅游公共服务网，建立流域统一的市场监管、投诉受理和旅游安全应急救援联动机制。

协调旅游企业间的经营协作，共同设计旅游线路，共同开发旅游产品。鼓励企业合作经营、收购兼并以及各种方式的联盟和合作；积极推进旅行社组建出入境旅游协作体或共同体，在市场营销、线路串通、导游共用、团队组合等方面开展业务合作。推动优势旅游企业实施跨地区、跨行业、跨所有制兼并重组，培育跨行业、跨领域的大型旅游集团。加强民间旅游组织机构交流合作。更好发挥国家级、省际间大型旅游经贸投资洽谈会、旅游论坛、旅游博览会等会展作用，提供一视同仁的服务标准与优惠待遇。

（三）培育黄河流域旅游新业态

在资源保护、生态优化的前提下，积极探索以新型业态实现资源转化，以融合业态实现消费增值，是推动黄河文化旅游高质量发展的必由之路。文旅产业发展已全面迈向消费驱动、科技赋能、场景体验、内容为王的新阶段，已经逐渐摆脱对先天资源的依赖，更多地追求优质产品的转化；不再是规模化的项目扩张，而是以业态创新为运营的有效供给；不仅需要主题化的体验，更需要多元化、复合型的消费。

1.“文化旅游＋非遗”

华夏文明源远流长，民族非遗文化精彩纷呈，在黄河文化遗产中，非物质文化遗产占了相当比例。应推动黄河流域旅游与非物质文化遗产融合发展，有效调动文化资源存量，丰富旅游要素内涵，继承与发扬黄河流域传续数千年的中华民族传统文化。黄河流域的非遗文化具有鲜明的地域特点和独特的民族风格。民间食俗有宁夏八宝茶、蒙古族全羊仪式、兰州清汤牛肉拉面、西安肉夹馍等，体现了黄河流域饮食文化体系的博大；黄河流域的民间风俗具有本土化的独特性，有蓬莱阁庙会、宝鸡民间社火、高台黄河灯阵、回族婚礼等，民间风俗体现了黄河流域具有浓厚的地域文化底蕴和民族风格；黄河流域的民间信俗具有强烈的原始信仰，有禹王传统祭祀文化、杭锦神祇祭祀、平定雩祭等。黄河流域各省区应充分利用现代科技、多媒体演绎、情景体验等方法，将民间食俗、民间风俗、民间信俗等非物质文化遗产，充分融入黄河流域 AAAAA 级旅游景区，以非遗体验为核心驱动力，创新非物质文化遗产与自然景区、人文景区的深度融合，不断满足旅游者的旅游体验需求，打造景区业态新模式。

2.“文化旅游 + 研学”

黄河流域优质的历史文化遗产为研学旅游提供了丰富的教学资源，是培养青少年中华文化主体意识、增强文化自信的天然“课堂”。应紧密围绕建设“黄河文化保护传承弘扬专项工程”，培养德智体美劳全面发展的中国特色社会主义建设者和接班人，全力打造面向全国乃至世界的“黄河文化”全域研学旅行体系。目前，根据沿黄青少年研学实践活动启动大会精神及黄河流域研学联盟章程要求，沿黄省区教育厅联合组织开展了首批黄河流域精品研学课程评选，确定了首批黄河流域精品研学课程 10 门、优秀研学课程 10 门，塑造了传播优秀传统文化的创新载体。

3.“文化旅游 + 体育”

2020 年出台的《体育强国建设纲要》确立了“2035 年将体育产业打造为国民经济支柱产业”的发展目标，国务院印发的《全民健身计划（2021—2025 年）》也明确将体育旅游作为全民健身融合发展的三大领域之一。黄河流域蕴藏着富集的文体旅资源，张家枪、鞭杆、流星锤、太极拳、通背拳、华山拳等武术在黄河流域具有历史悠久、底蕴深厚、内涵精髓、传播广泛的文化积淀以及传承和发展的独特性，凸显出无可比拟的区域特色；动物棋、吉日格、嘴和、打瓦等游戏在黄河流域世代流传，是黄河流域人民智慧的结晶。未来，要在充分挖掘黄河流域文体旅发展的基础上，注重文化创新，明确文体旅各要素在该产业带中的地位和分工，建设以体育为动能、以文化为灵魂、以旅游为载体的黄河流域体育文化旅游带以及集文体旅于一体的跨行业的综合性产业带。

第四节　积极推进全域旅游

一、打造具有国际影响力的黄河文化旅游带

（一）优化顶层设计

推动科学统一规划布局。打造世界级黄河文化旅游带的前提是优化顶层设计，进行科学、合理的统一规划开发。站在省级层面乃至整个黄河流域的高度，将黄河上下游、左右岸作为一个整体进行科学规划和全面布局。制定国家、省、市、县（区）等各级黄河文化保护传承弘扬规划以及文物保护利用规划、非物质文化遗产保护利用规划、文化旅游融合及高质量发展规划、黄河国家文化公园建设规划等，坚持下位规划服从上位规划、下级规划服务上级规划、等位规划相互协调。树立“大黄河”的旅游发展思路，打破地域界限。从规划层面统筹协调，避免盲目建设、重复建设、低水平开发、无序竞争等小、散、乱、差现象的发生。

规划建设黄河文化旅游重大项目。以项目为载体，推进黄河流域文旅项目的落地和可持续运营。宏观层面上，通过政府主导推进、区域协同联动、集成平台支撑等资源组织方式，实现产业要素优化配置；中观层面上，通过金融创新助力、科技赋能发展、实用人才驱动来助力文旅产业发展；微观层面上，通过核心品牌带动、龙头企业引领、城市更新体验以及文旅跨界融合等模式探索文旅产业发展新路径。

（二）创新产品业态

挖掘整合黄河流域优质文旅资源。整合优质资源，激发黄河文化旅游带建设内生动力。黄河上游自然景观多样、生态风光原始、民族文化多彩、地

域特色鲜明；中游集聚古都、古城、古迹等丰富人文资源，具有鲜明的地域文化特点和农耕文化特色；下游以泰山、孔庙等世界著名文化遗产为代表，上中下游各具特色。依托黄河文化旅游带建设，充分挖掘整合黄河流域优质文旅资源。对黄河文物及文化遗产等开展系统的资源普查工作，同时构建黄河文化旅游资源库，运用现代化手段保护传承弘扬黄河文化，提升数字化水平，实现资源共享、产业共通、文化共融，将黄河优质文旅资源发展成为黄河文化旅游高质量发展和黄河文化旅游带建设的重要内生动力，以激发市场活力。

文旅新业态赋能黄河流域高质量发展。充分运用人工智能、VR影像、大数据平台、区块链等现代科学技术，建设一批以黄河文化为主题，集生产、交易、休闲娱乐于一体的创意产业园区，多生产具有黄河文化丰富内涵和吸引力的文化旅游创意产品，充分发挥黄河流域丰富的文旅资源优势，将其转化为新的产品业态，发挥出产业优势和产品优势，使黄河文化旅游产业真正成为最具核心竞争力的支柱产业。再有，结合近些年新晋的融媒体，以高参与度方式开发黄河文化、地域特色、民俗民风，通过短视频拍摄、舞台剧目表演以及动漫产品创作等形式，给予传统文化新的生命。

（三）创意营销传播

精准实施品牌定位。对黄河全流域文化旅游进行精准品牌定位是延续黄河文脉、提升知名度美誉度的重要途径。将“黄河文化”打造为黄河流域沿线各省区建设黄河流域国际文化旅游的核心符号，塑造“中华母亲河”整体旅游形象，扩大黄河流域文化旅游品牌的国际影响力和吸引力。通过黄河文化标志性古都、古城、古村、山岳、大遗址、石窟、文化博物馆、治水遗址与工程以及文化演艺等文物和文化遗存，突出世界文化和自然遗产的引领作用，以核心产品为依托，培育“中华母亲河”的产品支撑体系。

借力新型传播载体。围绕“中华母亲河”的旅游形象，打造完整的黄河文化旅游体系，创新探索黄河文旅品牌在当前互联网大兴的背景下能够充分运用的传播载体和手段。构建一体化营销网络，创新自媒体营销平台，打造旅游直播秀，形成全媒体投放渗透的营销推广模式。充分利用不同社交媒体平台拓宽黄河文化旅游品牌的宣传途径，可适当设立专题直播、品牌推广的社交媒体账号，或设计专题知识板块，增强大众对黄河文化旅游的认知度，并提高群众的参与度。以“互联网 +”的智能营销模式，打造黄河文化 IP，创新黄河文化发展路径，将其打造为具有国际影响力的中华文明形象标识，为传统文化注入新的活力。

扩大黄河文化的国际影响力。整合各类黄河文化传播媒介及资源，充分利用新技术、新应用创新传播渠道，同时也要精心筛选黄河文化国际传播内容，保持黄河文化国际传播的传承性与完整性特征。具体而言，可以制作一批具有鲜明黄河文化特色和旅游吸引力的国际宣传片，在国际上塑造具有高识别度的黄河文化形象，综合利用 Tiktok、Facebook、Twitter 等国际媒体平台讲述黄河文化故事，传播黄河文化标识，并设置、营造互动性的黄河文化国际热点话题，扩大黄河文化的国际影响力和关注度。

（四）完善保障机制

提供组织保障，推动区域旅游协同发展。建立定期联席会议制度，以省、市、县（区）为责任主体自上而下明确不同层级在黄河文化文旅资源保护利用过程中所面临的困难与问题，并制定好应对策略，明晰旅游资源保护主体与责任主体，从而与相应规划对接，推进规划项目的实施。依托联盟共建平台，共同向世界讲好黄河故事，传递黄河声音。汇聚沿黄黄河文化保护传承弘扬合力。

建立健全资金人才保障机制。首先要明确政府的主导地位，优化创新市场参与模式，设立黄河文化旅游高质量发展和黄河文化旅游带建设专项资金项目；其次有效联动自上而下的责任主体，包括对国家、省、市、县（区）等政府资本的引导以及建立多元化社会资本参与的投融资体系，以促进文旅资源融合发展；还要鼓励人才引进与培养，采取资金鼓励式政策为黄河文化文旅融合创新发展引进人才，并在当地开办培训班以提高参与人群综合素质，同时邻近省市高校要制定相关政策，鼓励高校毕业生到黄河沿线参与工作。

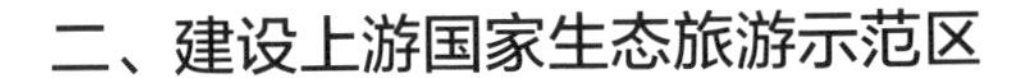

二、建设上游国家生态旅游示范区

牢固树立新发展理念，抓住黄河流域生态保护和高质量发展重大机遇，健全区域间开放合作机制，发挥上游生态优势。黄河上游具有多样的自然景观、原生态风光、丰富的民族文化以及鲜明的地域特色，要完善相关配套基础设施和公共服务设施的建设，打造高端旅游服务，在与四川、甘肃毗邻地区协同推进水源涵养功能的加强和生态保护的修复，建设黄河流域生态保护和水源涵养中心区，筑牢国家生态安全屏障，联动青海、四川、甘肃毗邻地区共建国家生态旅游示范区。在严守国土“三线一清单”基础上，划定甘青川三省毗邻地区共建国家生态旅游示范区地域界限，制定“共建国家生态旅游示范区建设与运营规范”，强化可持续发展与生态环境保护理念，促进各民族交往、交流、交融，共建具有地域民族文化特色和世界影响力的国家生态旅游示范区品牌。

（一）筑牢生态安全屏障

黄河流域是拥有森林、荒漠、草地、湿地等多样化地貌的综合自然生态系统，涵盖黄河天然生态廊道、三江源、祁连山、若尔盖等多个重要生态功能区，承担着黄河上游生态安全屏障的战略功能。要合理统筹生态系统、地域连通性以及区域协同发展，构建系统、合理的黄河流域生态安全格局。推进青海、四川、甘肃毗邻地区协同提升水源涵养功能，加强退化林草修复，提高黄河上游水土流失综合治理能力。

加强高原草原湿地等重点功能区建设，积极推进青海湖、祁连山、若尔盖等国家公园建设，实施黄河上游水源涵养区治理保护项目，保护修复森林、草原和湿地等自然生态系统，打造全球高海拔地带重要的湿地生态系统和生物栖息地。加强江河生态带保护和修复，保护江河源头生态，整治修复滩涂湿地，建设江河岸线防护林体系和沿江绿色生态廊道。全面保护祁连山河西走廊地区森林、草原、河湖、湿地、冰川、戈壁等生态系统，加快建立以祁连山国家公园为主体的自然保护地体系，健全生态保护机制。系统实施黄河上游水源涵养区山水林田湖草沙一体化保护和修复工程，统筹实施青藏高原生态屏障区生态保护和修复、自然保护地建设及野生动植物保护等国家重大生态工程。

（二）打造黄河生态文旅特色品牌

黄河上游地区自然景观多样、地域风光原始、文化特色鲜明，极具旅游发展潜质。可成立黄河生态旅游管理委员会，专门对黄河流域的景区、保护地等的自然生态实施系统性保护，将沿黄流域进行协同管理，统一责任主体。孵化和培育一批生态文旅企业，支持黄河生态旅游产品、文化创意产品和旅游商品的设计开发。建设黄河生态旅游信息化服务“微平台”，强化“互联网＋旅游”智慧景区建设，打造黄河上游国家生态旅游示范区。

依托拉卜楞寺、扎尕那、炳灵寺、八坊十三巷等文化自然资源，突出民族文化和高原地域特色，展现“九曲黄河、奇峡秀水”的壮丽风光，打造甘南民族风情旅游示范区。依托贺兰山、乌海湖、河套平原、库布其沙漠、鄂尔多斯草原、敕勒川、蒙晋峡谷、玛珥式火山群等重点旅游集群，整合生态旅游资源，协同打造黄河“几”字弯文化旅游线路。依托“大九寨沟旅游区”“长征国家文化公园”“格萨尔王”和“长沙贡玛自然保护区”等特色旅游资源，建立区域生态旅游发展新格局。依托“喇家遗址、大禹故里、土族风情、黄河风光”民族特色和三川地区文化旅游资源开发，提升河湟文化的影响力和传播力，打造国家级和省级文化生态保护实验区。依托贺兰山生态区、六盘山生态区和罗山生态区延伸发展，形成具有明显主体功能、发展优势突出、优劣势互补以及优化联动的高质量发展局面。打造黄河文化旅游节、中国游牧文化旅游节、国际熊猫节等一系列黄河生态文旅品牌，以推动黄河上游文化的区域联动和生态保护高质量推进。

（三）创新生态保护修复体制机制

健全生态文明统筹协调机制，创新生态保护修复体制机制。将黄河流域生态文明建设与国土空间规划进行衔接，严格把握生态红线，设立相应保护管理体系，构建与完善环境保护体系以及环境治理体系，对不同类型区域实行精准保护政策，不断优化国土空间开发格局。完善黄河流域生态系统功能、评估生态服务价值，着重保护脆弱性较高的高寒典型山地生态系统，同时加强对江河湖泊生态系统、草地生态系统、湿地生态系统的保护，将其打造为国家重要生态产品供应基地。加快建立水资源节约集约利用机制，强化水资源刚性约束；加快构建环境污染系统治理制度，落实环境保护，对能源消耗、污染排放进行约束性指标管理；创新生态保护修复投入和利益分配机制，探索利用市场参与方式推进河道河段治理、国土综合整治，探索黄土高原水土治理模式。通过特许经营等自然资源产权制度安排，吸引社会资本投入生态保护修复；探索生态产品价值实现形式，创新生态保护补偿机制，加大重点生态功能区转移支付力度。

三、打造中游世界历史文化目的地

黄河中游包括山西省、陕西省、河南省，三大省份面临着三大战略机遇，分别是国家构建新发展格局、促进中部地区崛起、推动黄河流域生态保护和高质量发展。黄河文明的发展以中原文化为核心，具有较强的凝聚力与历史价值，其精神力量持续彰显，传统优势逐渐显现，形成新的发展优势。黄河中游应发挥人文资源优势，以地域文化和农耕文化为特色，依托古都、古城、古迹打造历史文化旅游目的地。

（一）加大黄河中游历史文化保护力度

实施大型遗址挖掘保护工程，做到有效保护与合理利用。加强兵马俑、大雁塔以及大明宫遗址等世界级文化遗产的有效保护与合理利用，推进石峁遗址、西汉帝陵、唐帝陵申报世界文化遗产；加强平遥古城、云冈石窟、五台山历史文化旅游品牌的设立；加强夏文化研究，统筹推进河洛、裴李岗、仰韶、济水等文化和中原地区文明化的研究进程，对二里头、双槐树等大型重要遗址开展系统性发掘研究，并对遗迹遗址进行就地整体保护展示。

实施中华文明探源工程，做好文物、文化遗产的保护修复工作，并进行深入研究，充分展现中华文明发展历史脉络。推进长城国家文化公园、黄河国家文化公园建设，打造高品质旅游线路，构建黄河文化遗产保护廊道和文化旅游带；开展国家级和省级文化生态保护区创建；推进革命文物、红色遗址保护和展示利用。

（二）打造黄河历史文化地标

深入挖掘黄河文化丰富内涵和核心要义。整合黄河文化资源，打造新时代黄河文化地标，贯彻落实黄河流域生态保护和高质量发展战略，深入挖掘黄河文化精髓，挖掘、弘扬黄河文化精神，准确把握黄河文化的核心和主干，将山西的三晋文化、陕西的三秦文化和河南的中原文化相结合，构建“多元一体”的黄河历史文化框架。

系统规划建设新时代黄河历史文化地标。新时代黄河历史文化地标的建设作为一个系统性工程，要在科学布局、统一规划、分级分类的基础上协调推进。明确黄河文化资源类型、区域分布及重要性；注重组织性、规划性、地域性、层次性、标志性、故事性以及协同性，建立统筹领导机制、职能部门协同机制、三省联动机制；自上而下成立以省、市、县为体系的黄河文化地标建设领导小组，各级进行地标规划顶层设计，并将其纳入相应的经济发展规划中。创新历史文化地标新形式，构建完整、有机联系、时空融合的地标体系，充分展现黄河中游历史文化价值。

（三）推进文旅融合创新发展

推进重点城市历史文化街区、主题文化公园等城市文旅功能区建设，打造国家级旅游休闲城市和街区；开展国家文化和旅游消费试点示范城市创建，争创国家级夜间文旅消费试点；建立文化产业全域融合体系，促进黄河文化与农业、工业、建筑、旅游、科技等领域的融合发展，培育以文创电商、文旅综合体、活动经济、康养旅游、研学旅行以及影视动漫创作综合开发等为主的黄河历史文化新业态。发挥古都、古城、古迹、红色文化等丰富资源的作用，加强区域资源整合和协作，打造具有黄河流域中游特色的历史文化旅游目的地，形成具有国际影响力的黄河文化旅游品牌体系。依托互联网和大数据发展文化旅游新业态，积极推动中华老字号等品牌创新发展；综合运用现代化信息和传媒技术手段，搭建黄河历史文化数字化传播平台，激发历史文化和旅游融合发展新动能。

四、建设下游中华优秀传统文化弘扬区

黄河流域下游有山东省，下游应以泰山文化、孔庙文化为主体，发挥文化遗产优势，深入挖掘、系统阐发、活化利用以儒家文化为重点的优秀传统文化，推动中华传统美德融入现代生活，打造中华民族精神标识，建设世界文明交流互鉴高地，弘扬中华优秀传统文化。

（一）建设优秀传统文化传承示范区

深化儒家思想研究，建设具有全球主导力的尼山世界儒学中心，在“一带一路”沿线国家和地区举办分论坛，确立在东亚儒家文化圈中的主导地位，在世界儒学传播和研究中始终保持足够的话语权。高水平推进尼山片区规划建设，建设孔子学院总部体验基地，打造海内外中华儿女和儒家文化圈的文化寻根圣地。建好中外青少年交流基地，促进中外文化交流互鉴。

（二）繁荣发展黄河特色文化

建设齐文化传承创新示范区，搭建稷下学宫·世界大学论坛、齐文化节等特色平台，打造齐文化研究保护、产业发展基地和文化旅游胜地。建设泰山文化传承发展示范区，系统展示泰山历史文化、科学成果和风景名胜，高水平举办泰山国际文化论坛，打造中华祈福文化旅游目的地。传承发展舜禹善治文化、孙子智慧文化、墨子创新文化、鲁班工匠文化，多元发展黄河文化、运河文化、泉水文化、海洋文化，创新发展工业文化、乡村文化，丰富发展书画文化、戏曲文化、牡丹文化等。建设大运河、长城、黄河国家文化公园（山东段）。

（三）加强文化遗产保护利用

积极参与中华文明探源工程和“考古中国”重大研究，推进龙山、大汶口、琅琊台等大遗址保护和考古研究，建设大运河南旺分水枢纽、大辛庄等国家考古遗址公园，加强石窟寺保护利用。实施全球汉籍合璧、古籍整理工

程，推进馆藏文物精品珍贵古籍数字化。加强国家大遗址曲阜片区保护，创建“泰山—曲阜”国家文物保护利用示范区。强化非物质文化遗产系统性保护，建设国家级齐鲁文化生态保护区。推进历史文化名城名镇名村保护与合理利用，推进蓬莱登州古城、青州古城、微山南阳古镇、周村古商城等振兴发展。支持济南“泉·城文化”景观、青岛老城区申报世界文化遗产。

五、打造红色旅游走廊

（一）红色旅游资源挖掘

黄河流域红色文化资源丰厚，沿黄各省区中不少地区是革命老区，以革命根据地为依托，拥有大量具有丰富文化内涵的革命纪念遗址遗迹、事件遗存、建筑遗存、名人故居、革命文物等物质形态资源，以及大量精神文化、思想文化、曲艺、诗歌、绘画、故事等非物质形态资源，如确定红军长征落脚点的战略决策地、长征结束会师地甘肃省，“沂蒙精神”发源地山东省，代表“‘两弹一星’精神”“西路军精神”“玉树抗震救灾精神”的青海省，代表“延安精神”“西北坡精神”的陕西省，和体现“太行精神”“吕梁精神”的山西省。这些可以解构为多年的革命实践、革命经验、革命精神和革命理论，是民族文化中珍贵的精神财富。应依托丰富的红色旅游资源，打造串联陕甘宁革命老区、红军长征路线、西路军西征路线、吕梁山革命根据地、南梁革命根据地、沂蒙革命老区的红色旅游走廊，传承红色基因，赓续红色血脉。

（二）创新红色旅游产品开发

以红色文化为主，弘扬中华民族不断抗争、不断奋进、不断发展的自强自立、顽强拼搏的黄河精神。加强微山湖铁道游击队旅游景区、淮海战役纪念馆、二七纪念塔、刘胡兰纪念馆、太原解放纪念馆、西安事变旧址、延安革命旧址、延安革命纪念馆、百灵庙抗日纪念碑、大青山抗日革命根据地、六盘山红军长征纪念馆、会宁红军长征胜利景园、兰州八路军办事处纪念馆、西宁中国工农红军西路军纪念馆等红色旅游景区基础设施和服务设施建设，提升服务水平。将红色旅游景区周边的自然生态风光、特色乡村风貌以及当代的民风民俗与红色旅游资源相结合，打造一批多元融合的复合型旅游产品，持续推进红色旅游产品业态创新，实现精品红色旅游景区扩容提升，推动红色文化旅游产业园区建设。加强流域红色旅游线路组织，促进红色旅游国际交流合作。打造爱国主义教育基地、研学基地，推进爱国主义和革命传统教育大众化、常态化。进一步加强区域间统筹协调，强化与城乡建设的有效衔接，促进区域协同发展。

第八章
补齐民生，构建幸福黄河

黄河流域是中国重要的生态屏障和经济地带，也是打赢脱贫攻坚战的重要区域。消除贫困、改善民生、逐步实现共同富裕，是高质量发展的基本要求，让黄河流域人民更好分享改革发展成果是推动黄河流域生态保护和高质量发展的出发点，社会民生体系的完善是高质量发展的基本保障。党的二十大也提出实现全体人民共同富裕是全面建设社会主义现代化的本质内容之一。黄河流域各省区必须坚持以人民为中心的发展思想，加强普惠性、基础性、兜底性民生事业发展，提高重大公共卫生事件应对能力和医疗水平，提升基本公共服务水平，保障和改善民生，加快扶持特殊类型地区发展，让人民群众共建共享高质量发展成果。

第一节　提高重大公共卫生事件应对能力

建立健全重大突发公共卫生事件应急管理体系、提高重大公共卫生事件应对能力是现代国家社会稳定发展的必然之举。对当代中国而言，它既是促进国民公共卫生事业进步的必要保障，亦是推进国家治理体系和治理能力现代化的重要一环。特别是在经历新冠肺炎疫情后，黄河流域各省不断完善突发公共卫生事件应对机制，加强公共卫生体系建设，提高应对突发公共卫生事件能力，也更加凸显了提高重大公共卫生事件应对能力、建立完善公共卫生体系的重要性。流域各省区公共卫生体系在保障人民健康、全面建成小康社会中发挥了重要作用，也经受了疫情的考验。但仍然应该清醒地认识到，受经济发展水平的制约，黄河流域各省区公共卫生体系基础依然薄弱，应对大范围、大强度、大流行公共卫生事件的能力尚存在较大提升空间。具体来看，流域在公共卫生事件防御应对领域还存在诸多问题，公共卫生体系短板仍然突出，疾病筛查、病原追溯、疾病诊断等能力相对较弱，公共卫生人员总量不足、专业不精、职称结构不合理，应对突发公共卫生事件的整体能力有待提升，重大传染病的监测预警能力不强，重大疫情处置和救治体系亟待加强。

一、建立全流域突发公共卫生事件应急应对机制

我国的应急管理体系建设始于2003年。按照中共中央、国务院决策部署，根据国务院《突发公共卫生事件应急条例》，黄河流域多数省区于2003年前后、部分省区于2007年，制定并施行了应对突发公共卫生事件的办法、法规等，力求在应对重大公共卫生事件时有章可循。例如，陕西省为贯彻、实施国务院《突发公共卫生事件应急条例》，于2004年4月制定并实施《陕西省〈突发公共卫生事件应急条例〉实施办法》。此后，进一步颁布过《陕西省实施〈中华人民共和国突发公共事件应对法〉办法》《陕西省突发事件预警信息发布管理暂行办法》《陕西省突发公共卫生事件应急预案》等法律法规。青海省根据国务院《突发公共卫生事件应急条例》的规定，结合本省实际，于2003年11月起公布并施行《青海省实施〈突发公共卫生事件应急条例〉办法》，此后进一步制定《青海省突发公共卫生事件应急预案》，2020年又紧密结合疫情防控实际印发实施了《青海省新冠肺炎疫情分区分级精准施策工作方案》等，同时根据实际调低突发公共卫生事件相应等级，落实统筹推进疫情防控和经济社会发展工作要求，加快建立同疫情防控相适应的经济社会运行秩序。历经新冠肺炎疫情，包括山西、山东、河南等省份于2021年对原有突发公共卫生事件应急预案予以重新修订。不难看出，黄河流域多数省

份的重大公共卫生事件，特别是突发事件应急应对所依据的条例、办法等制定时间均较早，历时已久导致相关制度设计不完善，尤其面对新冠肺炎疫情已一定程度暴露出地方现行立法对突发公共卫生事件应急管理效能不足的短板。因此，从多方面协同建立全流域公共卫生事件应急应对及管理机制，对于推动流域及各省区及时、有效处理突发公共卫生事件具有重要意义。

（一）优化突发公共卫生事件法治应对路径

当前，国家卫生健康委正积极推动突发公共卫生事件应对法的制定，以提升我国现有突发公共卫生事件应急立法的法律地位。特别是在疫情防控的特殊背景下，完善公共卫生体制机制、强化公共卫生法治保障，逐渐成为社会公众关注的焦点。对于公共卫生事件应对能力有待提升的黄河流域来说，应因地制宜，根据立法法的要求和上位法的规定，积极开展立法调研，深入总结已有的成功经验，认真借鉴国外先进做法，从传染病预防、信息发布、专门机构建设、医护人员保障与权益维护、相应法律责任等方面入手，加快推进公共卫生危机管理的专门法或相关法律法规、规章以及规范性文件的制定，针对突发公共卫生事件应对中暴露出来的立法漏洞与短板予以完善，弥补现有立法的不足，要将公共卫生危机治理立法的各环节各要素如组织体制、权力责任、信息公开、应急措施、救助补偿、社会参与等融入应急预案之中，着力构筑预防型公共卫生立法模式，持续提升突发公共卫生事件的应急能力与治理水平。建立并实施联防联控、群防群治机制，压实落靠属地责任和部门监管责任，制定出台《关于科学防治精准施策分区分级做好突发公共卫生事件防控工作的指导意见》，各地在省级层面加强公共卫生安全态势研判和全面细化部署，以县域为单位采取差异化防控措施。

（二）完善公共卫生事件应急管理应对体系

提高应对突发公共卫生事件应急处置能力，健全突发事件应急救援体系，加强综合性救援队伍和专业性应急救援队伍建设，构建统一领导、权责匹配、权威高效的公共卫生大应急管理格局。高水平建设区域性应急救援基地（中心），加大先进试用装备配备。完善应急救援社会化有偿服务、物资装备征用补偿等机制。健全公共卫生事件应急管理组织指挥体系，推动各级政府健全应对公共卫生事件协调联动机制。推动防救责任体系、风险防控体系、应急救援体系建设。构建覆盖全区域、全行业、全层次、全过程的应急预案体系，强化省市县联动，完善社区治理体系，筑牢群防群治防线。深入推进安全风险网格化管理，开展全民公共卫生安全科普宣教、常态化应急应对演练，提升公民应急自救互救能力。面对重大公共卫生突发事件发生，由各省区卫生行政主管部门牵头多部委建立联防联控工作机制，根据需要下设疫情防控、医疗救治、科研攻关、宣传、外事、后勤保障、前方工作等工作组。政府机关、企事业单位、社会团体和其他社会组织都应建立符合本单位实际的突发公共卫生事件应对机制，制定突发公共卫生事件应对方案。

（三）构建优质高效公共卫生服务体系

建立体系完整、布局合理、分工明确、功能互补、密切协作、运行高效、富有韧性的优质高效整合型公共卫生服务体系，提升重大疫情防控救治和突发公共卫生事件应对水平，建设国家医学中心、区域医疗中心等重大基地，增强全方位全周期健康服务与保障能力。建立稳定的公共卫生事业投入机制，形成政府、企业、社会多方筹资新格局。完善公共卫生服务项目，落实医疗机构公共卫生责任，强化基层公共卫生体系，筑牢基层重大疾病防控防线。改革完善疾病预防控制体系，加强基础设施和实验室标准化建设，全面提升重大公共卫生事件预防控制能力。完善突发公共卫生事件监测预警和应急响应机制，健全医疗救治、科技支撑、物质保障体系。在流域省份建设省级紧急医学救援基地，提升严重创伤、多发伤害、重大疫情及特殊伤病救治服务能力。进一步健全中医药服务体系，充分发挥黄河流域中医药传统和特色优势，建立中西医结合的疫情防控机制，努力让广大人民群众就近享有公平可及、系统连续的高质量医疗卫生服务。

与此同时，在我国目前的急救队伍人员中，专业技术职称总体偏低，缺乏高学历人才，急危重症救治专业人才紧缺，全科人才、传染病救治医护专业人才相对不足，难以为重大突发公共卫生事件医疗救治提供人才支撑。对于黄河流域，也亟待加强人才队伍建设，提高专业技术人员占比，健全公共卫生及卫生工程人员培养、准入、使用、待遇保障、考核评价和激励机制，创新医防协同，实现人员通、信息通、资源通。

（四）提升协同应对突发公共卫生事件能力

完善区域内突发公共卫生事件监测预警体系，建立重大公共卫生事件省际间协同处置、应急管理、联防联控和相互支援机制，强化区域间公共卫生应急合作，提高黄河流域突发事件卫生应急整体能力和管理水平。结合实际研判，有条件的省区之间可共同签署“突发事件卫生应急合作协议”，共享突发事件相关信息，定期互通公共卫生安全形势。发生跨区传播或扩散的重大突发公共卫生事件或传染病疫情时，多方开展协调处置，共享临床、流行病学及实验室等资源。构建应急资源互通共享机制，建立联合培训演练和相互交流制度，遇突发事件，合作方在应急药械、相关设备、应急队伍、专业技术、专家资源等方面给予需求方支援。积极开展各类教育合作，加强医疗技术和卫生人才交流合作，逐步建立协同处理突发公共卫生事件和重大传染病联防联控工作机制。

二、健全重大突发公共卫生事件医疗救治体系

黄河流域各省区贯彻落实新时代党的卫生健康工作方针，把保障人民健康放在优先发展的战略位置，坚持预防为主，完善健康促进政策，健全公共卫生体系，为人民提供全方位全生命周期健康服务。例如，甘肃省第十四次党代会报告中指出，未来5年要推进健康甘肃建设，让群众更安康。树立大卫生、大健康理念，推动以治病为中心向以健康为中心转变，全方位全周期守护人民健康。健全现代医院管理制度和医疗卫生服务体系，布局建设国家区域医疗中心。改革完善疾病预防控制体系，提升公共卫生应急处置和医疗救治能力。2021年底《山西省“十四五”公共卫生体系规划》发布，明确了山西省“十四五”期间要重点完成完善疾病预防控制体系、健全卫生应急救治网络等任务，加快构建强大的公共卫生体系。青海省也稳步推进“健康青海”建设，疾病防控能力明显增强，重大传染病防治水平稳步提升，重点人

群健康水平明显改善，及时防范和应对了各类传染病疫情和突发公共卫生事件。然而，面对突发性重大公共卫生事件，比如之前新冠肺炎疫情，全国多省区，也包括黄河流域，特别是基层医疗机构暴露出对医院传染类、感染类疾病科室的建设还没有给予足够的重视，基础设施建设不完善、科室管理不完善，未能形成完整的专业科室科别，专业人员配备不足，缺乏承担突发公共卫生事件的应急处置服务能力的问题。弥补黄河流域突发公共卫生事件以及救援救治体系建设方面的短板，主要集中在以下几个方面。

（一）建立健全分级分层分流的重大疫情救治体系

完善传染病医疗救治体系，建设国家重大传染病防治基地，建立健全分级、分层、分流的传染病等重大疫情救治机制。依托现有资源，加快推进传染病、创伤、重大公共卫生事件等专业类别的国家医学中心、区域医疗中心以及省级医疗中心、省级区域医疗中心设置建设。支持部分实力强的公立医院在控制单体规模的基础上，适度建设发展多院区，发生重大疫情时迅速转换功能。每个地市选择 1 家综合医院针对性提升传染病救治能力，对现有独立传染病医院进行基础设施改善和设备升级。县域内依托 1 家县级医院，加强感染性疾病科和相对独立的传染病病区建设。强化各级疾控机构的疫情监测和快速反应体系。发挥中医药在重大疫情防控救治中的独特作用，规划布局中医疫病防治及紧急医学救援基地，打造高水平中医疫病防治队伍。发挥军队医院在重大疫情防控救治和国家生物安全防御中的作用。

（二）提升突发公共卫生防控救治能力

根据人口规模、辐射区域和疫情防控压力，完善沿黄省市县三级重症监护病区（ICU）救治设施体系，提高中医院应急和救治能力。加强疾病预防控制体系现代化建设，筛查哨点、预防接种等方面标准化建设，提升检验检测能力。持续强化医院感染防控管理，提高重大疫情应对能力。完善城市传染病救治网络，依托区域有条件的省级医疗机构建设重大疫情救治基地，地市级要建有传染病医院或相对独立的综合医院，传染病区实现 100% 达标，实现沿黄地市级传染病医院全覆盖。强化应急保障体系建设，借鉴方舱医院改造经验，提高大型场馆等设施建设标准，使其具备承担救治隔离任务的条件，以地级市或州为单位，预定一定数量的体育场馆、展览馆等公共建筑，充分考虑应急需求，预留场地、管道、信息接口等，使其具备“战”时快速转化为救治、隔离、避灾避险等场所的条件。完善传染病疫情监测和突发公共卫生事件信息系统，加强实验室检测网络和能力建设。

（三）着力建设专常兼备、高效机动的应急救援队伍

公共卫生队伍是应急医疗救援的基本力量。目前在我国执业医师队伍中，公共卫生医师只有 11.4 万人，仅占 3%。应采取超常规措施，从政策扶持、职业优惠、院校培养等方面多措并举，推动公共卫生人员的数量与质量双达标，并建立首席公共卫生专家制度。要建立多支国家、省级和地市级卫生应急救援队，人员主要由所属综合医院和疾控中心传染病、呼吸、重症医学、院前急救等专业的人员组成，并有计划地进行培训和演练。

建立应急救援预备队伍。实施公共卫生机构和二、三级医疗机构间交叉培训和晋升考核机制，各级医疗机构内科类专业医师在晋升副高职称前，派遣到疾病预防控制中心或城乡急救中心完成不少于半年的突发公共卫生事件应急防控专业能力培训，通过这种交叉培训和实战演练，培养更多的复合型人才，一旦有应急救援任务就能“派得出、顶得上”。

加强应急人才的学历教育，增加专业人员的全周期培养与培训，构建全民防疫普及，织牢织密基层的公共卫生网底。依托有一定办学基础的高等院校、科研院所及大型企业联合组建应急科技大学，号召条件合适的医科大学及省部级综合大学积极开办或共建公共卫生学院。加强高等医学院校的公共卫生、预防医学等学科建设，视情启动公共卫生硕士、博士全球联合培养计划。

三、强化公共卫生应急物资储备与保障体系建设

公共卫生应急物资储备与保障有广义和狭义之分。狭义的应急物资储备与保障通常指实物储备、技术储备、生产能力储备、信息储备和资金储备等。广义而言，应急物资储备与保障还可包括救援场地、施救设施、救援装

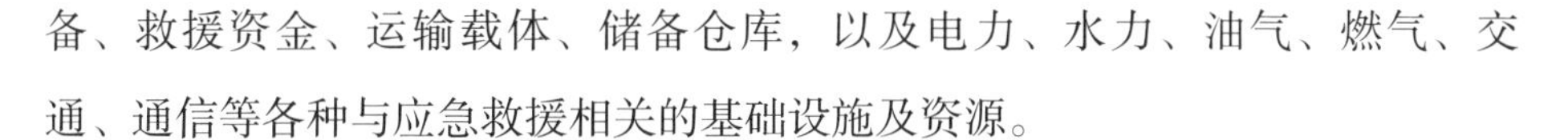

备、救援资金、运输载体、储备仓库，以及电力、水力、油气、燃气、交通、通信等各种与应急救援相关的基础设施及资源。

（一）加强公共卫生应急物资保障体系建设

我国的应急物资储备保障工作直到2008年汶川地震后才真正引起关注。之后的新冠肺炎疫情显示，在应对新发突发特大传染病疫情时，我国各地战略储备普遍短缺，主要表现在应急医疗服务人员和场地提供、应急医疗物资储备和生产方面。面临重大疫情我国各个省市在公共卫生应急投入以及相关医疗物资既有储备、产能储备等均存在重大欠缺，战略物资储备明显不足，主要是公共卫生应急投入、相关医疗物资既有储备方面存在短板。有效实施突发公共卫生事件的应急救援，医疗物资保障是重要的基础支撑。此次抗击疫情的实践表明，要进一步理清需求、优化流程、建立机制、优化产能协同保障和区域布局，健全应急物资供应链体系。

因此，有必要健全公共卫生应急物资保障体系，强化各级应急医疗物资储备。坚持平战结合，政府储备与社会储备相结合，实物储备与生产能力、采购资金储备相结合，建立健全政府主导、社会参与的应急物资储备机制，构建区域统一、坚强有力的应急物资保障体系。编制修订应急物资储备保障指导目录及标准，科学调整储备的品类、规模、结构及布局，建立各省区统一的应急物资采购供应体系，做好特效药品、消毒防护用品、疫苗、血液制品、呼吸机、负压救护车等重要物资储备和应急调运，对应急救援物资实行集中管理、统一调拨、统一配送。优化重要应急物资产能保障和区域布局，建设中国西北公共卫生突发事件战略物资储备基地和国家西北区域应急救援中心。以风险监测预警、安全防护防控、应急处置救援为重点，积极发展公共卫生安全应急产业，建设若干安全产业集聚区。加强互联网医院建设，推动优质医疗资源下沉，促进黄河流域省际间或新发烈性传染病信息共享。

（二）加强基础设施及信息化建设赋能公共卫生综合服务能力提升

进一步完善各省区公共卫生事业基础设施建设，以强化基础设施建设为重点，持续加强公共卫生综合服务能力建设。优化完善疾病预防控制机构职能设置，健全以疾控中心和专病防治机构为骨干，县级以上医院为依托，基层医疗卫生机构为网底的防治结合、军民融合的疾控体系，建立上下联动的分工协作机制。改善疾控基础条件，加强实验室网络建设，支持生物安全四级实验室建设，实现每个省份至少有一个生物安全三级实验室，着力提升病原体快速甄别鉴定和追踪溯源能力。

此外，公共卫生应急体系信息化是贯彻国家信息化发展的重要内容之一，是落实健康中国战略的迫切要求，公共卫生应急产业的信息化，可以更好地解决公共卫生服务需求与服务供给的矛盾，提升基本公共卫生服务能力，提高科学管理水平、卫生服务质量和效率。在推进公共卫生应急产业的智能化发展中，应坚持政府主导，全面统筹，以卫生应急服务为核心，实现区域卫生应急系统联通和共享，建立和完善覆盖全国的传染病和突发卫生事件监测系统，全面推广健康危害因素监测、生命登记监测系统、三级卫生应急信息平台等，加强信息安全体系建设。加快5G、区块链等先进技术在公共卫生领域的应用，同时促进公共卫生大数据的应用，提升信息分析利用能力，以人为本构建智慧型公共卫生综合服务体系。

第二节　加快医疗教育事业发展，增强民生保障能力

《规划纲要》明确指出，黄河流域最大的弱项是民生发展不足。民生问题是黄河流域尤其是上游地区的发展短板，历来受到国家重点关注支持。从“十五”到“十四五”，社会民生领域一直是国家推进西部大开发的战略重点之一，这其中就涉及黄河流域的陕西、甘肃、宁夏、青海、内蒙古、四川6省区。《国务院关于实施西部大开发若干政策措施的通知》指出，“发展科技教育和文化卫生事业”是当前和今后一段时期实施西部大开发的四项重点任务之一；《西部大开发“十二五”规划》提出，“把保障和改善民生作为西部大开发的首要目标”，“促进基本公共服务均等化，不断提高城乡居民生活水

平”；《中共中央 国务院关于新时代推进西部大开发形成新格局的指导意见》指出，“西部地区发展不平衡不充分问题依然突出，与东部地区发展差距依然较大”，提出“到2035年西部地区基本公共服务、人民生活水平与东部地区大体相当”的目标。从分领域来看，教育领域历来是西部大开发关注的重中之重，医疗、就业、社会保障体系也是推进的重点，文化、扶贫一度作为阶段性重要目标；“十三五”以来逐渐重视生态领域建设，而民生领域除了“数量”也开始加强“质量”发展。

党的十八大以来，党和国家进一步重视民生建设，优化民生建设制度体系，注重公平性，缩小城乡、区域、人群之间的差异。与此同时，流域开发与保护得到重视，黄河流域生态保护和高质量发展上升为重大国家战略。2021年10月，中共中央、国务院印发《黄河流域生态保护和高质量发展规划纲要》，正式从整个流域层面做出规划和政策指引，开始部署全流域统筹的民生政策。《规划纲要》指出黄河流域存在的最大弱项是民生发展不足，而流域上中游欠发达地区是补齐民生短板的重点，要针对性地提高重大公共卫生事件应对、教育医疗、基本民生保障、特殊类型地区发展4个方面的能力。《中华人民共和国黄河保护法（草案）》也提出“建立健全基本公共服务体系，促进城乡融合发展”。

在区域层面，流域各城市群针对公共服务领域的共建共享做出部署。《中原城市群发展规划》提出推动文化、医疗卫生、人力资源（教育和就业）、社会保障四大领域的公共服务共建共享；《关中平原城市群发展规划》将公共服务共建共享作为“建立健全城市群协同发展机制”的目标之一，涵盖文化、教育、医疗卫生、社会保障、公共治理等领域；《山东半岛城市群发展规划（2021—2035年）》提出“共建共享迈上新台阶，城乡区域差距、城乡居民收入和生活水平差距持续缩小”的目标，就业、生育、教育、医疗、养老、住房、社保等公共服务实现更高水平、优质共享。

消除贫困、改善民生、逐步实现共同富裕，是高质量发展的基本要求，让黄河流域人民更好分享改革发展成果是推动黄河流域生态保护和高质量发展的出发点，而社会民生体系的完善是高质量发展的基本保障。近年来，黄河流域民生发展较快，尤其在教育、医疗卫生的基层服务方面，上游省份发展迅速，逐步赶超山东、山西、河南等中下游省份，公共服务均等化得到长足进步；而在失业保障方面流域发展较慢仍需长足改善，在养老、失业等社会保障方面，上、下游地区也仍存在一定差距。总的来看，贫困人口相对集中的黄河上中游地区民生服务仍需发展，巩固社会稳定、聚焦民生工作仍是该区域的重点任务。立足补齐民生领域短板，从教育、医疗、就业、社会救助等方面，针对流域存在的主要问题，提出相应的民生保障措施。

一、改善义务教育和基层卫生服务条件，提高基本公共服务均等化水平

（一）改善义务教育条件，优化教育结构

流域教育投入持续增长且上游地区高于中下游。目前基本师资配置总体发展较好，但区域整体教育体系优势不明显。2020年黄河流域各省区的人均教育经费财政支出，青海（3679元）、宁夏（2891元）、内蒙古（2672元）、甘肃（2651元）高于全国平均水平（2575元），2010—2020年间年均增长9.6%、7.4%、8.4%、11.5%（全国年均增长10.6%），陕西（2525元）与全国平均水平大体相当，年均增速9.6%，山东、山西、四川、河南教育投入10年间持续低于全国平均水平。以省份来看，流域内人均教育经费财政支出呈现出上游地区高于中下游地区的态势。从师资情况来看，2020年每千名中小学在校生拥有专任教师数，黄河流域各省区中内蒙古（83人）、山西（83人）、甘肃（82人）较高，其中内蒙古2010—2020年间一直维持在较高水平，山西、甘肃增长迅速，陕西（71人）、山东（70人）、四川（68人）也高于全国平均水平（67人），青海（65人）、宁夏（63人）、河南（63人）10年间有所增长但总体低于全国平均水平。在中小学专任教师数量方面，流域总体发展较好，内部地区差异并未表现出明显的上、中、下游差异，而是各省份各有不同。然而，除上述基础师资配置条件外，从高等教育发展建设看，以师范

类院校为例，黄河流域总共有31所师范院校，占全国师范院校总数的1/3，而全国有9所师范院校入选“双一流”建设高校，黄河流域仅有1所师范院校入选一流学科建设高校。流域教育体系整体优势不明显，标杆型师范大学数量不足，与黄河流域教育高质量发展所需要的重要人才支持体系不相匹配。

针对上述现状与问题，流域应优化教育结构，制定更加优惠的政策措施，建立健全基础教育均衡发展的长效经费投入保障机制，支持改善上中游地区义务教育薄弱学校办学条件，落实好艰苦边远地区教师津贴和乡镇补贴标准，切实落实义务教育教师平均工资收入不低于当地公务员平均水平的要求。加快推动普通高中特色多样发展，大力推进全国乡村教育振兴先行区建设，持续扩增优质资源。深入推进强镇筑基行动，切实缩小基础教育城乡、校际差距。选择一批基础较好的高校开展部省共建、省校合作、对口支援。深入实施智慧教育示范工程、数字校园覆盖工程、教育教学数字转型工程、师生信息素养提升工程。形成完善职业教育推进机制，构建专业布局调整机制，实现职业教育扩容提质。聚焦黄河流域生态保护和高质量发展重大需求，加强创新型、应用型、技能型人才培养，实施知识更新工程、技能提升行动，壮大高水平工程师和高技能人才队伍。推动创新创业，稳妥推进包括育人方式、办学模式、管理体制、保障机制等在内的各项改革，不断完善教育高质量发展良好的体制机制和生态环境。通力协作共建，激发教育建设内生力。沿黄各省区同饮黄河水，优势具有互补性，开展合作具有广阔空间。推进各省区“十四五”教育协同发展“九大行动”，建立教育资源互通、共享的区域性协作机制，拓宽合作领域，以顶层设计精准对接国家战略需求，以联合攻关促进成果共享和转化，以智库建设服务支撑黄河国家战略实施，以共育英才传承黄河文化时代价值。

（二）夯实基层医疗卫生服务，构建优质高效医疗服务体系

流域基本医疗卫生条件持续改善，上游省份逐步赶超中下游省份。2020年，流域各省区每千人拥有医疗卫生机构床位数，青海（7.0张）、陕西（6.9张）、甘肃（6.9张）、内蒙古（6.7张）、河南（6.7张）均高于全国平均水

平（6.4张），其中青海、陕西、甘肃、内蒙古2010—2020年间保持较快增长，逐渐超越中下游省份，山西（6.4张）、山东（6.4张）接近全国平均水平，10年间增长较为缓慢，逐渐被上游省份赶超，宁夏（5.7）则处在较低水平。2020年，流域各省区每千人拥有卫生技术人员数，陕西（9.2人）、内蒙古（8.4人）、青海（8.3人）、宁夏（8.1人）、山东（8.0人）较高，其中宁夏虽然医疗卫生机构床位数偏少，但卫生技术人员数仍较多，山西（7.7人）大体处在全国平均水平（7.6人），甘肃（7.2人）、河南（7.1人）略低但增长较快。总的来看，黄河流域基本医疗卫生条件逐步改善、发展良好，总体高于或接近全国平均水平，且上游省份增速更快，逐步赶超中下游省份。

未来，黄河流域需继续优化基层医疗卫生服务，把基层医疗卫生服务体系纳入乡村振兴战略统筹推进，加大投入，改善基层基础设施条件。优化基层医疗卫生机构功能定位，不断拓展乡镇卫生院和社区卫生服务中心功能，提高常见病、多发病、慢性病门诊、住院服务和传染病防控能力，提高公共卫生服务、健康管理服务水平，逐步达到服务能力基本标准，具备辖区内居民首诊、双向转诊能力，有能力开展的技术和项目不断增加，基层门急诊服务量占比得到提升。健全发展乡村医疗卫生体系，推动乡镇卫生院发展全科医学、中医和口腔等特色专科，推动一批中心乡镇卫生院逐步达到二级医院服务能力，实现基层100%乡村医疗卫生机构标准化建设，持续提高群众就医可及性。构建优质高效医疗服务体系。鼓励大型综合医院或有条件的综合医院多院区发展，支持到新区、远郊区县、周边城镇等资源薄弱区域新建院区或分院，加强基础设施建设和设备配备，优化公共服务和辅助设施；补齐地级市医疗卫生短板；改善县级医疗机构业务用房条件，更新换代医疗装备，完善保障设施，提升县级医院救治能力。发展康复医疗服务体系。加大政府投入力度，加强基层公共卫生服务体系建设，加快完善城市社区卫生服务体系，提升乡镇卫生院综合服务能力，夯实基层医疗卫生服务网底。强化儿童重点疾病预防保健，设立黄河流域高原病、地方病防治中心。

提升卫生人才科研支撑能力对于流域医疗卫生保障水平提升也具有重要

意义。未来应加强医教协同，培养高素质医学人才，加大麻醉学、精神学、儿科学、预防医学、全科医学招生规模，扩大农村定点定向免费医学生培养规模。以全科、妇产科、儿科、精神科等紧缺专业为重点，扩大住院医师规范化培训招生规模。深化薪酬制度改革，稳定壮大基层医疗卫生人才队伍。加强慢性病、传染病、地方病等卫生健康科学研究。

二、鼓励特色教育医疗学科发展

流域生态保护、自然资源开发、四水同治工作、区域发展规划、大型城市建设、大型工程选址、新农村发展规划、打赢脱贫攻坚战等实践工作离不开高素质人才和智力支撑。在人才支撑对新时代黄河治理保护作用日益显著的背景下，流域部分省市紧密围绕创新驱动发展、中部地区崛起、黄河流域生态保护和高质量发展等重大国家战略目标，深化人才培养模式改革，积极创建一流、特色鲜明的学科，旨在培养生态环境规划、保护与治理等方面的创新型应用人才。河南省积极推进特色骨干大学和特色骨干学科建设，将围绕黄河流域生态保护和高质量发展、传承红色基因、实施乡村振兴战略、切实保障和改善民生、推动文化繁荣兴盛等要求开展建设，推动若干所高校进入国内一流行列，一批学科进入国内一流行列或前列，推进高校人才培养、科学研究、社会服务、国际合作交流和文化传承创新水平大幅提升，持续增强解决重大理论和现实问题的能力，进而不断加强对黄河流域经济社会发展的支撑作用。特别是河南大学一直致力于对黄河、黄河流域和黄河文明的研究，学校黄河文明与可持续发展研究中心成立于2002年，是中国唯一的以黄河文明与沿岸地区可持续发展为研究对象的大型综合性研究与咨询机构，其“黄河学”研究走在了全国前列。陕西省启动宜居黄河科学研究计划、成立陕西省黄河科学研究院，围绕黄河流域生态建设、地质灾害防治、水土流失防控、交通基础设施建设、水资源开发利用等领域开展持续深入的科学研究，以科研力量保障黄河流域生态保护和高质量发展。《山东省黄河流域生态保护和高质量发展规划》中提出，山东将打造黄河流域科教创新高地，开展黄河生态环境保护科技创新，加大黄河流域生态环境重大问题研究力度，聚焦水安全、生态环保、植被恢复、水沙调控等领域开展科学实验和技术攻关。然而，目前很多生态环境治理、科技创新等一流学科依然主要分布在北京、江苏和浙江等发达地区省市，黄河流域总体上相关学科发展相对明显薄弱，相关专业人才的匮乏已成地区经济社会发展的短板。尤其是由环境学科的自身特点所决定，其人才培养的目标和内容有很强的区域特征，各地的人才培养都是面向其本区域的特定环境问题。所以，黄河流域诸省区必须加强专业学科的建设，培养深入理解黄河流域自然与人文地理环境格局与演变规律，能创新性解决地方生态、资源、环境等问题的实用人才。

特色医疗方面，中医药是我国卫生健康体系中不可或缺的组成部分，为中华民族的繁衍昌盛做出了不可磨灭的贡献，在抗击新冠肺炎疫情中，中医药也发挥了重要作用。而中医药文化起源于黄河流域，成为黄河特色医疗的重要支撑元素。发挥中医药的卫生资源价值，也是中医药在黄河流域生态保护和高质量发展中不可替代的作用，各区域规划中也多次涉及相关内容，如《济南市黄河流域生态保护和高质量发展规划》提到“加强中医药综合服务区国医堂、中医馆建设”。提升黄河流域中医药医疗水平，发挥中医药简验便廉的特色，促进黄河流域医疗事业发展，可推进“健康中国”建设。黄河流域生态类型多样，蕴藏着丰富的中药资源，文化根基深厚，承载着绚烂的中医药文化。“黄河战略”的实施为区域中医药的发展带来了新的机遇。抓住发展新机遇，主动融入国家“黄河战略”，为区域中医药发展催生新的活力，是黄河流域中医药事业发展的必然趋势。

（一）推动黄河流域特色教育事业稳步发展

积极支持沿黄地区高校围绕生态保护修复、生物多样性保护、水沙调控、水土保持、水资源利用、公共卫生等急需领域，设置一批科学研究和工程应用学科，围绕人才培养、学科建设做实规划内容。推动“黄河学”交叉学科建设，服务黄河国家重大战略。凝聚工作合力，集中力量支持黄河流域科学研究与发展中心建设，整合优势资源，组建高水平学术团队，构建有利于不同学科领域和方向相互交叉融合的高水平学科，集中力量办大事。加强黄河学学科平台建设，明确黄河学学科发展路径，突出黄河学学科交叉融合特色，主动引进优秀人才，加强人才队伍建设，提升黄河学标志性成果产出能力。推动人才体制机制改革，进一步做好相应建设规划和人才服务，更好地支撑黄河学学科群建设。未来黄河学学科群发展路径上，要注重以下几方面：一是依靠国家战略，凝练研究方向，突显黄河学学科优势和特色，合理整合学科群内部优势资源，实现互惠互通；二是要充分利用学校现有人才引进政策，以学科为依托，积极引进具有重要影响力的学科带头人，组建优秀研究团队，提高社会声誉，切实服务于国家发展大计和地方实际需求；三是要鼓励跨学科、跨平台合作，打造更多更强的国家级平台。

（二）推动中医药传承创新发展

创建国家中医药传承创新中心，打造中西医结合“旗舰医院”和中医药特色重点医院。建设国家中医应急救援和疫病防治基地，全面提升中医药应急救治能力。加强高素质中医药人才队伍建设，加强中医药基础理论研究和科技创新，提升中医药科研成果转化效能，推进中药材种养殖规模化、规范化，振兴传统中医药文化品牌。实施“黄河名医”中医药、少数民族医药发展计划，聚焦传承创新，统筹各方资源，形成全社会支持中医药发展的强大合力，进一步完善机制支撑、要素保障和发展生态，全面打造中医药强市、国家和省区域中医医疗中心，推进中医中药产业向医药并重、康养保健转变，实施现代中医药大健康产城融合等项目，加快国家中医药产业发展综合试验区建设。

三、创新教育和就业培训，提高就业能力

黄河流域失业保障发展整体落后于全国，部分上游地区仍落后于中下游，有待长足改善。2020 年，流域各省区失业保险覆盖率（城乡居民失业保险的参保人数占总人口的比例）均低于全国平均水平（15.4%），与东部发达地区差距较大，山东（14.4%）、宁夏（14.2%）、山西（13.4%）、内蒙古

（11.5%）、陕西（11.1%）失业保险覆盖率排名全国中游。鉴于黄河流域失业保险覆盖率偏低、增长较为缓慢的现状和趋势，在继续发展失业保险、扩大覆盖率的同时，应双管齐下，着力提高居民就业能力。

（一）深入实施职业技能提升行动

开展惠及多群体、涵盖多种类的职业技能培训，不断提升劳动者就业创业能力水平，充分发挥职业培训促进就业、稳定就业的作用，全面助力黄河流域高质量发展。一是高效开展公益岗安置人员岗前培训。创新“机构出单、镇街选单、政府买单”的模式，由培训机构制定培训方案，结合新时代文明实践管理员、治安联防员、扶残助残员、卫生保洁员、林木管护员、网格协管员、巡河管护员等公益性岗位类型，按需设置专业能力课程，涵盖安全生产、职业道德、维权保障、环境保护、消防知识、卫生防疫等内容，切实帮助符合条件的零就业家庭成员、大龄失业人员、残疾人和脱贫享受政策人员等安置群体更好更快地适应岗位要求。二是大力推进企业职工岗位技能提升培训。组织开展惠企政策宣传活动，鼓励企业持续推进职工岗位技能提升培训，组织开展工种更丰富、类型更多样的企业职工培训，解决企业急需紧缺的专业工种，进一步援企稳岗，助力企业转型升级。三是探索开展农村特色就业技能培训。为更好地助力乡村振兴战略实施，以人才振兴为先导，不断扩大农村转移就业劳动者培训范围。健全终身技能培训制度，大规模开展职业技能培训，广泛开展新业态新模式从业人员和青年技能培训，加快省级职业技能培训示范基地建设。统筹各级各类职业技能培训资金，畅通培训补贴直达企业和培训者渠道。

（二）多渠道提升创业就业水平

抓好重点群体就业，聚焦高校毕业生、退役军人、农民工、就业困难人员“四类重点群体”，深入实施高校毕业生就业创业促进、基层成长、公益帮扶、就业见习等行动，加强不断线就业服务，鼓励到城乡基层和民营企业、中小微企业就业创业，鼓励应征入伍建功立业。建立健全省内区域间和省际劳务协作机制，加强青年农民、新生代农民工职业技能培训和就业帮扶，促进农村富余劳动力有序进城就业，支持更多返乡留乡农民工就地就近就业创业。健全残疾人、零就业家庭人员、最低生活保障家庭人员、大龄低技能劳动者等就业困难群体援助制度，加强公益性岗位开发和托底安置。发挥植树造林、基础设施、污染防治等重大工程拉动当地就业作用。稳妥做好去产能和淘汰落后产能职工安置工作。

建立健全创业带动就业、多渠道灵活就业机制，完善担保贷款、创业补贴等创业人才激励政策，持续激发创业就业活力。支持建设高质量创业孵化载体和创业园区，提升线上线下创业服务能力，鼓励政府投资开发的创业载体免费向就业重点群体开放，打造创业实践、咨询指导、跟踪帮扶为一体的创业体系。优化政策、资金、法律、知识产权等创业孵化服务功能，提高创业成功率。鼓励个体经营，增加非全日制就业机会，支持和规范发展早市夜市、便民摊点等新就业形态，促进灵活市场化创业就业。

（三）健全就业公共服务体系

完善各级公共就业服务机构功能，加强基层公共就业创业服务平台建设，整合完善“互联网＋就业创业”公共就业服务信息系统，推动公共就业服务全面覆盖城乡常住人口和各类用人单位。在扩大政策宣传覆盖面的同时，积极调动各类平台资源，支持贫困人员、失业人员在生态环保、乡村旅游等领域就业创业。积极搭建更多面向农村劳动力的创业就业培训平台，结合黄河流域地方特色，探索开展黄河流域非物质文化遗产传承培训，为宣传推广“黄河文化”奠定人才基础。加强人力资源服务产业园布局建设，培育市场化人力资源服务机构，规范人力资源市场秩序。健全劳动关系协调机制，保障劳动者待遇和权益，探索建立新业态从业人员劳动权益保障机制，畅通劳动争议纠纷调解仲裁受理渠道。

采取措施吸引生态、环保、农林、水利等专业高校毕业生投身黄河生态保护事业，支持退役军人、返乡入乡务工人员从事生态环保、乡村旅游等领域的创业就业，并在土地、社保、贷款、财税等方面给予支持。不断强化服务平台，合理设置黄河流域生态保护公益性岗位，推进基层公共服务平台建设，为求职者提供就业、政策咨询等服务，为创业者提供担保贷款、政策补贴等多方面支持，推动落实更加积极的就业政策。创新完善户籍、土地、身份等配套政策，促进与沿黄其他省区劳动力自由流动。

四、统筹城乡社会救助体系

长期以来，农村社会救助发展较为落后，在社会救助的项目和待遇标准等方面存在着明显的城乡差别，城乡社会救助非均等化已然成为中国发展不平衡不充分的体现之一。社会救助作为民生保障的底线，要始终秉持公平正义的价值理念，同时摒弃城乡二元分治的理念，实现统筹发展。农村社会救助体系的完善是乡村振兴战略的客观需要，城乡社会救助差距的改善也顺应城乡融合发展趋势。为解决好发展不平衡不充分的问题，黄河流域未来应坚持守住底线、突出重点、完善制度、引导预期，健全覆盖全民、统筹城乡、公平统一、可持续的多层次社会救助体系。

（一）健全分层分类的社会救助体系

《中华人民共和国国民经济和社会发展第十四个五年规划和2035年远景目标纲要》提出健全分层分类的社会救助体系，构建综合救助格局。黄河流域应加快完善以基本生活救助、专项社会救助、急难社会救助为主体，社会力量参与为补充的分层分类救助制度体系。完善教育、医疗、就业、住房等专项救助体系，推进政府购买社会救助服务。完善急难救助机制，对遭遇突发性、紧迫性、灾难性困难家庭和人员，给予应急性、过渡性生活保障。加快公办福利机构改革，建立健全以助残济困为重点的社会福利制度，推动枢纽型、行业性慈善组织建设，大力发展社会福利、社会工作和公益慈善事业。提高城乡居民基本医保、大病保险、医疗救助经办服务水平。做好农村社会救助兜底工作。加强农村低保对象动态精准管理，适当提高农村低保标准。完善对留守儿童、孤寡老人、残障人员、失独家庭等困难群体的关爱服务。逐步提高农村养老标准，构建多层次农村养老保障体系。加快缩小社会救助的城乡标准差异，做好农村特困人员救助供养、基本生活救助标准动态调整等工作。同时，扩大社会救助服务供给，拓展“物质+服务”的救助方式，为有需要的救助对象提供心理疏导、社会融入、资源链接等服务，增强困难群众自我发展能力。

（二）优化社会救助机制

以城乡低保对象、特殊困难人员、低收入家庭为重点，健全分层分类的社会救助体系，构建综合救助格局。健全基本生活救助制度和医疗、教育、住房、就业、受灾人员等专项救助制度，完善救助标准和救助对象动态调整机制。顺应农业转移人口市民化进程，及时为符合条件的农业转移人口提供相应救助帮扶。逐步实现低保标准城乡统一，有条件的地区可先行先试。研究解决相对贫困救助帮扶政策措施，加强与乡村振兴战略衔接。健全临时救助政策措施，强化急难社会救助功能。加强城乡救助体系统筹，逐步实现常住地救助申领。积极发展服务类社会救助，推进政府购买社会救助服务。创新社会救助方式。拓展“物质+服务”救助方式，为社会救助家庭中生活不能自理的老年人、未成年人、残疾人等提供必要的访视、照料服务。做好重大疫情灾情等突发公共事件困难群众急难救助工作，将困难群众急难救助纳入突发公共事件相关应急预案，明确应急期社会救助政策措施和紧急救助程序，把因突发公共事件陷入困境的人员纳入救助范围，向受影响严重地区困难人员发放临时生活补贴。

（三）扩大社会救助参与力量

引导慈善救助，鼓励和动员自然人、法人及其他组织自愿开展慈善救助活动。动员引导慈善组织加大社会救助方面支出。建立政府救助与慈善救助衔接机制。加强慈善组织和互联网公开募捐信息平台的监管，规范发展网络慈善平台，推进信息公开。按规定对参与社会救助的慈善组织落实税收优惠、费用减免等，有突出表现的给予表彰。鼓励社工参与，通过购买服务、开发岗位、政策引导、设立基层社工站等方式，鼓励社会工作服务机构和社会工作者协助社会救助部门开展家庭经济状况调查评估等事务，并为救助对象提供心理疏导、资源链接、能力提升、社会融入等服务。促进志愿帮扶，支持引导志愿服务组织、社会爱心人士开展扶贫济困志愿服务；加强社会救助志愿服务制度建设，积极发挥志愿服务在汇聚社会资源、帮扶困难群众、保护弱势群体、传递社会关爱等方面的作用。推进政府购买社会救助服务，鼓励社会力量和市场主体参与社会救助。制定政府购买社会救助服务清单，规范购买流程，加强监督评估。将政府购买社会救助服务经费列入各级财政预算。

第三节　提升特殊类型地区发展能力

以上中游民族地区、革命老区、生态脆弱地区等为重点，巩固拓展脱贫攻坚与乡村振兴有效衔接，探索建立解决发展不充分、不平衡问题长效机制。创新巩固脱贫攻坚多元方式，继续做好东西部扶贫协作、对口支援等工作。大力实施以工代赈，精准扶持培育地区特色优势企业，支持培育壮大一批龙头企业。民族地区要聚焦铸牢中华民族共同体意识，加强基层公共服务设施和文化旅游基础设施建设，发展特色旅游和文化产业，实现民族地区稳定发展。革命老区要聚焦红色文化传承，传承弘扬红色文化，加快乡村旅游发展，完善现代化基础设施体系、构建特色产业体系，提升资源能源就地转化加工和一体化开发利用，统筹推进乡村振兴和新型城镇化。生态功能区要聚焦保障生态安全，完善生态补偿机制，严禁不符合生态保护的各类开发活动，加快实施生态移民搬迁。

一、乡村振兴与巩固脱贫成果相结合

黄河流域是打赢脱贫攻坚战的重要区域。由于历史、自然条件等原因，黄河流域经济社会发展相对滞后，特别是上中游地区和下游滩区，是我国贫困人口相对集中的区域。据统计，黄河流域内的农村贫困人口总数近 756 万人，占农村总贫困人口的 61%；非贫困县农村贫困人口约为 493 万人，占农

村总贫困人口的39%。自2015年底脱贫攻坚战正式打响以来，通过全党全国全社会的共同努力，黄河流域贫困群众收入水平大幅度提高，贫困地区基本生产生活条件不断改善，贫困地区经济社会发展明显加快。2020年，脱贫攻坚战取得全面胜利。但是，黄河流域脱贫人口和区域返贫风险较大，巩固提升脱贫攻坚成果的任务依然艰巨。

（一）切实巩固提升脱贫攻坚成果

接续推进全面脱贫与乡村振兴有效衔接，巩固脱贫攻坚成果，全力让脱贫群众迈向富裕。严格落实“摘帽不摘责任、摘帽不摘政策、摘帽不摘帮扶、摘帽不摘监管”要求，建立健全巩固拓展脱贫攻坚成果长效机制。健全防止返贫动态监测和精准帮扶机制，对易返贫致贫人口实施常态化监测，建立健全快速发现和响应机制，分层分类及时纳入帮扶政策范围。完善农村社会保障和救助制度，健全农村低收入人口常态化帮扶机制。对脱贫地区继续实施城乡建设用地增减挂钩节余指标省内交易政策、调整完善跨省域交易政策。加强扶贫项目资金资产管理和监督，推动特色产业可持续发展。探索开展农村特色就业技能培训，不断扩大农村转移就业劳动者培训范围，支持贫困人员、失业人员在生态环保、乡村旅游等领域就业创业，发挥植树造林、基础设施、治污等重大工程拉动当地就业作用，结合黄河流域地方特色，探索开展黄河流域非物质文化遗产传承培训，为宣传推广“黄河文化”奠定人才基础。

（二）加大以工代赈实施力度

拓展以工代赈政策范围，将以工代赈实施范围拓展至以脱贫地区为重点的欠发达地区，并向黄河上中游等巩固脱贫攻坚成果任务较重的地区和易地扶贫搬迁集中安置区、安置点倾斜。以推动巩固拓展脱贫攻坚成果同全面推进乡村振兴有效衔接为切入点，全面改善农村生产生活条件，优先吸纳脱贫不稳定户、边缘易致贫户和其他农村低收入人口参与项目建设。创新以工代赈赈济模式，最大幅度提高项目资金中劳务报酬发放比例，向参与务工的低收入群众及时足额发放劳务报酬，探索就业技能培训和资产收益分红等赈济新模式。在确保工程质量和项目进度的前提下，充分合理利用当地劳动力资源，加强在岗培训，为欠发达地区农村劳动力拓展就业空间。鼓励村集体经济组织组建劳务合作社，广泛组织动员当地农村劳动力参与项目建设。有针对性地开展技能培训、以工代训。项目建成后，创新推广以工代赈资产折股量化分红模式，健全利益联结机制，形成农民稳定增收新渠道。积极推广以工代赈方式。结合实施乡村建设行动，在农业农村生产生活、交通、水利、文化、旅游、林业草原等基础设施建设领域积极推广以工代赈方式，因地制宜实施一批投资规模小、技术门槛低、前期工作简单、务工技能要求不高的建设项目，扩大农村就业容量，促进农村低收入群众参与乡村建设、共享发展成果。

（三）持续实施消费帮扶

促进农产品和服务产销对接，聚焦农村低收入人口和欠发达地区，持续扩大对脱贫地区农产品和服务的消费规模。促进电子商务、交通运输、邮政快递与农业生产、农民生活深度融合，推动发达地区和欠发达地区消费、生产、流通各环节精准对接，加大对乡村振兴重点帮扶县倾斜支持力度。鼓励银行等金融机构按照市场化原则对脱贫地区农产品和食品仓储保鲜、冷链物流设施建设加大信贷支持力度，支持农产品流通企业、电商、批发市场与区域特色产业对接。创新消费帮扶发展模式，加强对脱贫地区特色产品和服务销售、流通、生产等环节的扶持，支持特色产业规模化标准化，改善乡村物流基础设施，提升产品和服务市场竞争力，加快形成“政府引导、市场主导、社会参与”的消费帮扶可持续发展模式。完善利益联结机制，加快构建形成以产地和消费地为载体、以骨干企业为平台的网状式全链条消费帮扶新模式。组织创建一批消费帮扶示范城市，鼓励引导有关地方打造一批区域性品牌、创建一批消费帮扶产地示范区、培育一批消费帮扶示范企业和社会组织，促进产销地各类市场主体的良性互动。进一步强化相关部门对参与消费帮扶市场主体的联合监管，综合采用土地、人才、征信、市场准入等激励约束政策，进一步完善信用监管机制，引导和约束市场主体诚信合法经营，维

护正常市场秩序。探索建立对有突出贡献的社会组织和个人的激励机制。

二、地区特色优势产业培育与龙头企业带动

特殊类型地区作为城乡区域协调发展中的短板地区、生态文明建设中的脆弱地区、促进边疆巩固的重点地区，面临更加复杂的环境条件和更为艰巨的发展任务。《“十四五”特殊类型地区振兴发展规划》为更好地解决特殊类型地区自身困难、发挥特殊支撑功能、增强内生发展动力指明了方向，明确了重点。要加快促进特殊类型地区高质量发展，进一步强化维护国家粮食安全、生态安全、能源安全、边疆安全的特殊支撑功能，开创特殊类型地区振兴发展新局面。

（一）做优做强乡村产业

坚持以市场为导向，在严格保护生态环境的前提下，立足当地资源状况和气候特点，科学分析资源承载能力和市场发展空间，因地制宜发展特色优势产业，加快发展特色种养业、农产品加工业以及以自然风光与民族风情为特色的文化产业和旅游业。提升农业发展效益，加强特色农产品优势区建设，做大做强茶叶、蔬菜、水果、畜禽、水产、油料、木竹、花卉、苗木、食用菌、中药材等特色产业，建设一批特色农业园区和平台，打造一批知名农业品牌。

加快农村一二三产业融合发展。推动“种养加”结合，加强培育休闲农业、民宿经济、乡村旅游、农村电商等新业态。加快培育产业链领军企业，鼓励发展农业产业化联合体，促进农业生产、加工、物流、研发和服务深度对接，推动产前、产中、产后一体化发展。开发农业多种功能，发展休闲农业和农村电商，塑造终端型、体验型、循环型、智慧型新产业新业态，实现全环节提升、全链条增值、全产业融合。提升农产品精深加工水平。开展农产品、畜产品生产加工、综合利用技术研究，建设一批精深加工基地，提升加工转化增值率和副产物综合利用水平。鼓励农业龙头企业、农产品加工领军企业向优势产区和关键物流节点集聚。构建农产品现代流通体系。推动农

村流通服务数字化，支持优势产区批发市场向现代农业综合服务商转型，实施“互联网+”农产品出村进城工程。加快推进冷链物流信息化、标准化，完善冷链物流体系，支持在高附加值生鲜农产品优势产区和集散地建设冷链物流基地，实施农产品仓储保鲜设施工程。推进智能商贸物流标准化，建立智能区域性农产品物流中心，加密乡村邮政快递网点，推进物流节点互联互通。

（二）激发特殊类型地区内生动力

大力发展文化旅游。以提升、展示黄河文明为核心，加快生态资源、自然景观与文化资源、文化创意深度融合，将资源优势转化为实实在在的产业优势，打造沿黄文化旅游带。发展沿黄现代农文旅项目，将农业项目、资金、技术向黄河流域集中，推广“政府组织、重点龙头企业牵头经营、农民参与”的可持续发展模式，加快沿黄现代农文旅项目建设进程。支持革命老区传承弘扬红色文化，着力培育黄河特色文化旅游品牌，加强非物质文化遗产的保护，建设一批地域和民族特色鲜明、文化内涵丰富、互动体验性强的农文旅项目，集中力量打造黄河文化旅游产业带；制定出台沿黄生态建设项目奖补政策，适当增加地方生态奖励补贴，调动有实力的重点龙头企业建设沿黄农文旅项目的积极性，为推进黄河流域生态保护和高质量发展提供坚实保障。

促进资源富集地区创新发展，探索建立不同类型资源开发协调机制。积极推进能源资源集约、高效、绿色开发，支持发展清洁能源和资源精深加工产业。加强创新能力建设，加快开采工艺、材料研发、装备设计等领域特色创新平台建设，培育能源化工、节能环保、装备制造、新型材料、安防设备等创新型产业集群，建设若干有影响、有特色的区域产业创新中心。

加快生态退化地区绿色转型发展。以北方农牧交错带土地沙化重点治理区、黄土高原丘陵沟壑水土流失重点治理区、青藏高原草原草甸退化重点治理区、西北内陆河荒漠化重点治理区为重点，创新生态退化地区综合治理体系，强化生态环境联建联防联治，把碳达峰、碳中和纳入生态文明建设整体布局，深入落实生态文明建设战略部署，稳步实施重要生态系统和生态功能重要区域生态保护补偿，建立重要流域生态保护补偿机制，实现人与自然和谐发展。

促进工业城市重构制造业新优势。统筹推进“老工业”转型升级和“老城市”城市更新，促进老工业城市旧貌换新颜。不断完善城市功能，积极推动以人为核心的新型城镇化，提升老工业城市的综合承载能力，塑造城市文明新形象。支持老工业城市经济整体转型，加快制造业竞争优势重构，加强工业遗产保护利用，推动老工业区改造升级，创建国家新型工业化产业示范基地，积极培育先进制造业集群和战略性新兴产业集群，激发老工业城市经济社会发展新动力和新活力。

（三）发挥龙头企业带动作用

培育扶持龙头企业，激励企业通过技改实现转型升级，鼓励企业兼并重组，强强联合；同时给予扶持行业内小微企业的龙头企业一定的奖补政策，搭建平台让企业之间更好对接合作，推动大小企业形成产业联盟。另一方面要营造更加公平规范的竞争环境，进一步激发龙头企业自主创新的动力，也使小微企业与大企业能和谐共生。在龙头企业带动下，推进产业数字化网络化转型。黄河流域大多省区地理位置比较偏远，国土空间格局存在不经济性，更需要借助网络经济和数字经济赋能产业发展。因此，黄河流域要注重更新经济发展空间的数字基础设施、信息基础设施与智能基础设施，加快“新基建”建设，推动产业发展向数字化和网络化转型，以数字经济和网络经济带动产业升级。黄河流域生产性服务业发展较弱，成为产业转型升级的阻碍因素，且难以发挥对制造业高级化的支撑作用。因此，黄河流域要以服务实体经济、延伸重要产业链为着力点，重点发展现代物流、金融保险、商务服务和科技服务等生产性服务业，培育一批专业性强的研发设计、现代物流、商务咨询等生产性服务企业，推动产业向专业化和价值链高端延伸，发挥生产性服务业对实体经济和产业升级的支撑作用。

三、易地搬迁与对口协作

易地扶贫搬迁是行之有效的扶贫措施之一。通过易地搬迁，人民住房条件实现质的飞跃，生产生活条件得到全面改善，社区管理服务优化提升，乡村振兴示范作用逐步显现，有力推动了新型城镇化进程，缓解了生态环境压力，是脱贫攻坚的标志性工程，并取得了显著的成效。党的十八大以来，在中共中央坚强领导下，在全党全国全社会共同努力下，我国脱贫攻坚取得决定性成就。但仍要继续强化易地搬迁的后续扶持工作，坚持“迁”“建”并重，在巩固迁建成果的基础上，完善公共服务、注重产业就业、激发内生动力，确保滩区群众“搬得出、稳得住、能发展、可致富”。黄河流域生态保护和高质量发展上升为重大国家战略，为黄河流域各省区保护黄河生态提出了要求。同时，也为区域协同发展搭建了更广阔的平台。要鼓励特殊类型地区借助区域协调机制，广泛开展对口协作，深化综合补偿机制。

（一）强化黄河滩居民迁建后续扶持

分区分类精准帮扶各类安置区，落实地方主体责任，分类组织实施后续扶持工作，精准落实帮扶措施。加强大型搬迁安置区新型城镇化建设，提升完善安置区配套设施，进一步提升完善安置区基础设施和配套的养老托育、教育培训、医疗卫生、公共文化、体育健身、公共就业、殡葬、社区治理等服务设施，满足搬迁群众生产生活需求。加强搬迁群众产业就业，推动安置区大力发展配套产业，提升、新建一批配套产业园区，推动安置区承接发达地区劳动密集型产业转移。支持搬迁人口规模大、具备条件的地方创建易地搬迁后续产业发展示范园区。持续开展搬迁群众就业帮扶专项行动，强化精准就业培训和劳务对接，依托东西部协作和对口支援机制组织搬迁劳动力外出务工。大力实施以工代赈，带动更多易地搬迁脱贫人口实现就地就近就业。加大政策性、开发性金融对后续扶持的投入，发挥财政资金引导作用，带动地方政府资金、金融信贷资金、社会资本等共同投入易地扶贫搬迁后续扶持。

（二）大力推进对口支援和协作

通过对口支援和协作实现整个黄河流域的生态效益、经济效益、社会效益、政治效益的最大化。完善帮扶关系，拓展帮扶领域，健全帮扶机制，安排有能力的部门、单位和企业承担更多责任，推进定点帮扶工作，巩固提升帮扶成效。注重发挥市场作用，强化以企业合作为载体的帮扶协作。把教育、文化、医疗卫生、科技等行业对口支援纳入新的东西部协作结对关系。优化帮扶方式，加强产业合作、资源互补、劳务对接、人才交流，动员全社会参与，形成区域协调发展、协同发展、共同发展的良好局面。一是在继续给予资金支持、援建项目基础上，进一步加强产业合作，推进产业梯度转移，鼓励东西部共建产业园区，实现资源互补，强化市场合作。二是加强对口帮扶省际间劳务协作。借鉴东西扶贫协作经验，建立东西部劳务协作机制，推进东西部人员互动、技术互学、劳务对接，动员全社会参与，实现东西部地区人们的观念互通、作风互鉴，促进区域协调发展、协同发展。三是加强人才支援。中央单位要继续做好干部选派等工作，东部地区继续选派优秀年轻干部到西部地区挂职，充分发挥挂职干部一线指挥员、战斗员作用，确保帮扶工作和干部队伍平稳过渡。延续脱贫攻坚期间东部地区各项人才智力支持西部地区的好做法，引导东部专业技术人才发挥优势，通过思想上交流、观念上互通、技术上支持，为西部地区发展提供有力的人才支撑。

第九章 机制优化，构建区域合作新格局

纵观国际发展经验与国内发展现实，都市圈、城市群等超越单个城市尺度的跨区域综合体成为当前竞争的主要空间形态，区域经济之间的竞争单元逐渐由传统的行政区单元演变为跨行政区的空间单元。同时随着可持续发展理念的深入，以流域、湾区等自然或生态地理单元为主导的地理单元逐步成为区域发展和治理的重要空间单元。黄河流域是我国重要的生态地理单元，也是我国经济版图重要的组成部分。优化黄河流域合作机制，促进流域内水、产业、环境等要素的合作与协同发展，是驱动黄河流域生态保护和高质量发展的重要抓手与路径，同时对于完善我国区域治理体系也具有十分重要的作用和意义。

第一节　完善流域管理体系，增强国土空间治理能力

2019 年 8 月，习近平总书记在甘肃考察时强调，“治理黄河，重在保护，要在治理”，要统筹推进各项工作，加强协同配合，共同抓好大保护，系统推进大治理。水资源短缺、生态脆弱、水沙关系不协调、发展不平衡不充分、国土空间资源利用效率低、生态环境污染严重等突出问题仍然制约着黄河流域的可持续发展。这其中既有黄河流域自然地理条件差的客观因素，也有后

天失养的人为因素。破解这一问题，关键是要推动黄河的系统治理和全流域治理，完善流域生态保护机制，强化国土空间治理能力。

一、完善流域管理体制机制建设

（一）建立黄河流域治理体系

新中国成立以来，通过政府自上而下的制度设计，结合自下而上的制度创新，体制机制改革不断深化，黄河流域治理体系不断完善，治理能力现代化水平不断提升。一是在行政管理上陆续设立了黄河治理机构（表 9–1–1），依法实施重要水域和跨流域调水的水量水质监测预警，指导协调流域内水土流失防治，对于保障流域水资源安全和合理开发利用，以及开展抗旱抗洪减灾工作等方面发挥了极为重要的作用。二是从水资源管理、行政管理、生态环境保护等方面构建了系统化的制度框架和高效运行机制（表 9–1–2），成为流域治理体系和治理能力现代化的有力支撑，确保了黄河流域治理开发的有效推进。此外还建立了国家公园体制，确立了严格的产业环境准入标准，建设起黄河水沙调控体系等。三是通过人大及相关部门，从水资源开发、水量调度、水污染防治、水资源监管、防洪减灾、水权交易等多个方面构建了较为完整的法律条例体系，为流域系统性、整体性、综合性、差异性治理提供了坚强的法治保障。

表 9–1–1　黄河流域部分治理机构

成立时间	部门	主要职能
1949 年	黄河水利委员会	负责水资源的开发利用、监督管理、保护、防护水旱灾害等方面工作
1975 年	黄河水源保护办公室（后更名为黄河流域水资源保护局）	负责相关法律、法规的实施，水资源调查、监督管理等工作
1978 年	黄河水源保护科学研究所（后更名为黄河水资源保护科学研究所）	结合黄河水源保护开展科学研究，解决水源保护中的重大技术问题

续表

成立时间	部门	主要职能
1978 年	黄河水质监测中心站（后更名为黄河流域水环境监管中心）	完成基本监测、省界监测、水量调度水质旬测、取退水口和突发性污染事故监测等工作
1980 年	黄河中游治理局（后更名为黄河上中游管理局）	主要涉及水土保持、水政水资源及河道管理、防汛抗旱、农村水利等 4 个方面
1999 年	黄河水量调度管理局（筹）	黄河水资源的统一管理和水量的统一调度
2001 年	黄河水土保持生态环境监测中心	负责水土保持监测，网络规划、建设与管理，水土保持状况普查及重点防治等工作
2002 年	黄河水利委员会宁蒙水文水资源保护局	负责水文勘测、水资源分析评价、水环境监测、水文情报预报等工作

表 9-1-2　流域治理部分制度与机制

水资源管理方面	行政管理方面	生态环境保护方面
水资源统一调度管理制度	河湖长制度	多元生态补偿制度
资源有偿使用制度	重大水事件案件报告督办和备案制度	环境损害赔偿制度
水资源用途管制制度	领导干部生态责任追究制度	水权排污权碳汇及交易制度
水土资源节约集约使用制度	突发水污染事件联防联控机制	污染物排放许可制度
人为水土流失卫星遥感常态化监管制度	绿色发展评价考核和奖惩机制	环境影响评价制度
流域水情动态监测监管制度	黄河流域跨省区协调合作机制	资源型产业环境成本约束制度
用水总量控制制度	生态环境部际协调推进机制	环境污染责任保险制度

（二）履行地方管理职能，实现流域治理权责统一

在对黄河水资源综合利用开发的同时，我国针对流域中生产力不足、生活条件较差、生态环境脆弱等地区注重统筹谋划和协同推进生态保护和脱贫致富。国家通过货币补偿、异地安置、技术培训等方式方法，对黄河干支流

水库移民以及三江源地区、黄土高原水土流失区等不适宜居住生活地区的居民，统筹实行生态移民政策，科学选址移民迁入区，高标准进行基础设施配套建设，优化公共服务，积极引导培育产业发展，循序渐进推动移民区经济社会发展，将移民安置与库区建设、资源开发、水土保持、经济社会发展相结合，实现了流域生态保护与移民区经济社会发展的双赢；在东西协作对口扶贫方面，深入开展东部省份及城市在产业扶持、人才交流、劳务协作等方面的合作，如福建与宁夏建立省际联席会议制度，在生态环保的基础上实施扬黄扶贫灌溉工程和西海固移民搬迁等项目，建设合作产业园，引导闽商投资宁夏，促进了当地经济社会的发展。

沿黄各省区作为承担生态环境保护、资源开发利用、防洪减灾等多种职能的主体单元，需要因地制宜建立健全各地区的管理体系，形成省区统筹协调、部门协同配合、属地抓好落实、各方衔接有力的管理体制，履行好国家赋予的生态建设、环境保护、节约用水和防洪减灾等方面的管理职能。既要做到依法依规行使黄河所带来的各项资源权益，也要尽到保护黄河的责任，实现流域治理权责统一。一是要牢固树立“绿水青山就是金山银山”的发展理念，坚持以水定城、以水定地、以水定人、以水定产，做到“有多少汤泡多少馍”，根据不同地段的自然环境、经济社会的特征，做好水源涵养、荒漠化防治、水土流失治理、水沙调节、生态保护修复、能源开发、污水排放等多方面的管理工作，处理好发展与保护的关系；二是要健全覆盖黄河流域所有河湖的省、市、县、乡、村五级生态环境保护体系，实现各级党委、政府和相关开发区管委会议事协调机构全覆盖；三是健全地方生态环境治理的领导责任、企业责任、全民行动、监督管理、地方性法规政策等多方面体系，提高市场主体和公众参与的积极性；四是根据国家相关法律法规，研究制定各省区黄河流域生态环境保护、水资源节约、污染排放管控等地方性法规和规章；五是强化规划落实的纪律约束，健全政策实施的监督评价机制，为黄河流域生态保护和高质量发展提供法治纪律保障。

二、提升流域治理水平

（一）加强全流域执法能力建设，提高流域综合治理能力

坚持治山、治水、治林、治田、治湖、治草、治气、治城等多方面一体推进，对黄河上下游、干支流、左右岸等流域重点区域，加强生产、生活、生态等重点领域的环境监督管理和综合整治，持续提升黄河流域生态承载力，为高质量发展创造良好的生态环境。围绕提升全流域生态环境保护执法能力和完善跨区域跨部门联合执法机制，黄河水利委员会于2021年10月印发《黄河流域跨区域跨部门水行政联合执法机制指导意见》，对形成黄河流域水行政执法合力，严厉打击各类水事违法行为，维护良好水事秩序，支撑黄河流域生态保护和高质量发展具有重要意义。黄河流域各省区分别从纵向管理、横向联合等方向，开展了跨区域跨部门联合执法行动，如黄河上中游管理局与陕西省检察院签署了《联合推动陕西省黄河流域生态保护和高质量发展工作协作意见》，初步建立了“流域管理＋检察长制”的工作模式，充分发挥检查督查和流域协调管理作用；山东河务局与山东省人民检察院联合印发了《关于加强协作配合共同推动黄河流域生态保护和高质量发展的意见》，为黄河流域生态保护和高质量发展提供司法服务新保障；山西省高级人民法院、省人民检察院、省公安厅、省生态环境厅、省自然资源厅、省水利厅、省林业和草原局、山西黄河河务局就服务保障黄河流域生态保护和高质量发展协作，联合制定了《关于服务保障黄河流域生态保护和高质量发展加强协作的意见》，推动形成“行政执法＋刑事打击＋检察监督＋司法审判”的协同共治格局；石嘴山市人民政府与乌海市人民政府共同签订了《黄河流域水污染联防联治合作协议》，加强生态环境共保和水污染共治；济南市在加强黄河保护治理、强化济南黄河流域水行政执法工作上，颁布了《济南市城乡水务局 济南黄河河务局建立济南黄河流域与区域水行政联合执法机制工作方案》，定期开展联合巡查、联合执法活动。根据农业农村部发布的《关于调整黄河禁渔期制度的公告》，对黄河不同河段实行不同的禁渔期制度。在小浪

底、西霞院水库，库区管理中心会同小浪底公安局参加济源示范区农业农村局组织开展的黄河禁渔期水政、公安、渔政等部门联合执法行动，共同维护库区水生态环境，保护库区渔业资源；龙羊峡库区作为黄河禁渔重点河段，海南藏族自治州、所辖县两级农业综合行政执法部门“上下联动”，与森林公安等部门“左右联动”，联合对龙羊峡库区开展多次联合执法，并在执法巡查过程中对沿岸地区居民开展黄河禁渔期制度的宣传工作，夯实了黄河禁渔的群众基础。

加强全流域执法能力建设，提高流域综合治理能力，离不开沿黄省区的共同努力。一是建立健全黄河流域联席联防联动机制，包括流域联席会议制度、联合巡查制度、联合执法制度等内容。通过构建全流域联席联防联动机制，强化流域执法案件通报、执法工作经验交流、跨区域个案协调沟通等内容的合作交流，进而降低执法监督成本，提高执法监管效率，形成常态化联合执法体系，强化联合执法合力，将这些作为全流域治理和保护的重要手段。二是加强黄河流域治理法制化建设，完善相关规章制度，明确各方管理权限、主体责任、任务分工、执法机制、执法程序、监督保障等内容，为全流域执法提供充足依据。三是要提高黄河流域治理普法宣传力度，借助于新媒体等技术手段，加大对流域违法违规行为的曝光力度，发挥公众社会对治理工作的舆论监督作用，鼓励广大群众参与流域执法工作，为提高流域综合治理能力提供良好氛围。四是加强执法队伍建设，优化执法队伍机构，提高执法队伍执法能力，完善执法队伍装备现代化建设，为执法行为提供技术支撑，探索建立黄河流域执法管理信息平台，促进跨区域跨部门之间的数据信息互联共享。五是完善流域执法保障措施，要持续加强流域管理机构的组织领导，深刻认识部门的职责定位，进一步完善流域工作具体实施方案，做好流域综合管理工作的组织实施，做好经费管理分配、津贴补助、目标考核、责任追究等工作，建立健全流域执法管理奖励惩罚机制，发挥示范引导作用。

（二）建立流域应急预案体系，提升应急响应能力

应急管理是国家治理体系和治理能力的重要组成部分，承担防范化解重大安全风险，及时应对处置各类灾害事故的重要职责，担负保护人民群众生命财产安全和维护社会稳定的重要使命。党的十八大以来，以习近平同志为核心的党中央对应急管理工作高度重视，不断调整优化应急管理体系，应对突发事故灾难能力不断提高，体现了我国应急管理体制机制的特色和优势。2018 年 4 月，整合了原属多个部门多项职责的应急管理部挂牌，极大推动了我国应急管理工作的发展进程，为我国应急管理体系的不断发展完善奠定了坚实基础。各省（区、市）、市（州）、县（市、区）的应急管理局先后组建到位，各地方应急管理体制改革基本完成，工作机制逐步理顺，应急管理能力和水平逐步得到提升，地方各部门、军队、武警、消防救援队之间建立了信息共享、协调联动、联合会商研判等机制，对突发事件的全过程管理基本实现。

黄河流域东西跨度大，流经地域范围广，自然地理环境复杂多样，流域内面临灾害种类多、分布地域广、发生概率高、影响损失大等基本情况，这为各地建立高效应急管理体系、提高应急响应能力提出了新的要求。一是要在灾害预防体系方面加强建设，充分利用第一次全国自然灾害综合风险普查数据，科学合理制定黄河流域自然灾害风险区划，重点加强自然灾害频发地区的早期识别、监测预警、风险防范能力的建设，建设黄河流域灾害大数据中心、黄河流域应急响应与防灾减灾联合调度平台，加强黄河沿岸省区的防灾抗灾减灾合作交流，实现数据资源跨区域跨部门共享，形成黄河流域防灾减灾合作协调联动机制；健全国土空间规划、城乡建设、运行、反馈等全生命周期灾害风险防控管理制度，按照“一城一策”的原则，结合“韧性城市”理念，加快建设防洪公共基础设施，完善防洪体系，强化防汛抢险技术支撑，全面保障城镇防洪安全。二是要在应急救援力量体系方面加强建设，建设黄河流域综合性消防救援队伍，强化行业专业救援队伍能力建设，采取政府引导，市场化运作方式，依托有资格有能力的单位培养建设一批专业化的应急救援队伍，实现自然灾害应急救援力与灾害频发多发地区基本匹配；对于符合条件的社会应急救援组织，有关部门依法依规对其进行登记管理，在工作上予以足够指导和支持，同时通过专业培训、联合演练、物资捐赠等方式来规范社会救援力量建设，提升社会应急救援能力。三是要在应急综合保障体系方面加强建设，自上而下构建省、市、县、乡、村五级应急保障体系，完善应急预案管理机制，加强预案演练评估，建立健全重大应急物资保障机制，建立统一的应急物资生产供应体系，完善跨地区跨部门联防联控物资供应工作机制。四是要在应急科技创新能力方面加强建设，结合黄河流域灾害特点，发挥沿岸高校学科优势，打造高素质人才队伍，加强在灾害发生机理和防洪抢险等基础性、技术性方面的研究，为黄河流域提升应急管理水平提供有力支撑；加大新技术新装备的应用，提升应急服务支撑能力，如利用物联网、5G、卫星遥感、无人机等新技术手段，强化对流域的水文、气象、地质、雨情、水情、旱情等状态的监测分析与风险防范能力。五是要在共建共治共享体系方面加强建设，提升基层治理能力，完善基层应急管理组织体系，利用新媒体等手段技术进行防灾减灾宣传教育，增强全社会对自然灾害的防范意识，鼓励军民协同进行常态化、实战化防灾抗灾演练。

三、优化国土空间布局

要促进黄河流域的协调发展，需要深入实施主体功能区战略、新型城镇化战略，优化重大生产力布局，构建优势互补、高质量发展的区域经济布局和国土空间体系。

（一）继续贯彻实施主体功能区战略

主体功能区战略是根据城镇化空间、生态空间、农业空间和遗产保护空间等主体功能定位，按照优化开发、重点开发、限制开发和禁止开发等方式，实施分类管理及空间治理的政策手段。促进黄河流域的生态保护和高质量发展，需要秉持有所为、有所不为的策略，根据不同地区的资源环境承载力和发展基础，确定该地区发展的主体功能，优化区域分工与协作机制，分类实施发展战略。

黄河流域在落实主体功能区战略时，应以山东半岛城市群、中原城市群、关中平原城市群、黄河“几”字弯都市圈和兰州—西宁城市群区域经济增长极为重点，提升创新策源能力和区域资源配置能力，加快打造引领高质量发展的第一梯队。以西安、郑州等国家中心城市为引领，提升中西部地区城市群功能，加快工业化、城镇化进程，形成高质量发展的重要区域。以农产品主产区、重点生态功能区、能源资源富集地区和边境地区等承担战略功能的区域为支撑，切实维护国家粮食安全、生态安全、能源安全和边疆安全，推动农业生产向黄淮海平原、汾渭平原、河套平原为主要载体的粮食主产区集聚，支持农产品主产区增强农业生产能力，支持生态功能区把发展重点放到保护生态环境、提供生态产品上，支持生态功能区人口逐步有序向城市化地区转移并定居落户。优化能源开发布局和运输格局，加强能源资源综合开发利用基地建设，保障以晋陕蒙为主的能源富集区的供应安全，提升国内能源供给保障水平。增强边疆地区发展能力，强化人口和经济支撑，促进民族团结和边疆稳定。

（二）开展国土空间双评价与国土空间规划

为实现开发方向、开发程度与地区生态环境的协调发展，需全面评估黄河流域各地区资源环境承载力，开展国土空间适宜性评价工作，统筹生态空间、生产空间、生活空间需求，合理开发和高效利用国土空间，严格规范各类沿黄开发建设活动。在组织开展黄河流域生态现状调查、生态风险隐患排查的基础上，以最大限度保持生态系统完整性和功能性为前提，加快生态保护红线、环境质量底线、自然资源利用上线和生态环境准入清单的编制，构建生态环境分区管控体系，加强重点生态功能区、水源地、自然保护地的保护管控。加强黄河干流和主要支流、湖泊水生态空间治理，开展水域岸线确权划界并严格用途管控，确保水域面积不减。合理开发黄河南北展区，加快推进交通设施布局、城镇乡村建设、特色产业发展、文化旅游资源开发。

同时，为实现开发活动的空间一张图，要建立健全省、市、县、乡四级国土空间规划体系，完善生产要素向各省区中心城市和都市圈倾斜机制，重点保障跨区域重大基础设施和民生工程用地需求，促进城市化地区更高效率集聚经济和人口，保护好区域内基本农田和生态空间。适时优化行政区划设置，提高中心城市综合承载能力和资源优化配置能力。精准有效实施粮食主产区利益补偿、生态补偿等农业支持政策和生态支持政策。优化重大基础设施、重大生产力和公共资源布局，促进不同功能空间基本公共服务均等化、基础设施通达程度比较均衡、人民生活水平大体相当。

第二节　健全生态产品价值实现和生态补偿机制

推动生态产品价值实现和健全生态补偿机制是践行“绿水青山就是金山银山”理论的重要体现，也是我国生态文明建设的核心内容之一。建立健全生态产品价值实现机制和完善黄河流域生态补偿机制，对完善提升黄河流域生态环境治理体系和治理能力具有重要意义，要让河湖、湿地生态功能逐步恢复，增强水源涵养、水土保持等生态功能，稳步增加生物多样性，高效利用、保护水资源，提升干支流水质，使全流域生态环境保护取得明显成效，增强生态自我修复和自身发展能力，使绿水青山真正变为金山银山，让黄河成为造福人民的“幸福河”。

一、健全黄河流域生态产品价值实现机制

（一）我国生态产品价值实现机制的发展

《全国主体功能区规划》中明确指出：“生态产品指维系生态安全、保障生态调节功能、提供良好人居环境的自然要素，包括清新的空气、清洁的水源和宜人的气候等。生态产品同农产品、工业品和服务产品一样，都是人类生存发展所必需的。”党的十八大报告在论述生态文明建设战略任务时强调“要增强生态产品生产能力”，报告内容充分说明生态产品是生态文明建设的核心概念，也体现出在生态文明建设的进程中生态产品供给的迫切性。2016年，《国家生态文明试验区（福建）实施方案》提出建设“生态产品价值实现

的先行区”的目标，提出了生态产品价值实现问题。2017年，中共中央、国务院出台《关于完善主体功能区战略和制度的若干意见》，并要求建立健全生态产品价值实现机制。党的十九大以来，国家又相继提出建设国家生态文明试验区试点和生态产品价值实现机制试点，以探索生态文明建设新模式、培育绿色发展新动能。2018年4月，在深入推动长江经济带发展座谈会上，习近平总书记明确提出要“探索政府主导、企业和社会各界参与、市场化运作、可持续的生态产品价值实现路径”。2020年11月，习近平总书记在全面推动长江经济带发展座谈会上指出，“要加快建立生态产品价值实现机制”。2021年4月，中共中央办公厅、国务院办公厅出台了《关于建立健全生态产品价值实现机制的意见》，提出要建立利益导向机制，探索生态产品价值实现路径，推进生态产业化和产业生态化，构建完善的生态产品价值实现机制。生态产品价值实现作为实现“绿水青山就是金山银山”重要抓手，对实现人与自然和谐共生具有重要的现实意义。

（二）黄河流域生态产品价值实现机制实践与探索

黄河自西起源于青藏高原，向东流经内蒙古高原、黄土高原、华北平原，在山东东营汇入渤海，不仅为沿线地区提供了丰富的生态产品，而且在维系生态安全、保障生态系统稳定等方面发挥了无可替代的作用。

三江源作为长江、黄河和澜沧江的发源地，是高原生物多样性最集中的地区，是亚洲、北半球乃至全球气候变化的敏感区和重要屏障，是我国乃至全球重要生态产品的关键供给区。作为全国主体功能区规划中确定的国家水源涵养重点生态功能区，保护和修复生态环境、提供更多的优质生态产品是三江源区的首要任务。为了维持三江源“中华水塔”的生态产品供给能力，国家对三江源生态保护力度不断加大，先后实施了两期三江源生态保护和建设工程，开展了退牧还草、禁牧封育、草畜平衡管理、黑土滩治理以及草原有害生物防控等一系列生态退化治理与生态保护措施。与此同时，积极推进三江源国家公园体制改革，组建了三江源国家公园管理局，全面实施集中统一高效的保护管理和综合执法，为实现国家公园范围内自然资源资产、国土空间用途管制“两个统一行使”和重要资源资产国家所有、全民共享、世代传承奠定了体制基础。由于青海省和三江源地区的经济社会发展水平较低，决定了中央生态补偿和转移支付是实现生态产品价值的主要途径，具体的生态补偿政策项目主要由生态管护公益岗位制度、草原奖补政策、生态公益林补偿制度等组成。在当地，通过发展畜牧业合作社经济来提高生态产品转化的效率，完善收入分配方式进而增加牧民收入；通过特许经营将传统草地畜牧业和生态旅游业推向高端化，以此来提高产品的附加值，作为生态产品价值实现的重要补充途径。

（三）健全黄河流域生态产品价值实现机制

生态产品价值实现是推进生态产业化、产业生态化的重要抓手，探索促进生态产品实现价值的路径，是深化生态产品供给侧结构性改革的重要内容，是推动经济社会可持续发展的重要支撑。黄河流域在探索生态产品价值实现机制过程中，要充分考虑流域内部不同区域的自然环境特点，形成不同的生态产品价值实现路径。

一是要建立黄河流域生态产品基础数据库，包括自然资源确权、生态产品信息普查等方面，界定清晰产权主体，划清所有权和使用权的界线，明确山岭、水流、森林、田地、湖泊、草地等自然生态空间的权责归属；利用现代化技术手段，摸清黄河流域生态产品数量、质量等底数，形成生态产品目录清单，动态监测生态产品变化，通过黄河流域生态产品基础数据库，形成全流域生态产品数据的共建共享，为生态产品价值实现奠定基础。

二是要科学合理地建立生态产品评价机制，黄河流域内部差异大，应考虑不同类型地域生态产品特征，综合考虑行政区和特殊地域类型之间的关系，构建合理的生态产品价值评价基本单元，要有针对性地对不同类型生态产品进行价值核算，明确各类生态产品价值核算指标体系、计算方法、统计口径等问题，推进黄河流域生态产品价值核算的统一化、标准化。

三是要推动黄河流域生态产品的交易运营，通过生态产品交易平台、新媒体技术、博览会等多种方式平台，推动生态产品开展交易；加快培育生态产品市场经济开发主体，针对生态本底基础好的地区，在符合生态保护要求的前提下，探索休闲旅游、康养生态旅游发展模式，利用好废弃矿山、工业遗址等存量资源，统筹实施生态环境综合整治和生态产品价值实现。

四是健全生态产品价值实现的保障机制，将生态产品价值实现和生态产品总价值变化纳入到地方发展综合绩效评价中，这样既可以调动地方政府对生态产品价值实现的积极性，提高对生态保护的认识，也可以通过生态产品总价值的变化，推动地方主体在生态修复、生态损害赔偿等方面的进一步探索和行动。

二、完善黄河流域横向生态保护补偿机制

（一）我国流域生态保护补偿机制的发展

我国关于流域生态补偿机制的建设是伴随着生态补偿机制的发展进行的，从 20 世纪 80 年代开始在一些地区征收生态修复费用，但由于生态补偿理论研究滞后，政策实践的理论依据不充分，一直没有可操作的补偿办法出台，也没有相应的配套制度和严格的法律依据。1998 年长江、松花江、嫩江的特大洪水灾害引起了国家对森林过度开发、林木资源乱砍滥伐的重视和反思，林业部门率先开展生态补偿机制的实践，以生态补偿机制为手段实施退耕还林、退耕还草成为重要政策举措。从“十一五”规划开始，国家将生态补偿机制建设列为年度工作要点，并提出建设生态补偿机制的要求，地方开始探索建立生态补偿制度。自浙江始，全国部分省（市、自治区）陆续展开生态补偿机制建设，在生态补偿机制的设计和生态补偿实践的探索方面均取得了初步成效。截至 2019 年，我国生态保护补偿财政资金投入近 2000 亿元，15 个省份参与开展了 10 个跨省流域生态补偿试点，森林生态效益补偿实现国家级生态公益林全覆盖，草原生态保护补助奖励政策覆盖全国 80% 以上的草原面积，国家重点生态功能区转移支付已覆盖全国 31 个省（区、市）818 个县（市、区、旗）。2015 年以来，中央密集出台相关文件（表 9-2-1），对全面推进生态补偿机制做出了顶层设计。

表 9-2-1　2015 年以来中央出台的流域生态补偿机制相关文件

时间	政策文件	相关内容
2015 年 4 月	《关于加快推进生态文明建设的意见》	建立地区间横向生态保护补偿机制。加快形成受益者付费、保护者得到合理补偿的生态保护补偿机制
2015 年 9 月	《生态文明体制改革总体方案》	制定横向生态补偿机制办法，以地方补偿为主，中央财政给予支持
2015 年 12 月	《关于加大脱贫攻坚力度支持革命老区开发建设的指导意见》	要求逐步建立地区间横向生态保护补偿机制
2016 年 5 月	《关于健全生态保护补偿机制的意见》	建立生态环境损害赔偿、生态产品市场交易与生态保护补偿，协同推进生态环境保护的新机制；建立稳定的投入机制，完善重点生态区域补偿机制
2016 年 12 月	《关于加快建立流域上下游横向生态保护补偿机制的指导意见》	加快建立流域上下游横向生态保护补偿机制，推进生态文明体制建设
2018 年 2 月	《关于建立健全长江经济带生态补偿与保护长效机制的指导意见》	地方政府按照中央引导、自主协商的原则，建立省内流域上下游之间生态补偿机制，在有条件的地区推动开展省（市）际间流域上下游生态补偿试点，推动上、中、下游协同发展，东、中、西部互动合作。中央给予引导性奖励
2018 年 12 月	《建立市场化、多元化生态保护补偿机制行动计划》	建立市场化、多元化生态保护补偿机制要健全资源开发补偿、污染物减排补偿、水资源节约补偿、碳排放权抵消补偿制度，合理界定和配置生态环境权利，健全交易平台，引导生态受益者对生态保护者的补偿
2020 年 4 月	《支持引导黄河全流域建立横向生态补偿机制试点实施方案》	探索建立黄河全流域生态补偿机制，加快构建上中下游齐治、干支流共治、左右岸同治的格局，推动黄河流域各省（区）共抓黄河大保护，协同推进大治理

（二）黄河流域横向生态保护补偿机制实践与探索

黄河流域作为我国重要的生态屏障，沿岸各省区政府在省内、省区之间对生态补偿机制方面做了大量探索（表 9-2-2）。例如，2011 年 12 月，地处黄河中上游地区的陕西宝鸡、杨凌示范区、咸阳、西安、渭南，甘肃定西、天水等6市1区签订了《渭河流域环境保护城市联盟框架协议》，共同建立渭河流域水环境保护联防联控、流域生态补偿、区域联席会议、信息共享、跨界环境事故协商处置等多项机制，实施期限为2011年至2020年；2021年5月，黄河下游的河南、山东两省政府签署的《山东省人民政府河南省人民政府黄河流域（豫鲁段）横向生态保护补偿协议》意义重大，是黄河流域第一份省际横向生态补偿协议，实施范围为河南省、山东省黄河干流流域（豫鲁段），其中河南省为上游区域、山东省为下游区域，实施期限为2021年至2022年，协议到期后，由两省根据补偿机制运行评估情况及国家要求另行协商后续事宜。2022年，山东省如约履行协议，向河南省支付了1.26亿的生态补偿资金。这对黄河流域生态补偿机制的完善具有实质性的探索价值。

表9-2-2　黄河流域地方生态补偿机制实践

地区	时间	政策文件
山东省	2007年7月	《山东省人民政府办公厅关于在南水北调黄河以南段及省辖淮河流域和小清河流域开展生态补偿试点工作的意见》
河南省	2008年12月	《河南省沙颍河流域水环境生态补偿暂行办法》
陕西省	2009年3月	《陕西省渭河流域生态环境保护办法》
青海省	2010年10月	《三江源生态补偿机制试行办法》
陕西省、甘肃省	2011年12月	《渭河流域环境保护城市联盟框架协议》
内蒙古自治区	2016年12月	《关于健全生态保护补偿机制的实施意见》
甘肃省	2017年1月	《甘肃省渭河流域水环境生态补偿实施方案》
宁夏回族自治区	2017年6月	《关于建立生态保护补偿机制推进自治区空间规划实施的指导意见》
山西省	2019年12月	《关于建立省内流域上下游横向生态保护补偿机制的实施意见》
青海省	2019年11月	《青海省贯彻落实〈建立市场化、多元化生态保护补偿机制行动计划〉的实施方案》

续表

地区	时间	政策文件
甘肃省	2020 年 4 月	《关于加快推进祁连山地区黑河石羊河流域上下游横向生态保护补偿试点的通知》
甘肃省、四川省	2021 年 8 月	《黄河流域（四川—甘肃段）横向生态补偿协议》
山东省、河南省	2021 年 5 月	《山东省人民政府河南省人民政府黄河流域（豫鲁段）横向生态保护补偿协议》

（三）探索建立黄河流域横向生态保护补偿机制

探索建立黄河流域横向生态保护补偿机制，对于构建上下游、干支流、左右岸的协同共治，推动黄河沿岸省区共抓黄河大保护，协同推进大治理具有重要意义。根据《生态文明制度改革总体方案》，流域横向生态补偿机制建设以地方补偿为主，这就要求沿黄省区需要积极主动开展合作，强化省际之间的沟通协调，对横向生态保护补偿机制中关键问题达成一致意见，逐步建立起完善的流域横向生态保护补偿机制。

推进黄河流域横向生态保护补偿机制建设，一是需要在生态产品价值核算的基础上构建科学合理的流域横向生态保护补偿体系，形成黄河流域省际之间生态保护补偿标准化和实用化，为市场化、多元化生态保护补偿机制建设提供有力的支撑。二是搭建黄河流域横向生态保护补偿机制综合协作平台，通过平台发挥在工作监督、数据更新、协商沟通、资金使用等方面的作用，更好地服务干支流之间的横向生态保护补偿机制建设。三是黄河中上游干流地区积极争取国家财政安排资金的支持，以各行政交界断面的水质、水量作为考核目标，推进黄河干流、渭河、泾河、汾河、洮河、湟水等支流流域上下游横向生态补偿试点建设，各省区通过财政统筹资金支持开展流域横向生态补偿机制试点。四是拓宽流域横向生态保护补偿机制的资金来源，鼓励多元主体参与生态环保市场，积极发挥金融业对生态保护的服务支持，如发行黄河流域生态保护绿色债券、成立黄河流域绿色发展银行等方式，积极发挥市场在生态资源中的重要配置作用，吸引更多社会资本参与生态保护事业；建立政府主导的生态保护多元化补偿模式，充分发挥流域中经济发展水平较高地区的优势，探索产业转移、共建产业园、人才培训、对口支援等多种补偿方式向生态保护区提供补偿。五是积极拓展流域横向生态保护补偿机制的应用领域，在山岭、水域、森林、耕地、湖泊、草地、矿山环境治理与生态修复等多领域探索横向生态保护补偿机制应用，使生态保护中的各个领域环环相扣，提升生态保护质量。

三、健全黄河流域生态环境损害赔偿制度

（一）我国生态环境损害赔偿制度的发展

党的十九大报告中提出，要加快生态文明体制改革，实行最严格的生态环境保护制度。实行最严格的生态环境损害赔偿制度是生态文明体制改革的重要内容之一，是整个生态文明制度体系建设不可缺少的重要组成部分，是维护生态环境保护制度的重要方法。我国对于生态环境损害赔偿制度的顶层设计起步相对较晚，早期更多出现在相关法律中。如在已修订的《中华人民共和国环境保护法》中规定环境污染和生态破坏行为承担侵权责任，更注重对环境污染破坏导致的财产损失和人身伤害，对生态环境本身造成的损害关注不够。党的十八做出“大力推进生态文明建设”的战略决策，生态赔偿制度作为生态文明建设的重要组成部分受到党中央和国务院的高度重视。2013年11月，中共十八届三中全会通过了《中共中央关于全面深化改革若干重大问题的决定》，明确提出对造成生态环境损害的责任者严格实行赔偿制度，依法追究刑事责任。2015年12月，中共中央办公厅、国务院办公厅印发了《生态环境损害赔偿制度改革试点方案》，这为我国构建生态环境损害赔偿制度奠定了重要基础。2016年8月，中央全面深化改革领导小组第二十七次会议审议通过《关于在部分省份开展生态环境损害赔偿制度改革试点的报告》，批准了吉林、江苏、山东、湖南、重庆、云南7省市的生态环境损害赔偿制度改革试点工作实施方案。在吉林等7个省市部署开展改革试点后取得明显成效，为进一步在全国范围内加快构建生态环境损害赔偿制度，在总结各地区改革

试点实践经验基础上，中共中央办公厅、国务院办公厅于 2017 年 12 月印发了《生态环境损害赔偿制度改革方案》。

（二）黄河流域生态环境损害赔偿实践与探索

自 2017 年 12 月我国颁布《生态环境损害赔偿制度改革方案》以来，黄河沿岸各省区在此基础上，根据各省区的实际情况，纷纷制定了各省区的生态环境损害赔偿改革实施方案（表 9–2–3）。

表 9–2–3　沿黄各省区生态环境损害赔偿相关文件

省份	时间	政策文件
山东省	2018 年	《山东省生态环境损害赔偿制度改革实施方案》
河南省	2018 年	《河南省生态环境损害赔偿制度改革实施方案》
陕西省	2020 年	《陕西省生态环境损害赔偿磋商办法（试行）》
陕西省	2020 年	《陕西省生态环境损害鉴定评估办法（试行）》
山西省	2018 年	《山西省生态环境损害赔偿制度改革实施方案》
内蒙古自治区	2018 年	《内蒙古自治区生态环境损害赔偿制度改革实施方案》
内蒙古自治区	2022 年	《内蒙古自治区生态环境损害赔偿工作规定（试行）》
宁夏回族自治区	2018 年	《宁夏回族自治区生态环境损害赔偿制度改革实施方案》
甘肃省	2018 年	《甘肃省生态环境损害赔偿制度改革工作实施方案》
青海省	2018 年	《青海省生态环境损害赔偿制度改革实施方案》
四川省	2018 年	《四川省生态环境损害赔偿制度改革实施方案》

同时，沿黄各省区加大了环境违法案件的查处。2021 年，山东省立案查处环境违法案件 13440 件，罚款金额 14.87 亿元，共办理移送公安机关实施行政拘留案件 281 件、移送涉嫌环境污染犯罪案件 160 件。截至 2021 年底，内蒙古自治区共有环境损害司法鉴定机构 8 家、环境损害司法鉴定人 135 名，办理环境损害类司法鉴定案件 1000 余件，全区 2021 年在办和办结生态环境损害赔偿案件共 12 件，案件涉及生态破坏、土壤污染、大气污染、废水超标排放，倾倒危险废物、应急处置和非法占用草原等类型，涉案赔偿金额约

1.57亿元。陕西省2021年生态环境损害赔偿案件48起，赔偿金额990.45万元，主要涉及水、土壤、空气和生态等环境要素。山西省2021年审理污染环境罪案件97件，判处有期徒刑以上刑罚385人，并判处罚金或承担相应的生态赔偿责任。甘肃省2021年在全省各市州开展生态环境损害赔偿案例13起，涉案金额约5050万元，已缴纳生态环境损害赔偿金额约2849万元，对违法企业进行了处罚并将被污染破坏的环境点进行了修复。青海省自2018年以来，检察机关办理生态环境和资源保护领域公益诉讼案件2364件，督促恢复被毁损林地2243亩，督促恢复被非法改变用途和占用的耕地9212亩，督促恢复被非法开垦和占用的草原5173亩，督促清理污染和被占用的河道413千米，督促回收和清理生产类固体废物5117吨。

（三）建立健全生态环境损害赔偿制度

建立健全生态环境损害赔偿制度是实行最严格的生态环境保护制度的重要抓手，是一项具有长远意义的开创性、基础性工作，是生态文明体制改革的重要内容，也是生态文明制度体系建设的重要组成部分。实行更加严格的黄河流域生态环境损害赔偿制度，一是需要依托不同类型生态产品的价值核算，科学开展生态环境损害评估，综合考虑生态损害鉴定评估、生态环境损害赔偿调查、生态环境修复成本、生态环境修复期间造成的损失、生态环境永久性损害造成的损失等多个方面内容，建立合理的生态环境损害赔偿标准，提高破坏生态环境违法成本。二是明确生态环境损害赔偿义务人和权利人，探索建立符合沿黄省区实际情况的生态环境损害赔偿义务人范围，完善跨省域生态环境损害的省级行政区协调工作。三是完善黄河流域生态损害赔偿制度，在符合国家权力机关的政策条件下，构建统一的流域赔偿磋商、赔偿诉讼规则，降低生态损害赔偿的磋商、诉讼成本，提高生态环境损害赔偿机制的传导效率。四是搭建黄河流域生态损害赔偿信息共享平台，加强各省区间对生态损害评估机构、生态损害鉴定评估、磋商诉讼、生态损害赔偿款项使用情况、生态修复进展效果等全流程的监督，保障黄河流域生态环境损害赔偿机制的公开透明。

第三节 加大市场机制改革，优化营商环境

黄河流域是我国重要的能源聚集区，沿岸各省区依靠丰富的矿产资源逐渐形成了以能源化工为主的工业结构，市场交易产品多为大宗商品。国有企业占据市场主体，民营市场活力不足，市场环境机制较为僵化，是黄河沿岸各省区市场发展的特点。针对黄河流域市场发展特点，要着力优化沿岸各省区的营商环境，通过转变政府角色，制定落实相关改革措施与方案，打造高效便捷的政务服务环境，为各类市场主体提供便利服务。同时要推动黄河流域要素市场一体化建设，完善要素价格形成机制，提高资源配置效率。

一、优化营商环境

优化营商环境，是增强市场主体活力、不断解放和发展社会生产力的重要举措，也是加快转变政府职能、推进国家治理体系和治理能力现代化的重要内容。优化营商环境，应以市场主体需求为导向，以转变政府职能为核心，不断优化完善体制机制、强化协同联动、完善法制保障，为各类市场主体的稳定发展创造良好的环境。当前，黄河流域在营商环境上也存在一些较为普遍的问题，归纳起来主要有以下几点：一是有些地方存在领导干部的认识不到位，思想观念上有些陈旧，对优化营商环境、服务市场主体的认知不够，使得在对市场主体宣传、落实相关政策措施上存在欠缺；二是有些地方市场监管能不足，执法行为、标准存在不规范、不统一的问题，存在选择性执法、人情执法等现象；三是有些地方政府缺少“契约精神”，对市场主体的承诺不能兑现或不能及时兑现，存在“新官不理旧账”的现象，对市场主体造成负面影响。为了加快建设现代化经济体系，推动高质量发展，国务院于 2019 年 10 月颁布《优化营商环境条例》，并已于 2020 年 1 月 1 日正式开始施行。黄河沿岸省区也针对各省区情况，陆续制定了本省的优化营商环境条例（表 9–3–1）。

表 9-3-1　黄河沿岸 9 省区部分优化营商环境文件

地区	时间	文件
山东省	2020 年 9 月	《山东省优化营商环境条例》
山东省	2021 年 4 月	《山东省优化营商环境创新突破行动实施方案》
山东省	2022 年 3 月	《营商环境创新 2022 年行动计划》
河南省	2020 年 11 月	《河南省优化营商环境条例》
河南省	2022 年 3 月	《河南省营商环境优化提升总体方案（2022 版）》
陕西省	2020 年 11 月	《陕西省优化营商环境条例》
陕西省	2021 年 8 月	《陕西省优化营商环境三年行动计划（2021—2023 年）》
山西省	2020 年 1 月	《山西省优化营商环境条例》
山西省	2022 年 4 月	《提升信用监管效能优化营商环境的十条措施》
内蒙古自治区	2020 年 12 月	《内蒙古自治区公安“放管服”改革优化营商环境便民惠企二十六条措施》
内蒙古自治区	2021 年 4 月	《优化商务领域营商环境的若干措施》
内蒙古自治区	2021 年 7 月	《内蒙古自治区营商环境评估实施办法（试行）》
宁夏回族自治区	2020 年 4 月	《宁夏回族自治区深化“放管服”改革优化营商环境若干措施》
宁夏回族自治区	2021 年 5 月	《宁夏回族自治区持续优化营商环境更好服务黄河流域生态保护和高质量发展先行区建设若干措施》
甘肃省	2020 年 4 月	《关于贯彻落实〈优化营商环境条例〉的若干措施》
甘肃省	2021 年 9 月	《甘肃省政法系统服务高质量发展优化营商环境的十项措施》
甘肃省	2022 年 3 月	《甘肃省 2022 年深化“放管服”改革优化营商环境工作要点》
青海省	2020 年 6 月	《青海省优化营商环境目标考核办法（试行）》
青海省	2021 年 7 月	《青海省优化营商环境条例》
青海省	2021 年 4 月	《青海省营商环境“集中攻坚”行动方案》
四川省	2021 年 3 月	《四川省优化营商环境条例》
四川省	2021 年 8 月	《关于进一步深化税收征管改革的实施方案》

（一）高水平建设服务型政府

建设服务型政府是现代化国家治理的一个重要标志，也是我国行政体制改革的基本方向。服务型政府不仅要在经济调节、市场监管、社会管理、公共服务、生态环保等职能方面发挥作用，还要更大力度向市场、社会、基层放权，推进政务服务标准化、规范化、便利化，持续推进“放管服”改革。不断完善线上、线下多元化服务平台，要增强跨地区、跨部门、跨层级业务协同能力，推动政务服务一网通办，打造手续最简、环节最少、成本最低、效率最高的办事流程。深化政务公开，强化舆论监督。黄河沿岸各省区政府在建设服务型政府的过程中，依据各地不同的发展环境，实行不同的方案模式。如山东省构建省市县三级扁平化、一体化审批管理体制，深入贯彻“放管服”改革，推进实现市县同权、扁平审批、压缩审批事项，设立省级企业服务平台，推行“企有所诉、我必有应、接诉即办”；河南省利用互联网大力推行“互联网＋政务服务、互联网＋监管”，利用大数据平台对市场主体进行服务，推行“三十五证合一”的创新改革；山西省深化“一枚印章管审批”改革，进一步压缩时限、材料、环节，推行“一件事一次办”集成服务，推进“证照分离”改革全覆盖，新设企业“一天办结”，同时利用互联网提升监管能力，实行包容审慎监管；陕西省在推动工程建设领域方面，实行联合勘验、联合审图、联合测绘、联合验收，推进企业投资项目“多评合一”、并联审批；甘肃省把推广“不来即享”机制作为深化“放管服”改革的重要抓手，持续推进行政审批制度改革，通过建立甘肃政务服务网、政务服务移动客户端、微信小程序形成“三位一体”的网上政务服务综合体系。

（二）提高市场综合监管能力

强化竞争政策基础地位，完善市场竞争规则，提高公平竞争审查制度的有效性和约束力，健全统一规范、权责明确、公正高效、法治保障的市场监管执法体系。开展市场准入隐性壁垒清理行动，全面实施市场准入负面清单制度。坚持“法无禁止皆可为”，对新产业新业态包容审慎监管，杜绝“一刀切”执法方式。强化反垄断和反不正当竞争执法力度，防止资本无序扩张，推进能源、交通、电信、公用事业等自然垄断行业竞争性环节市场化改革。深化“证照分离”改革，在生产许可、项目投资审批、证明事项等领域，广泛推行承诺制，畅通审管互动机制。推行“双随机一公开”监管方式，提升事中事后监管实效。建设重要产品信息化追溯体系，建立打击假冒伪劣商品长效机制。沿黄各省区陆续出台市场监管相关规划，从市场准入环境、市场竞争秩序、市场安全底线、产品质量监督、知识产权保护和市场监管手段等多个方面来进一步规范市场秩序、完善现代化监管机制、提升质量发展水平、改善公平竞争和社会消费环境。

（三）建设诚信体系

为加强政务诚信建设，充分发挥政府在社会信用体系建设中的表率作用，提升政府公信力，推进国家治理体系和治理能力现代化，国务院于2016年12月颁布了《关于加强政务诚信建设的指导意见》。建设诚信体系，需要强化在政务诚信、商务诚信、社会诚信和司法公信等重点领域的信用建设，加快建设“信易贷”平台，完善守信、联合激励和失信联合惩戒制度。构建黄河流域信用信息采集、归集、共享、应用等平台，统一黄河流域各地标准，全面落实公共信用信息目录和失信惩戒措施清单。优化黄河沿岸各省公共信用信息平台功能，探索建立覆盖黄河流域所有机构和个人的信用记录，健全信用修复机制。一方面要实施信用主体分级分类监管，支持征信、信用评级等信用服务机构规范发展；另一方面要在财政资金、公共资源、环境保护、食药安全等重点领域加强信用信息公开力度。沿黄各省区先后出台了社会信用体系建设规划、社会信用条例、公共信用信息条例等政策文件，从而更好地营造良好信用环境，提升社会诚信水平，努力推动经济高质量发展和社会文明和谐进步。如山东提出打响“诚信山东”品牌等九大任务，旨在加强全省“十四五”时期社会信用体系建设；河南通过评定社会信用体系建设示范县，推动提升县域信用体系建设水平，助力县域经济社会高质量发展和“信用河南”建设；内蒙古、青海等通过举办“诚信兴商”宣传月活动，加大对商务领域企业信用体系建设工作的宣传。

二、活跃市场主体

优化营商环境以市场主体需求为导向，市场主体作为社会生产力的重要组成，对于提高经济活力、推动经济发展、增强产业创新能力、提供就业岗位等具有重要作用。市场主体作为区域经济发展的重要基础，其数量、规模、类型等对区域经济发展带来重要影响和作用。黄河流域各省区受资源禀赋、地域文化、自然环境等方面因素的作用和影响，在经济发展过程中市场主体发展逐渐形成了以下几点特征：一是市场主体数量偏少，流域内部发展差异较大，截至 2021 年底，市场主体数量最多的山东省突破了 1300 万户，也是沿黄省区中唯一超过 1000 万户的省份，青海省的市场主体数量最少，仅为 53.11 万户，两者相差近 25 倍；二是市场主体规模偏小，对于行业的带动性不强，企业个体比（企业与个体工商户的比例）较低，市场主体结构仍有优化空间；三是公有制经济占比较高，非公有制经济活力不足，黄河流域是我国重要的能源供给基地，矿产资源相关产品丰富，大宗商品交易颇多，国有企业对市场影响力大，民营经济发展不足；四是新兴产业发展不足，创新能力较弱，核心竞争力不强，得益于丰厚的自然资源，沿黄省区在产业发展过程中过度依赖传统行业，新兴产业发展较为滞后，受外部环境和市场主体内部环境因素影响，市场主体创新投入普遍较低，创新竞争力不强。为了转变发展模式，升级产业结构，更好地实现高质量发展，必须充分发展市场主体的作用，提升经济活力。在国家出台相关政策条例的基础上，沿黄各省区也相继颁布了活跃市场主体的相关政策条例（表 9–3–2）。

表 9–3–2　黄河沿岸 9 省区活跃市场主体的相关文件

地区	时间	文件
山东省	2020 年 12 月	《山东省人民政府办公厅关于进一步优化营商环境更好服务市场主体若干措施的通知》
河南省	2021 年 10 月	《河南省落实全国深化“放管服”改革着力培育和激发市场主体活力电视电话会议重点任务措施》

续表

地区	时间	文件
陕西省	2022 年 1 月	《陕西省市场监督管理局关于培育壮大市场主体激发市场活力的若干措施》
山西省	2021 年 12 月	《关于实施市场主体倍增工程的意见》
山西省	2022 年 2 月	《持续激发市场主体活力、全力促进市场主体倍增 30 条工作措施》
内蒙古自治区	2021 年 7 月	《内蒙古自治区深化“证照分离”改革进一步激发市场主体发展活力实施方案》
内蒙古自治区	2022 年 2 月	《内蒙古自治区以更优营商环境服务市场主体行动方案》
甘肃省	2020 年 8 月	《关于切实保护和激发市场主体活力促进民营经济持续健康发展的若干措施》
甘肃省	2021 年 7 月	《关于深化“证照分离”改革进一步激发市场主体发展活力的实施方案》
青海省	2021 年 11 月	《关于进一步深化“证照分离”改革激发市场主体发展活力的通知》
四川省	2021 年 11 月	《四川省商务厅关于深化“证照分离”改革进一步激发市场主体发展活力工作的实施方案》

（一）深化国资国企改革

国有企业是我国经济发展的“顶梁柱”，为我国经济发展提供了必要支撑，也是维护我国经济独立和国家安全的重要保障，必须要毫不动摇巩固和发展公有制经济。在发展市场经济的过程中，应进一步深化国资国企改革，发挥国有企业在产业链中“稳定器”作用，提升国有企业运行效率和创新能力，进而强化国有企业的“压舱石”作用。深化国资国企改革，一是要转变国资监管机构职能和履职方式，推进政资、政企分开；二是建立健全市场化经营机制，确立国有企业市场主体地位，更加聚焦主责主业，提高核心竞争力；三是要推动国有企业混合所有制改革，推动战略性重组整合，加大省属国有企业上市力度，提升竞争类企业资本证券化率。自深入实施国资国企改革三年行动方案以来，沿黄各省区纷纷对本省的国有资本进行战略重组，实施了一系列重组整合，整合后的国资国企在体量、影响力上均有大幅度提升，在服务全国和地方发展方面取得重大进展。如山东通过国有企业投资建设了日照精品钢铁基地、鲁南高铁、济青高速公路等；河南省揭牌了河南交投集团、文旅投资集团、中豫国际港务集团、中豫建设投资集团、豫信电科集团和中豫信增公司六家国有企业，涉及文旅、交通、电子科技等领域；山西与 14 个省份签订了煤炭保供合同，其中省属企业承担了保供的最重要任务，提高政治站位也是省属企业改革的重要内容；陕西省属企业非主业投资项目数、年度投资额逐年下降，连续 3 年固定资产投资主业集中度达 99.6%，持续聚焦主营业务；内蒙古全区在 2021 年完成 244 户国有企业集团层面重组整合，经理层市场化改革基本完成，区属国有企业各级子企业经理成员全面实行契约化任期管理，解决“大锅饭”问题。

（二）毫不动摇鼓励支持引导非公有制经济发展

非公有制经济是我国经济社会发展不可或缺的重要力量，在经济社会发展过程中，逐渐成为创业就业、技术创新、政府税收等多方面的重要支撑。鼓励支持民营企业发展，一是要为民营企业提供良好的发展环境，包括在市场政策、法治、社会环境、基础设施、公共服务等领域，破除民营经济在发展过程中出现的各种显性和隐性壁垒。二是要落实好减税降费等各项纾困惠企政策，解决民营企业融资难融资贵等问题，加强政策协调性，制定相关配套措施，推动各项政策落地落细落实。三是要保护好企业家人身和财产安全，既要保障企业合法经营，也要保障合法的人身和财产权益，让企业家卸下思想包袱。沿黄各地方陆续出台了对中小微企业纾困帮扶的政策措施，如青海西宁从人才角度出发，通过成立民营经济发展智库，着力为民营经济答疑解惑，进而推动民营经济高质量发展；甘肃兰州支持民营企业从传统产业向装备制造、生物医药、信息技术、新材料、新能源等战略性新兴产业方面延伸发展，激发民营企业发展活力，鼓励支持民营企业放心大胆发展；宁夏银川对符合产业转型升级、科技创新等条件的企业，其主要负责人可以享受优秀企业家绿色通道服务，包括出入境及居留、户口办理、子女入学、医疗包间、社会保险、政务服务、纳税服务等方面；陕西榆林通过加强非公有制经济产业引导、市场培育、加大财政支持力度、解决融资问题、推动非公有制经济创业创新、加强非公有制经济人才队伍建设、推销“榆林好产品”、加强服务体系建设、全面优化发展环境、政策落实与评估等10个方面的政策措施，鼓励支持和引导非公有制经济发展壮大；内蒙古鄂尔多斯颁布《鄂尔多斯市民营经济促进条例》，从立法层面确定了民营经济促进保障措施、民营经济组织合法权益保护等内容，为民营经济高质量发展提供法制保障。

（三）构建亲清新型政商关系

良性的政商关系能够创造公平公正的市场环境。构建亲清新型政商关系，一是各级领导干部的认识问题，处理好公与私、个体与整体的关系，帮助企业解决实际问题，在支持和服务企业中促进地方发展。二是实施好民商法和相关法律法规，依法平等保护国有、民营、外资等各种企业自主经营权，促进非公有制经济健康发展和非公有制经济人士健康成长。三是加强企业家队伍建设，不断增强企业家的爱国情怀、创新精神、责任意识、国际视野。四是完善规范化、机制化政企沟通渠道，畅通企业家提出意见诉求通道，优化意见诉求受理处置、反馈、督办程序，鼓励行业协会商会、人民团体在畅通企业与政府沟通方面发挥建设性作用。沿黄各省区通过出台政商关系指导意见等措施条例，从正面清单和负面清单两个方面对政商交往进行规范。如山西省委政法委在印发的《关于全省政法系统构建亲清新型政商关系的指导意见》中，正面清单要求通过政法单位领导联系企业制度、开展投资创业者保护专项行动、健全与企业和企业家沟通机制、积极充分正确履行各项职责等措施，最大程度地支持企业发展，负面清单要求在政商交往、服务企业过程中，必须做到“十个不准”“五个不得”等要求；宁夏回族自治区纪委监委出台《关于规范政商交往行为推动构建亲清政商关系的意见（试行）》，对政商交往边界、交往行为提供了一张“明白卡”，推动政商交往亲而有度、清而有为；甘肃省委办公厅、省政府办公厅出台《关于构建亲清新型政商关系的意见》，对“亲”“清”提出了具体措施内容，完善政商关系的监督保障机制；河南省委办公厅、省政府办公厅印发《关于规范政商交往行为构建亲清政府关系的若干意见》，提出“十要”“十不要”，推行“企业服务日”“企业家恳谈日”等制度，设立企业“首席服务员”，对同一对象的多个检查事项，尽可能合并进行或纳入跨部门联合检查；山东省纪委监委印发《关于规范政商交往推进构建亲清新型政商关系的工作意见（试行）》，明确列出了政商交往的9项“正面清单”和9项“负面清单”。

三、加强要素市场一体化建设

2022年4月10日，《中共中央 国务院关于加快建设全国统一大市场的意见》发布，提出要加快建立全国统一的市场制度规则，打破地方保护和市场分割，打通制约经济循环的关键堵点，促进商品要素资源在更大范围内畅通流动，加快建设高效规范、公平竞争、充分开放的全国统一大市场，全面推动我国市场由大到强转变，为建设高标准市场体系、构建高水平社会主义市场经济体制提供坚强支撑。推动要素资源高效流动配置、加强要素市场一体化建设是畅通国内国际经济双循环的迫切需要和重要保障；保障要素资源市场的统一，使不同市场主体能够公平公正地获取市场资源，是深化“放管服”改革工作的重要内容；建立健全公开、公平、公正保护各种所有制产权的经济体制，依法保护企业的产权，对各类市场主体一视同仁、平等对待，对于经济高质量发展意义重大。黄河流域拥有广阔的市场平台，各地区要素禀赋差异明显，在维护全国统一大市场的前提下，探索要素市场一体化建设对促进流域经济社会发展具有重要作用。2021年6月28日，山东产权交易集团有限公司成立大会暨2021年黄河流域要素市场化配置（山东）高峰论坛在济南山东大厦举办，该高峰论坛以打造沿黄省区要素交易机构，促进区域间各类资源要素自由流动和优化配置为目标，共同发起成立黄河流域要素市场联盟。黄河流域要素市场联盟的成立，是区域协同创新激发新动能的重要举措，将在沿黄省（区）发展改革委指导下，协同推动黄河流域经济高质量发展，这为黄河流域加快建设要素市场一体化提供了强有力的支持。表 9-3-3 统计了沿黄部分省区颁布的关于要素市场一体化建设的政策条例。

表 9-3-3　沿黄部分省区加强要素市场一体化建设的相关文件

地区	时间	文件
河南省	2021 年 4 月	《关于构建更加完善的要素市场化配置体制机制的实施意见》
陕西省	2021 年 1 月	《陕西省构建更加完善的要素市场化配置体制机制的实施方案》
内蒙古自治区	2020 年 12 月	《关于构建更加完善的要素市场化配置体制机制的实施意见》
宁夏回族自治区	2021 年 5 月	《关于深化要素市场化配置体制机制的意见》
甘肃省	2020 年 9 月	《甘肃省关于构建更加完善的要素市场化配置体制机制的若干措施》
甘肃省	2021 年 10 月	《甘肃省“十四五”市场体系建设规划》

（一）构建统一开放的要素市场

健全要素市场运行机制，引导促进各类要素向先进生产力集聚，充分发挥要素属性，提升市场经济活力。一是深化土地和劳动力要素配置改革。健全城乡用地增减挂钩政策，探索建立黄河流域城市间土地交易机制，完善建设用地二级市场交易制度，提高土地配置灵活性。健全黄河流域劳动力要素流动体系，促进人口合理有序流动，加快人才结构调整，优化人才资源配置，促进人才合理分布，发挥人才总体功能。二是加快发展统一的资本市场。提高黄河流域资本市场的监管合力，实现监管规则统一、管理机制顺畅，使各类要素在市场能够自由流动，形成信息对称的资本市场。促进区域股权市场和全国性证券市场的合作衔接，完善债券市场基础设施互联互通，消除市场间隔阂。三是推动技术和数据要素市场建设。完善产学研一体化机制建设，发挥黄河流域高校资源优势，促进科研成果产业化。培育数据要素市场，建立数据资源产权、交易流通、安全保护等基础制度和标准规范，高水平建设

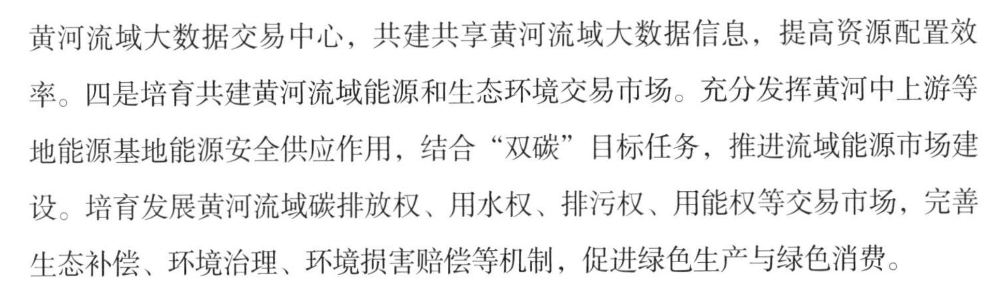

黄河流域大数据交易中心，共建共享黄河流域大数据信息，提高资源配置效率。四是培育共建黄河流域能源和生态环境交易市场。充分发挥黄河中上游等地能源基地能源安全供应作用，结合“双碳”目标任务，推进流域能源市场建设。培育发展黄河流域碳排放权、用水权、排污权、用能权等交易市场，完善生态补偿、环境治理、环境损害赔偿等机制，促进绿色生产与绿色消费。

（二）完善要素价格形成机制

完善黄河流域要素价格形成机制，一是健全黄河流域技术、知识、管理、数据等要素价值实现机制，充分发挥市场主体行使要素定价自主权，转变政府定价机制。二是健全要素价格公示、发布和动态监测预警机制，发挥政府服务保障市场正常运行作用。三是深化能源要素价格改革，持续推进水、电、煤改革，推动能耗、煤耗、用水权、排污权等指标以及各类适宜市场化配置的要素纳入黄河流域公共资源交易目录。四是引入金融、中介等机构与要素交易平台合作，构建涵盖产权界定、价格评估、流转交易、担保、保险等的一体化业务综合服务体系。五是建立便利、高效、有序的市场主体退出制度，推进市场主体优胜劣汰，促进资源优化配置。以煤炭资源价格形成机制为例，2022 年 2 月，国家发展改革委印发了《关于进一步完善煤炭市场价格形成机制的通知》，对煤炭价格的合理区间，煤、电价格传导机制，煤炭价格调控机制提出了相关要求。黄河流域中上游地区是我国重要的能源供应基地，其能源要素的供应、定价对我国能源市场影响甚大，各省区也通过制定政策条例来推进完善要素价格形成机制。内蒙古为引导煤炭价格在合理区间运行，印发了《关于进一步完善煤炭价格形成机制实施方案》，通过实施煤炭价格合理区间、燃煤发电上网电价市场化改革等措施，有效实现煤、电价格传导；陕西省在国家发展改革委《关于进一步完善煤炭市场价格形成机制的通知》的基础上，鼓励煤、电双方多签订“一口价”合同，多签订 3 年及以上长期合同来保持价格基本稳定，若双方意见不一致，则按照“基准价 + 浮动价”的价格机制执行；山西省发展改革委在国家发展改革委印发文件的基础上，要求各有关部门要合力推动煤炭价格在合理区间运行。

第四节 深度融入“一带一路”共建

黄河是中华文明起源地，也是自古以来文化交流融合的开放地。西汉时期的陆上丝绸之路以长安（现西安）为起点，东汉时期则以洛阳为起点，先后经过甘肃、新疆到达中亚、西亚及地中海等国，而早在春秋战国时期，齐国在胶东半岛便“循海岸水行”开辟了海上丝绸之路东海航线，并在此后不同历史时期先后得到了发展。从历史发展的角度看，“一带一路”倡议贯穿了黄河流域主要区域，沿黄省区与“一带一路”倡议的重合度较高，沿途主要城市战略优势明显，通过近些年交通基础设施的不断完善，具备了较高的对外交往能力。

“一带一路”倡议在国内国际双循环中起着重要的承接作用，对增强国内国际经济联动效应具有重要意义。黄河流域是“一带一路”倡议的重要载体，深度融入“一带一路”建设是提高整个流域发展水平的重要机遇和平台。黄河流域沿线区域可以依托“一带一路”建设，积极参与国际大循环，强化与周边国家经贸合作，同时亦可在流域内部协同开放，借助于物流、产业、交通等合作平台，推动区域发展一体化进程。因此，深度融入“一带一路”共建，将有助于黄河上中下游联动发展、高效互动，深入推进高质量发展。

一、提升对外贸易便利化，优化流域内部合作机制

（一）高标准建设各省区对外开放交流平台

目前黄河流域已经在河南、陕西和山东建设了自由贸易试验区，对于进一步扩大对外开放、推动更高水平投资贸易自由化便利化，建立健全进出自由、安全便利的货物贸易管理制度和服务贸易极简负面清单制度，完善技术贸易促进机制，改善贸易条件，较好地发挥了试验田的作用。面对世界百年

未有之大变局，新一轮科技革命和产业变革正重塑地区比较优势，为了抢抓新产业新业态的发展机遇，使黄河流域在参与国际竞争中处于有利位置，提升流域整体竞争力，需要积极申建山西、内蒙古、宁夏、甘肃等内陆自由贸易试验区。依托太原能源低碳发展论坛、中国（太原）国际能源产业博览会、中阿博览会、丝绸之路（敦煌）国际文化博览会等国际性活动，打造国家级平台和国际品牌，借力会展平台，吸引中亚、南亚、东欧、中东等地区投资，承接沿海地区外资产业转移。推动互联网、物联网、大数据、人工智能、区块链等与贸易有机融合，积极融入"一带一路"贸易创新网络。积极参与中欧班列国际国内协调管理机制建设研究，助力开发沿线国家市场，扩大业务辐射范围，大力拓展回程货源。立足融入"一带一路"大商圈，发挥黄河流域在能源矿产、装备制造、信息技术等方面的比较优势，提高出口产品科技含量和附加值，鼓励相关企业积极参与"一带一路"建设和国际产能合作，深度融入全球产业链和价值链。

（二）提升"一带一路"保障水平

深度融入"一带一路"建设，能够在国际竞争中保持稳定的供需关系。需要提高在供应端和需求端的保障水平。首先，在供应链中，要加强与中亚、欧洲等国家经济技术合作，围绕重点行业产业链中关键原材料、中间品、技术和产品，积极拓展其他可替代的供应渠道，建立起供应链多元化格局；以物流企业为抓手，搭建智慧供应链体系，提供采购一体化服务，降低供应成本。其次，构建丝路国际保理平台，发展金融投资、供应链金融、科技金融等金融服务，为制造业发展提供多元化的金融支持；搭建丝路跨境征信服务平台，强化跨境征信综合服务能力，要依托国际保理商联合会，开发国际双保理业务，探索发展国内企业进口商保理业务，强化金融保险对供应链的支撑作用。最后，依托本地科研资源优势，提升人才培养合作水平，打造国际间智库联盟，鼓励沿线高校和科研院所与"一带一路"国家相关机构和人员开展合作，支持开展合作办学；发挥各地技术交流培训示范基地功能，建立不同领域人才系统化培养培训体系，服务"一带一路"产业集群建设。

（三）健全黄河流域跨省区合作新机制

为提升黄河流域整体对外开放水平，在“一带一路”建设中扮演更加重要的角色，黄河流域内部要创新跨省区合作机制，在省际交界地区共同探索建立跨省域经济协作区，实现资源整合、联动发展，自西向东形成“陆海联动创新区”，搭建黄河流域要素市场化配置和交流合作平台，探索“飞地经济”区域合作新模式，共同推进沿黄省区战略对接。山东与河南作为黄河流域经济发展水平较高的省份，可探索共建黄河流域高质量发展示范区，携手打造沿黄现代产业合作示范带，促进山东半岛城市群与中原城市群一体化发展；推动山东半岛国家自主创新示范区与郑洛新、西安等国家自主创新示范区合作，建立黄河中下游协同创新共同体。黄河中上游能源富集省份要深化与黄河下游地区的合作，共建能源输出新通道，加强绿色环保能源技术联合开发；充分发挥银川、呼和浩特、包头、太原等黄河“几”字弯都市圈区域中心城市特色，强化城市间发展协调，加强基础设施互联互通，统筹布局生产生活空间，共享公共服务设施，强化社会治安协同管理，探索建立统一规划、统一管理、合作共建、利益共享的合作新机制，共同推动跨区域合作共赢发展。

二、完善重大通道与平台建设，发挥重要节点功能作用

（一）搭建高能级开放合作平台

高水平建设中外合作载体。发挥山东产业基础和港口优势，一方面要加快建设济南中德中小企业合作区、青岛中德生态园、济宁中欧国际合作产业园等载体，加强粮食生产以及现代高效农业合作，开展现代农业产能、技术和进出口贸易合作，扩大水产品进口和加工转口，将胶东半岛打造成黄河流域鲜活水产品进口中转基地；另一方面要争取举办黄河流域对外开放合作国际高峰论坛和国际进口商品博览会，借助跨国公司领导人青岛峰会、儒商大会等重大活动的国际影响力。高标准建设山西、内蒙古、宁夏等能源基地转

型综合改革示范区，将战略性新兴产业培育作为核心任务，努力吸引国际高端产业，打造开放程度高、产业层次高、研发创新能力强、国际交流合作水平高的新型平台。推动开发区创新发展，支持有条件的开发区内设综合保税区、跨境电子商务园区等平台，实现功能叠加，在具备条件的开发区探索开展国际产业合作园建设。加强海关特殊监管区科学合理布局，完善开放平台类型，加快内陆省市综合保税区口岸申建，促进海关特殊监管区等向加工制造中心、贸易销售中心、交易结算中心、物流配送中心和研发设计中心等方向转型发展。推动口岸与国际陆港、海关特殊监管区之间合作联动，促进跨境贸易便利化，开展跨境电商综合试验区建设。

（二）推进航空、铁路、海运等重要通道建设

发挥区位优势，构建陆海空沿黄达海大通道大枢纽大网络建设。着力做好黄河流域内部“打通”和“连接”文章，进一步完善沿黄高速铁路、高速公路布局，推动京雄商高铁山东段、京沪高铁辅助通道、西成高铁、郑合杭高铁等“过黄通道”建设，加快推动青岛至郑州、西安、兰州、西宁的“一”字形大通道建设，着力提升黄河流域东西向出海铁路（陇海、瓦日、新菏、兖日、德龙烟铁路）集疏运能力，打造大宗商品进出海骨干通道。扩大西部陆海新通道和中欧班列联程联运，提高中欧班列运行质量和效率，畅通东联日韩、西接欧亚的国际大通道。充分发挥港口一体化发展优势，优化完善现代化基础设施和集疏运体系，做大做强高端航运服务，发展海铁公多式联运，打造世界一流港口，搭建区域性物流平台，建立沿海港口和内陆港合作机制，与上中游主要节点城市共建内陆港，形成国际物流中转枢纽和国际贸易集散中心。

（三）发挥重要支点功能作用

集聚各类要素，做大做强枢纽型经济，发挥重要支点的复合功能作用。强化青岛、烟台海上合作战略支点作用，推进与21世纪海上丝绸之路沿线国家和地区港口城市间的互联互通，参与重要港口建设运营，加强海洋经济合作。依托新亚欧大陆桥、中蒙俄等国际经济走廊，建设境外园区和标志性

工程项目，深化国际产能合作，带动优质装备和先进技术出口。强化郑州、西安、兰州、成都等丝绸之路经济带重要节点城市的国际交往功能，加快建设丝绸之路信息港，共建通畅、安全、高效的网络大通道和综合信息服务体系，形成面向中西亚、南亚等地区的信息走廊。探索开展国际环保合作，共建绿色产业合作示范基地。支持西安、临沂、胶州建设“一带一路”综合试验区，对接国际规则标准，加快投资贸易便利化，健全吸引集聚全球优质要素的体制机制，打造黄河流域对外开放门户。

三、深入推进国内国际合作，形成国内国际新发展格局

（一）贸易投资

向东发挥黄河下游山东半岛城市群区位优势，建设青岛、烟台、威海等对外交流合作前沿阵地，为黄河流域城市对外交流合作提供国际化服务；加快推进中日韩地方合作机制，高水平建设中韩（威海）地方经济合作示范区、中韩（烟台）产业园、中日（青岛）地方发展合作示范区，全方位深化与日韩世界500强企业合作，高品质创建中日韩地方经贸合作示范区。向南通过西部陆海新通道建设，连接粤港澳大湾区、北部湾经济区，开拓东南亚国际市场，发挥本地与东南亚的比较优势，扩大市场交易种类，循序渐进地推动产能输出，逐渐实现产业升级。向西、向北积极推进中欧班列、“空中丝绸之路”、中蒙俄经济走廊等泛欧通道路径，引导外资投入，鼓励外商重点围绕制造业、服务业进行投资，引进一批具有国际竞争力的企业，进一步创新外商投资服务体系，制定和实施重点项目推进机制。

（二）产业技术

围绕流域产业倚能倚重的特征，积极引导风电制造、平板玻璃、建筑建材等行业生产能力向“一带一路”沿线国家和地区转移合作，发挥流域能源化工、装备制造、生物医药等行业竞争优势，开展国际经济合作。鼓励支持在境外设立离岸研发中心，支持骨干企业参与数字丝绸之路建设，务实推进重点领域的交流合作；推动杨凌上海合作组织现代农业交流中心、农业技术

实训基地、种业科技创新合作中心建设，深化农林牧渔等领域合作，支持有实力的企业建设海外生产加工基地；与共建“一带一路”国家在盐碱地改造方面，深化技术、装备和服务领域的合作。

（三）文化教育

发挥上海合作组织农业技术交流培训示范基地功能，建立农业领域人才系统化培养培训体系，服务上海合作组织农业产业集群建设。鼓励高校和科研院所与共建“一带一路”国家相关机构和人员开展合作，适度扩大留学生规模，稳步推进中外合作办学，牵头打造国际间智库联盟。进一步深化对外文化交流合作，通过打造国际性交流平台，在文化旅游、文物互展、流域治理等多个领域开展合作，突出黄河流域文化特色，创新沿线区域文化交流方式，实现发展成果共享，共同架设文明互学互鉴桥梁。深化友好省州和国际友城建设，争取有关国家和国际组织在沿线城市设立常驻办事机构，完善境外经贸联络机构网络，积极申办国际性会议、展会、体育赛事等重大活动。

第五节　健全区域间开放合作机制

黄河是我国西北、华北地区重要水源，具有含沙量多、水资源时空分布不均、枯水期较长、水资源开发利用率高等特点。随着黄河沿线工业化、城镇化进程的不断深入，黄河沿线经济社会发展水平均有不同程度的提高，但随着水资源需求的不断增大，水环境的变化情况不容乐观。黄河流域作为以水资源为核心的自然资源开发利用区域，区域经济协调发展需要通过系统的综合治理。以宜水则水、宜山则山、宜粮则粮、宜农则农、宜工则工、宜商则商为导向，在流域上游地区要协同推进水源涵养和生态修复，建设好黄河流域生态保护和水源涵养中心区；在黄河“几”字弯、晋陕豫金三角等黄河中游地区，发挥紧邻京津冀的区位优势，强化跨区域经济协作，优化能源化工相关产业布局，加强生态共保和水污染共治；在山东半岛城市群、中原城市群等黄河下游地区要加强与京津冀、长三角、长江经济带等经济发达区域的经济技术合作，同时要完善南水北调工程中线和东线受水区和水源区对口协作机制，进而从不同区域深入推动黄河与长江两大河流域在生态、产业方面的合作。

一、上游生态保护修复合作

地处黄河上游的若尔盖草原湿地生态功能区、甘南黄河重要水源补给生态功能区、祁连山冰川与水源涵养生态功能区等是国家重点生态功能区，在全国主体功能区规划中被列为限制开发区，其在涵养水源、补给水量、调节洪峰、碳平衡、水土保持、生物多样性等方面起着十分重要的作用。由于全球变暖、人口增加、过度放牧等，导致河水供给减小、用水需求增加、草原退化等一系列生态问题开始凸显，制约了黄河沿线地区的经济社会发展，并严重影响了人民生活水平的提高。当前虽在生态保护和修复工作方面取得了一些进展，如设立三江源国家公园、开展甘南州湿地保护与建设示范工程等项目，但仍要在水源涵养和生态保护修复等方面下大力气，上游水源生态是整个流域的关键区，要系统地、协同地、综合地进行治理保护，需要各相关省区通力合作，认真围绕生态文明建设要求开展工作。

（一）协同推进水源涵养和生态保护修复

一是要积极推进若尔盖国家公园建设，以尕海国际重要湿地、黄河首曲湿地、黄河永靖段湿地为重点，加快实施甘南黄河上游干支流水源涵养区治理保护和生态修护工程，提高湿地、江河源头水源涵养能力，提升黄河上游水系补水能力，打造高海拔地带重要的湿地生态系统和生物栖息地。二是要对黄河上游地区草地进行资源承载力综合评价，对以草定畜、定牧、定耕做到有依可循，对玛曲、碌曲黑土滩等退化草原和沙化草原生态脆弱地区要严格落实草原禁牧、轮牧措施，加大草原鼠虫害防治力度，实现草畜平衡，鼓励在甘南、临夏等生态环境条件较好的地区实施农田粮改饲，积极推进农牧一体化的智慧生态畜牧业建设，打造现代化生态牧场。三是加强太子山、莲花山等国家自然保护区和天然林、公益林的管护，实施中幼林抚育和退化林修复，加强野牦牛、藏羚羊等野生动物和黑颈鹤、黑鹳等候鸟栖息地保护，促进动植物生态系统结构完整和功能稳定。

（二）共同开展祁连山生态修复和黄河上游冰川群保护

一是要全面保护祁连山河西走廊地区森林、草原、河湖、湿地、冰川、戈壁等生态系统，重点实施祁连山水源涵养提升工程，对大通河、庄浪河、黑河、疏勒河、石羊河、党河等水系源头的重要水源地实施保护，增强祁连山区水源涵养补给功能，加快建立健全以祁连山国家公园为主体的自然保护地体系，进一步突出对祁连山原生态的保护修复，持续巩固提升祁连山生态环境整治成果。二是要严格封禁保护重要冰川雪山和冻土带，禁止以冰川雪山、丹霞地貌等为目的地的旅游探险活动，对核心区采取自然休养、减畜禁牧等措施，减少人为扰动，提升生态自我修复功能。

二、中游产业环境共治合作

黄河中游地区是我国重要的能源基地，依靠丰厚的能源矿产资源，逐步形成了以能源化工为主的产业结构，对周边生态环境的影响也是显而易见，再加上本地植被覆盖率较低、土壤质地松软、气候较为干旱等自然因素，使得中游地区的生态环境更为脆弱，自然灾害频发，是黄河流域生态保护和高质量发展面临障碍较多的区域，也是我国经济与生态矛盾最为突出的区域之一。近年来，中游地区围绕水土流失、防风固沙等生态环境问题，积极推进三北防护林建设、天然林保护、京津风沙源治理、碳汇林建设等国家重大生态工程，开展了大规模国土绿化行动，地处陕北的毛乌素沙漠逐渐从陕西版图“消失”，华北地区风沙天气发生率逐渐降低，足以说明生态工程建设取得了重要进展。在进行生态保护的同时，解决区域经济社会发展不平衡不充分的问题仍旧是重要任务，需要在不同层面上开展产业环境共治合作，实现中游地区的生态保护和高质量发展。

（一）促进黄河“几”字弯都市圈协同发展，强化与中原、关中平原城市群的密切合作

一是以加强基础设施互联互通为支撑，充分发挥银川、呼和浩特、包头、太原等黄河“几”字弯都市圈区域中心城市特色，强化城市间发展协调，统筹布局生产生活空间，共享公共服务设施，强化社会治安协同管理，探索建立统一规划、统一管理、合作共建、利益共享的合作新机制，共同推动跨区域合作共赢发展。积极开展内陆无水港、空港货运枢纽业务合作。二是加强生态环境保护合作，统筹推进山水林田湖草沙系统治理。加强晋陕两省合作，建立两岸水质数据共享机制。深化晋蒙省区合作，合力开展黄河中游多沙粗沙区水土流失联防联治，协作推动万家寨水源地保护区划分，共同加强水库上游沿河工业企业排污监控，全力推动两省区水源保护。三是创新省际合作机制，在省际交界地区共同探索建立跨省域经济协作区，实现资源整合、联动发展。加大支持鼓励与其他沿黄省区在文化遗产保护、文化旅游融合、公共文化服务等方面合作。瞄准目标市场开展针对性营销，推动与沿黄省区客源互换共享、产品线路共联、旅游品牌共塑、旅游市场共治。四是支持晋城、长治、临汾、运城等城市加快融入中原城市群、关中平原城市群，强化与西安、郑州等市在产业发展、文化旅游、医疗健康等领域合作，通过搭乘西安、郑州中欧班列，扩大中欧贸易进出口业务，进而提升城市的综合承载能力，增强对两大城市群和“几”字弯都市圈的支撑作用。

（二）推动晋陕豫、晋陕蒙、蒙晋冀等金三角协作发展，共同保护晋陕大峡谷生态环境

一是深化晋陕豫黄河金三角区域合作，加快基础设施互联互通，促进各类资源要素流动，有效提升区域经济发展水平；促进生态环境共建，探索环境治理、生态修复和生态补偿制度；统筹公共服务资源在城乡之间、区域之间的合理配置，促进公共服务资源共建共享；加强产业分工协作，发挥各地比较优势，使产业布局更为合理，充分发挥晋陕豫黄河金三角承接产业转移示范区国家级功能平台作用，积极承接京津冀、长三角、粤港澳大湾区等重点区域产业转移，促进园区转型升级。二是支持晋陕蒙（忻榆鄂）黄河金三角协作区建设国家级功能平台，加快以绿色能源、绿色化工为核心的能源化工产业集群高端化发展，将忻榆鄂三市打造为能源区域合作引领示范区；联合建设黄河国家生态示范区，推动三市联动治理黄河生态环境，加快山水林田湖草沙系统治理；规划研究忻州—榆林—鄂尔多斯高铁建设，加快区域一体化融合发展。三是将蒙晋冀（乌大张）长城金三角合作区打造为国家级协作发展示范区，加快文化旅游、氢能、大数据、康养、农牧业等重点产业对接合作；加快集大原高铁项目建设，促进形成乌大张“半小时”经济圈。四是加强山西与陕西协作，深入挖掘绿色资源，充分发掘峡谷段充足的黄河水资源和两岸荒漠化山地资源，注重发展生态旅游、生态养殖、绿色能源、绿色产业，推进黄河生态经济走廊建设，共同保护黄河晋陕大峡谷生态环境。

（三）郑洛西高质量发展

郑洛西高质量发展合作带以郑州都市圈、西安都市圈和洛阳副中心城市为中心，涵盖周边临近黄河的城市共同组成，涉及河南省、陕西省和山西省。郑洛西高质量发展合作带连接中西、贯通南北，合作带三省地缘相近、人员相亲、山水相依、交通相连、经济相融。对于强化中西部区域合作，培育黄河中上游地区新增长极，推动“一带一路”倡议内陆重要支点建设，形成国内国际双循环新格局具有重要意义。同时，郑洛西高质量发展合作带在建设的过程中也充满了挑战，一是生态环境本底较弱，面临水资源禀赋较差、水沙关系不协调等问题；二是顶层设计不足，三省之间尚未建立协同发展机制，缺乏省域层面的统筹协调，暂未出台相关发展规划，对合作带各城市的定位、职能、发展方向等不明确；三是基础设施建设不完善，合作带城市间交通廊道建设不够完善，面向东部出海、西部出口的交通设施布局建设不足，资源要素流通存在一定的阻碍；四是产业联系不够紧密，合作带内产业关联性弱，存在同质化现象，产业结构不够合理，高端先进产业发展不足。

推动郑洛西高质量发展合作带建设，一是要加强顶层设计，强化省区相关地市之间的交流联系，自上而下建立区域协同合作机制，同时编制郑洛西高质量发展合作带规划，包括各城市功能定位、产业发展、基础设施、生态保护等方面。二是做好合作带的生态保护工作，相关省市应以生态保护作为高质量发展的第一要务，在水土保持、水沙调控、碳平衡、生态修复、能源开发等方面建立联防联控管理机制，在黄河流域生态保护中起到承上启下的关键作用。三是提高产业发展水平，优化产业结构，强化城市间产业联系，充分发挥郑州、洛阳、西安创新资源要素富集优势，围绕新一代信息技术、智能装备、集成电路、新能源、新材料、生物医药等战略性新兴产业，共同开展重大关键核心技术攻关、前沿技术研发、高端跨界融合研发与成果转化应用。四是完善交通设施建设，加快谋划郑洛西高质量发展合作带立体综合交通廊道，强化都市圈、城市群内外部之间的联系，推动交旅结合。五是共建共享，积极推动合作带优势医疗卫生、高等教育、文化旅游等方面的合作共享，贯彻“以人民为中心”的理念，提升当地居民的生活质量。

三、加强与京津冀协同发展

推动黄河流域生态保护和高质量发展战略与京津冀协同发展战略的协作，是推动华北地区实现高质量发展的战略需要，是提升北方地区在全国经济版图中地位的战略举措，也是构建国内国际双循环发展格局的战略支撑。黄河流域尤其是山西、内蒙古、山东等地与京津冀地区毗邻，两者资源要素的比较优势明显，产业之间具有较好的互补性，由此可以根据自身比较优势开展合作，形成新的产业链、价值链，进而提高资源配置效率，发挥规模效应，带动区域整体经济发展。黄河流域中下游地区与京津冀地区地缘相邻、人缘相亲，是我国传统文化的富集区，具有丰富的人文、自然景观，对于强化区域之间文化和旅游的融合，共同发展文旅产业具有先天优势。应利用京沪、京张、张呼、京广等高速铁路，充分发挥交通设施建设所带来的外溢效应，强化区域之间的联系，提升京津冀对周边区域的辐射带动能力，促进黄河流域中下游地区转型发展。

山东正处于爬坡过坎、提质升级、实现新旧功能转换的关键时期，要充分发挥产业基础好、区位优势明显的优势，积极主动融入京津冀协同发展，精准承接北京非首都功能疏解，服务和支持雄安新区建设。以基础设施互联互通为先导，坚持资源共享、产业协作、创新协同、生态联保，探索建立汇聚高端要素的优势主导产业联盟。高标准建设济南“京沪会客厅”，争取更多央企、企业总部、高校、科研院所落户山东，打造全方位高效率合作平台。发挥德州毗邻京津冀的区位优势，通过“融入京津冀·央企德州行”等活动深化与京津冀企业的合作。

积极融入京津冀协同发展战略，推动山西、内蒙古黄河流域地区成为京津冀向中西部地区辐射的战略支撑带。一是要加强生态环境联防联治，实施山水林田湖草沙一体化生态保护修复，构筑京津冀北方绿色生态屏障。二是要发挥榆林、朔州、大同、鄂尔多斯等能源供应基地作用，保障京津冀清洁能源供应，扩大对京津冀地区的输电规模。三是要抓住京津冀疏解北京非首都功能的有利时机，积极承接产业转移，尤其在科技创新、金融、新兴产业、能源环保等领域，推动京津冀地区大型企业集团在山西、内蒙古黄河流域地区布局，建立区域总部、生产基地、研发中心等机构。四是利用好京张、张呼、雄安—忻州铁路建设，加快山西、内蒙古的出省口建设，强化对天津、河北港口资源的使用和与内陆港合作，通过强化交通流联系来促进区域经济发展。五是要加强与京津冀地区科技人才的培养、交流，探索建立跨地区、跨行业、跨体制的人才培养和人才流动机制，加强高校间对口支援建设。

四、加强与长江流域合作

长江与黄河是中华民族的母亲河，均横贯我国东、中、西三大区域，两流域面积占全国比重接近三成，在我国经济、社会、生态版图中具有重要地位。党的十八大以来，长江经济带建设、黄河流域生态保护和高质量发展先后列为国家战略。长江流域与黄河流域在经济社会发展、生态保护、科技创新等方面具有系统上的一致性，同时两者在发展路径上也具有相似性，互为参照，是在经济发展新常态下落实区域协调发展战略的重要载体。近年来，国家先后出台多项政策措施，对两大流域的顶层设计不断完善，尤其是设立更早的长江经济带，逐步成为生态文明理念下发展的排头兵，这对黄河流域生态保护和高质量发展提供了参考。推动两大流域在生态保护和高质量发展方面的合作，对实现我国高质量发展具有重要意义。

黄河与长江均流经青海、四川等生态环境敏感脆弱区，需要协同在生态敏感脆弱区加强山水林田湖草的系统治理，要统筹实施青藏高原生态屏障区生态保护和修复、三江源地区水源涵养和水土保持、自然保护地建设及衍生动植物保护等国家重大生态工程，推动若尔盖草原湿地、秦巴生物多样性生态功能区等重点生态功能区建设，保护及修复森林、草原和湿地等自然生态系统。要利用好长江流域水资源存量的时空分异特征，积极推进白龙江引水等跨流域调水，实现长江、黄河流域水系连通。加强嘉陵江流域上游水源地和生物多样性保护，提高水源涵养能力。采取封禁与人工补植补种相结合的措施，加强污染治理。在青海、四川、甘肃等省份的共同努力下，使长江、黄河上游生态安全屏障更加牢固。

黄河中游地区要通过市场共建、资源共享、企业互动、产业互融、要素互补，推动理念对标、机制对接、产业合作、协同创新，着力打造一批合作样板。借鉴长江流域在生态保护、水资源利用、产业发展等方面的经验做法，协同保护和修复秦岭等重点生态功能区，加强政策、项目、机制联动，以保护生态为前提适度引导产业跨流域转移。抓住能源革命综合改革试点重大机遇，建设长三角地区清洁能源供应地。利用长三角地区先进制造业发达优势，积极承接长三角地区先进产业转移。借力长三角地区现代服务业发展优势，聚焦现代物流、电子商务、科技服务、软件和信息服务、咨询、会展等生产性服务业重点领域，推动形成若干具有较强综合竞争优势的生产性服务业集群。

河南、山东等下游省份，要与上海、杭州、南京、合肥等长三角城市加强在科教、人才、金融、信息、文旅等领域的交流合作。深入对接长江经济带，在大江大河治理、轨道交通装备、工程机械等领域加强合作。以共建大运河文化带和淮河生态经济带为纽带，依托京沪、商（丘）合（肥）杭（州）、平（顶山）漯（河）周（口）、南（阳）信（阳）合（肥）等高铁通道和淮河、沙颍河等水运通道，以航运通道对接、文化旅游融合、生态保护联动为切入点，拓展与长三角地区优质农产品供应合作，强化淮河、汉江生态经济带上下游合作联动发展，完善丹江口库区及上游地区等省际协商合作机制，创新与长三角地区跨省域对接合作机制，推动沿线城市提升承接产业转移能力、积极融入长三角地区产业链和供应链，构建东向开放的新的产业和城镇密集带。

第十章
综合统筹，探索流域治理开发新模式

流域综合治理与开发是解决流域性水、生态、经济、社会问题的有效方法，是构建生态文明治理体系和实现生态治理能力现代化的重要组成部分，是实现我国经济社会可持续发展的重大战略举措。积极探索科学的流域综合治理与开发的理论与模式对改善流域生态环境、防范流域自然灾害、促进流域经济增长、实现流域可持续发展具有重要意义。国外许多流域的治理与开发历程、我国主要流域的治理经验与教训，以及我国区域治理理念的转变都促使我们重新思考流域治理与开发的科学模式。尤其是近年来长江经济带、黄河流域生态保护和高质量发展战略的提出，体现了我国对于流域综合治理与开发科学模式的探索过程。本章从协同推进大治理、共谋共建协同开发视角，从国内外典型流域治理与开发的实例与经验出发，系统分析了我国流域治理与开发现状，总结了综合治理与开发的基本原则，对流域水、生态、经济、社会等多要素进行了关系解析，对其不同空间之间的关系及定位进行了总结与评价。

第一节　流域综合治理与开发的国际经验与启示

流域是集资源、环境、经济、社会为一体，为人类提供生态、经济、社会等多种服务功能，并包含流域两岸、上下游等不同区域的复杂多维系统。长期以来，流域作为人类社会经济活动的重要场所，也一直是人类治理与开发的重要对象。但是，不同流域由于其治理与开发的目标不同，管理的主体不同，所采取的治理与开发方式也不同。通过对国外不同流域的历史发展、政策实施、开发治理效果及路线的历史总结，比较治理与开发的不同模式、经验及启示，同时兼顾我国重点流域的禀赋及定位，可为我国流域治理与开发提供借鉴。

一、世界典型流域治理与开发的经验启示

（一）注重多国协同治理与开发的莱茵河

莱茵河是西欧第一大河，发源于瑞士境内的阿尔卑斯山北麓，西北流经列支敦士登、奥地利、法国、德国和荷兰，最后在鹿特丹附近注入北海，全长 1320 千米，流域面积 22.4 万平方千米，流域居住人口约为 5400 万人。19 世纪末，工业革命驱动欧洲对煤炭、石油等资源的消耗量剧增，以德国鲁尔工业区为代表的多个工业区从莱茵河索取工业用水，同时又将大量废水排入河内，进一步加剧了水污染和生态破坏等问题。作为西欧第一大河，莱茵河流域的管理经历了“先污染，后治理”“先开发，后保护”的曲折历程。

为减少污水排放、改善水质、加强生态功能，1950 年 7 月，由瑞士、法国、卢森堡、德国等国共同成立了保护莱茵河国际委员会（ICPR）。各成员国陆续提出了《伯尔尼公约》、减排污水项目、“莱茵河行动计划”，并投资兴建生活和工业污水处理厂。在 ICPR 的努力下，莱茵河工业污染源降低了 50%，

很多污染物排放量甚至减少了 90%，莱茵河水质很快得到恢复。目前莱茵河流域工业和生活废水处理率达到 97% 以上，水质已经完全达到了饮用水源标准，甚至一些河段河水可以直接饮用。此外，ICPR 还指定了三次远景规划，包括“栖息地连通计划”“鲑鱼回归计划”“微型污染物战略”等子计划，重点加强流域适应性和生态系统服务功能整体提升。

随着莱茵河流域产业转型升级和制造业的高端化，其功能发生了明显转变，由“欧洲下水道”蜕变为“欧洲黄金水道”，流域上下游莱茵—鲁尔城市群、莱茵—美茵城市群、兰斯塔德等多个城市群协调发展。同时，沿河港口和城市建设管理机构的建立，促进了沿江产业带、立体化交通网络体系的形成，也为流域健康、有序、可持续发展打下了坚实基础。

（二）注重综合治理与开发的多瑙河

多瑙河流域水资源丰富，全长约为 2850 千米，流域面积为 817 万平方千米，流域人口 8300 万，多年平均径流量 2030 亿立方米。多瑙河干流流经 10 个国家，是世界上涉及国家最多、国际化程度最高的河流。多瑙河中下游地区易发生洪灾，同时水质污染严重，严重影响了居民生活及生态环境，且由于工农业用水不断增加，干流水量减少，严重影响航运条件。

从 19 世纪中期开始，德国、奥地利、匈牙利等多瑙河沿岸国家相继在流域修堤筑坝，以防范洪涝灾害，卡赫莱特水电站的建立标志着开发利用多瑙河水力资源迈出的第一步。针对多瑙河自由通航问题，1921 年，12 个欧洲多瑙河国家和非多瑙河国家签订《多瑙河公约》，成立了欧洲多瑙河委员会，之后虽经多次调整，但仍保证了多瑙河在对等基础上对各国国民、商船和货物的自由开放。而针对水质问题，各国又陆续签订了《多瑙河水域内捕鱼公约》《布加勒斯特宣言》，制止未经处理的污水污染河流和危害鱼类，并在国界断面进行水质监测等。由于多瑙河流经国家众多，国际合作在其管理中占据重要地位，先后经历了以航运为主的合作阶段、以水电为主的开发利用合作阶段、以水资源保护为主的合作阶段和执行欧盟《水框架指令》的全面合作阶段。1994 年，多瑙河沿岸国家又签订了《多瑙河保护公约》，并成立了多瑙河保护国际委员会（ICPDR），对河流、湖泊、湿地污染等进行治理；2009年制定了《多瑙河流域管理规划》，分全流域、国家级流域、子单元流域共3个治理层次，以改善水生态环境为根本目的，在全流域强制性的保护和减排指标基础上，依据各国经济发展水平制定差异化的排放标准、绿色技术革新标准。

多瑙河流域在治理区域建设生态堤坝，提升防洪及生态保护能力，通过协调流域河坝拟生态化、域储水带分布及植物群落布局，提升堤坝安全性和耐用性，同时起到了良好的防洪及生态保护作用，不断提升流域两岸生态系统服务价值及防洪能力。同时优化水资源配置，治理水资源污染。多瑙河国际委员会坚持节约用水、控制工业企业数量、监管污水达标率，从而保障了水资源的污染率及使用量不断降低。与此同时，规范使用地下水及泉水，维持流域自然生态流量，保障多瑙河不断流及其生物多样性，为多瑙河发展提供了重要保障。

（三）注重多目标协同治理与开发的田纳西河

田纳西河位于美国西南部，是美国第八大河流，干流全长1050千米，流域面积10.59万平方千米，发源于弗吉尼亚州，向西流经卡罗来纳、佐治亚、亚拉巴马、田纳西、肯塔基和密西西比等七个州。流域水资源丰富，流域内水系发达，支流众多。历史上田纳西河水灾频繁，交通不便，发展落后。早期人们对田纳西河流域的滥垦滥伐，极大地破坏了当地森林资源，水土流失十分严重。过度垦殖、滥伐森林、土地荒芜、水土流失严重、航运条件差等原因使其成为美国最贫穷落后的地区之一。

美国国会于1933年5月成立了田纳西河管理局（TVA），明确了TVA对田纳西河流域统一开发与管理的任务和权力。田纳西河流域管理局通过实施防洪、航运、电力、农业、林业以及社区服务等项目，对该流域进行规划和治理，减轻了田纳西河流域内的洪涝灾害，改善了航运，使用了廉价的电力，提高了农业产量，恢复了大片的林地，提升了流域生态环境。田纳西河的早期开发主要从防洪和航运出发，在干支流上修建水利枢纽，并在此前提下最大限度地发展水电，之后还包括加固大坝，改善河道水质等措施。

通过管理局资金及人力的投入，全方位提升了流域防洪措施、水利建设及生态保护。田纳西流域的开发治理，最重要的经验之一是制定《田纳西河流域管理局法案》，保障开发活动有法可依；同时在流域治理与开发时积极鼓励全社会参与；除此之外政府设立强有力的组织机构，设立了田纳西河管理局，综合管理流域各类开发事务。田纳西河流域管理局是美国历史上第一个不以州为边界，通过防洪、航运、电力、农业、林业和社区等服务项目促进田纳西河流域经济发展的组织机构。

（四）注重水资源分配的尼罗河

尼罗河位于非洲东北部，发源于赤道南部东非高原上的布隆迪高地，干流流经布隆迪、卢旺达、坦桑尼亚、乌干达、苏丹和埃及等国，最后注入地中海。干流自卡盖拉河源头至入海口，全长 6670 千米，是世界流程最长的河流，流域面积约 287 万平方千米，占非洲大陆面积的 1/9 以上，入海口处年平均径流量810亿立方米。尼罗河流域最主要的问题就是水权分配问题，埃及，苏丹和埃塞俄比亚三国之间有关尼罗河水资源分配的争端始终存在，同时存在上游季节性洪水泛滥、下游水环境污染等问题。

为协同治理水权分配问题，埃及独立后，英国代表苏丹等国曾与埃及签署《关于利用尼罗河水进行灌溉的换文》（简称“1929 年尼罗河水协议”），根据尼罗河年径流量和当时埃及、苏丹两国的水需求状况，对 520 亿立方米水量在两国间进行了分配，但协议一直未能实施。后埃及、苏丹于尼罗河干流或支流上修建了阿斯旺高坝、哈什姆吉尔巴水坝、罗塞雷斯大坝等以满足本国用水需求，进一步加剧了水权纷争。为此，1992 年后尼罗河流域相关国家陆续采取了发起“尼罗河流域倡议（NBI）”、制定尼罗河流域行动计划、建立尼罗河流域开发与管理合作框架、成立尼罗河论坛等措施，希望建立尼罗河流域合作框架。1997 年还在联合国开发计划署（UNDP）援助下起草了《尼罗河流域合作框架协定》，提出了开发、利用和保护尼罗河流域水资源应遵循的 15 条原则（包括国际合作、可持续发展、公平合理利用、防止造成重大损害、流域及生态系统的保护与保全、计划措施信息交流、利益共同体、数据与信息交换、环境影响评价与审查、和平解决争端、水安全等）。

这些合作框架在一定程度上暂时缓解了流域间各国水资源供需矛盾，使流域上下游国家注重了对水资源浪费、污染等的控制，从协同合作角度缓解了尼罗河流域水资源短缺的危机。同时，流域管理合作制度的建立，相关技术及外资的注入，也为流域可持续发展提供了重要支撑。但是，这些措施并没有根本性解决水权分配的问题，同时还导致了区域事务管理的独立性降低及对外部资金和机构的依赖性增强，由此带来的有效管理降低及合作意向分歧也为后期解决相关问题留下掣肘。

（五）注重多区域协同治理与开发的密西西比河

密西西比河是北美洲最长的河流，全长为 6262 千米，是世界第四长河。密西西比河的干流和支流，流经美国 31 个州和加拿大 2 个省，流域面积达 322 万平方千米。密西西比河流域历史上洪灾频繁，泥沙问题不断凸显。河谷中的冲刷率远远小于泥沙形成，使进入密西西比河的泥沙不断增加，由此促进河床抬升，导致洪灾发生率显著增加。此外，河流水质还受两岸工农业发展影响，水污染问题突出。

为了稳定河势，充分发挥密西西比河的综合功能，美国国会先后通过了多项防洪、航运的法令或法律，保证了内河开发有序地进行。随着 1825 年联通五大湖与大西洋的伊利运河建成，以及密西西比河上游各支流疏浚和运河的建设，由此形成了以密西西比河和五大湖为主干的美国航道网，对美国中西部经济的早期开发起到了重要作用。为了更好地开发和利用密西西比河，1879 年美国国会成立了密西西比河委员会，负责包括航运等综合整治工作，统筹有关的财政预算，并安排和创造了大量的就业岗位。“航运优先、防洪兼顾、土地保护、经济振兴”是密西西比河流域治理的核心思想。

密西西比河流域开发治理的优势在于政府重视、法律制约、有序开发。通过相关法律的制定，未雨绸缪地对未来的工程建设计划进行规划，使水利水电水运工程建设有法可依。同时重视科研在河流治理和工程建设中的作用，每年政府都有大量的经费投入到维克斯堡水道实验站，进行相关研究，为工程设计、施工和维护等提供保障。“倡导公众参与，增强河流意识”是全社会治理流域的重要思想，密西西比河管理中心将流域变迁、流域贡献、人水矛盾、生态保护等知识向公众宣传，显著提升密西西比河治理的治理效率。

二、我国重点流域治理与开发的历程

“治国必先治水”，自古以来流域治理都是我国极为重要的公共事务。历史上，我国自然灾害的发生频率和强度居世界首位，其中水旱灾害最为突出。从公元前 206 年到 1949 年间，我国发生较大洪水灾害 1092 次，较大旱灾 1056 次，水旱灾害几乎每年发生，平均每年死亡 14210 人。因此历史上各朝各代都重视流域治理，也留下了许多宝贵经验和教训。新中国成立后，中国共产党从利国利民角度开展流域综合治理。从毛泽东的“水利是农业的命脉”到习近平的“节水优先、空间均衡、系统治理、两手发力”，70 年栉风沐雨，也形成了一套属于我国流域治理的经验与总结。

（一）长江流域

长江是亚洲和中国的第一大河，世界第三大河，全长约 6300 千米，流域面积为 180 万平方千米，约占中国陆地总面积的 1/5。发源于青海省唐古拉山，最终在上海市崇明岛附近汇入东海。新中国成立以来，长江流域水患频发，1954 年 6、7 月，我国发生大范围暴雨 9 次之多，长江流域中下游发生了百年未有的特大型水灾，1980 年长江中游干流发生 6 次洪水，1981、1983、1991、1998 再次发生大型洪水，严重影响了民生与国家经济发展。同时，随着长江流域工业化和城镇化的高速发展，工业污水和生活污水严重影响了长江水质，水体黑臭、垃圾漂浮等现象层出不穷。上游地区由于乱砍滥伐，国土生态环境被严重破坏，水土流失严重。

为长期有效治理长江流域，我国 1950 年成立了长江水利委员会，并设立各省（自治区、直辖市）水利水电厅（局）。长江水利委员会成立后，随即着手组建水文、勘测、设计、科研等机构，开展基本资料的搜集，进行治江方案的研究，并提出以防洪为主的战略计划，先后实施了大通湖垦殖工程、荆江分洪工程、汉江杜家台分洪工程等分蓄洪工程。同时，在长江流域还进行了江西上犹江、四川龙溪河等水电站的建设，以及灌溉、航运等水利工程建设。1955 年、1958 年、1959 年先后通过了《中共中央关于三峡水利枢纽和长江流域规划的意见》《长江流域规划的指导方针和工作原则》《长江流域综合利用规划要点报告》，重点开展水利工程建设，大量动工兴建长江流域大型水库、水电站和大型灌溉区。如湖北漳河水库、湖南资水柘溪水电站、汉江丹江口水利枢纽、安徽青弋江陈村水电站、安徽花凉亭水库、湖南耒水东江水电站等。1970 年，我国在长江干流上兴建了当时全国最大的水利枢纽——葛洲坝水利枢纽。此外还进行了乌江干流、支流以及四川映秀湾、龚嘴等水电站的开发。至 1978 年改革开放前，长江流域开工兴建了大中小型水库 40000 余座，其中大型水库 106 座。

改革开放以来，中央明确了水利工作任务为合理开发利用和保护水资源，防治水害，充分发挥水资源的综合效益，并要求依法治水。1990 年，长江水利委员会修订并提出了《长江流域综合利用规划简要报告》，提出开发利用长江水资源，必须兴利与除害相结合，继续采取必要的工程措施，拦蓄洪水，调节径流，调剂地区间水量余缺，并合理开发地下水，满足流域内经济发展和人民生活不断提高的需要。由此在规划指导下，开展了南水北调规划研究。1998 年长江洪水之后，更为关注整治江湖和兴修水利等工作。1994 年，长江三峡水利枢纽工程（三峡工程）正式开工，2009 年竣工，建成的三峡工程具有防洪、发电、航运、水产养殖、供水、灌溉和旅游等综合效益。

2014 年 9 月，国务院印发《关于依托黄金水道推动长江经济带发展的指导意见》，部署将长江经济带建设成为具有全球影响力的内河经济带、东中西互动合作的协调发展带、沿海沿江沿边全面推进的对内对外开放带和生态文明建设的先行示范带。2016 年 9 月，《长江经济带发展规划纲要》印发，确立了长江经济带“一轴、两翼、三极、多点”的发展新格局。同时，习近平总书记一直心系长江经济带发展，亲自谋划、亲自部署、亲自推动，多次深入长江沿线视察，做出了“共抓大保护、不搞大开发”的指示，提出“绿水青山就是金山银山”的理念，为新时期长江流域的治理与开发定下了基调和方向。基于此背景，长江流域的治理与开发从防洪减灾到水利兴起，进而治理水污染，兼顾生态保护，不断发挥“黄金水道”的航运功能。

（二）黄河流域

黄河是中国的“母亲河”，流域面积79.5万平方千米，全长5464千米。黄河流域西起巴颜喀拉山，东临渤海，南至秦岭，北抵阴山，从西到东横跨青藏高原、内蒙古高原、黄土高原和黄淮海平原四个地貌单元。

黄河下游地区由于泥沙沉积导致河堤高于周边地区，河床高度不断升高，一旦河水冲破河堤，汹涌的黄河水将会对两岸带来毁灭性的影响。历史上黄河“三年两决口，百年一改道”，洪灾给流域民生及经济带来了重大威胁及损失。尤其是1938年黄河花园口人为决口后，泛滥广大淮北地区长达9年，给泛区人民带来巨大灾害。因此，黄河治理的首要任务是防洪问题。新中国成立后，20世纪50年代发动沿河人民加修了堤防，1955年通过了《黄河综合利用规划技术经济报告》，提出了“除害兴利、蓄水拦沙”的方略，即把泥沙和水拦蓄起来，利用黄河水沙资源兴利，变害河为利河；70年代初又提出了“上拦下排、两岸分滞”的方略；90年代末则采取了“‘上拦、下排、两岸分滞’控制洪水，‘拦、排、放、调、挖’处理和利用泥沙”的基本思路，同时兼顾中上游黄土高原地区水土保持工作，采取了治沟骨干工程、淤低坝建设等小流域治理工程。从2010年河南省三门峡市卢氏特大洪灾至2022年，黄河已经12年没有发生大洪水，黄河进入了治理与开发的新时代。此外，黄河流域作为中国重要的能源和农业基地，大量的用水需求带来了用水短缺的问题。为保障黄河水资源的合理利用，实现黄河不断流，1987年国务院办公厅转发了“关于黄河可供水量分配方案报告的通知”，以1980年实际用水量为基础，综合考虑了沿黄各省区的灌溉规模、工业和城市用水增长，对黄河径流量370亿立方米进行了分配。这是中国首次由中央政府批准的黄河可供水量分配方案。

2019年，针对黄河流域洪水威胁依然存在、生态环境脆弱、水资源保障形势严峻和发展质量有待提高等问题，习近平总书记视察黄河并发表重要讲话，提出了“治理黄河，重在保护，要在治理”。要坚持山水林田湖草沙综合治理、系统治理、源头治理，统筹推进各项工作，加强协同配合，推动黄河流域高质量发展。要坚持绿水青山就是金山银山的理念，坚持生态优先、绿色发展，以水而定、量水而行，因地制宜、分类施策，上下游、干支流、左右岸统筹谋划，共同抓好大保护，协同推进大治理，着力加强生态保护治理、保障黄河长治久安、促进全流域高质量发展、改善人民群众生活、保护传承弘扬黄河文化，让黄河成为造福人民的幸福河。2021年10月，中共中央、国务院发布《黄河流域生态保护和高质量发展规划纲要》，此纲要是指导当前和今后一个时期黄河流域生态保护和高质量发展的纲领性文件，为流域社会、经济、生态提供了清晰的治理与开发路线，指引我国在治理与开发黄河流域中以高质量保护和生态保护为主要路线，同时保障全国能源及农业健康有序发展，为两岸人民带来经济、社会、生态的多重受益。

（三）珠江流域

珠江是中国第二大河流，全长2320千米，流域面积约44万平方千米，主要由西江、北江、东江、珠江三角洲构成，其流经我国6省区，西起马雄山，于珠江三角洲流入南海。珠江流域水旱灾害频繁、防洪及水资源保障程度不高、水土流失及石漠化加剧、水环境质量下降等问题十分突出，同时珠江流域的水污染形势已经发展到非常严重的地步，并造成了一定区域的水质性缺水，生态环境恶化。

针对珠江流域综合治理与开发，1949年底至1957年国家接管珠江水利工程总局，开展流域水利工作；1958年至1965年珠江水利有较大发展，在西江、北江、东江和三角洲各水系干支流上，兴建了大中型骨干水利水电工程和数以万计的小型蓄水引水工程；1979年以后，珠江水利进入全面规划、综合治理保护利用和加强法治与管理时期。1979年重新设立珠江水利委员会，继国家颁布《水法》《防洪法》之后，水利部明确了流域机构在珠江河道范围内建设项目的审查职责，授权其实施河道内取水许可管理，并颁布了《珠江河口管理办法》《珠江片水中长期供求计划》《珠江水系水资源保护规划报告》及珠江河口治导线规划等流域性重要规划成果。

基于以上背景，我国粤港澳大湾区建设、珠江—西江经济带、北部湾城市群等国家区域战略相继实施，以流域为单元，加强统一调度，建立了覆盖全流域、贯穿全年的防洪调度和水量调度体系。其流域治理的思路与尼罗河的情况有相同之处，要创建出一条“多地区协调（无外部介入）、技术引进、水利兴起、政策扶持”的以高质量发展为主导、经济发展与生态保护兼顾的珠江流域治理与开发路线。针对珠江复杂多变的情况，围绕“维护河流健康，建设绿色珠江”的总体目标，通过防洪减灾体系的完善、流域水资源保护与生态修复、流域综合管理体系的完善推动珠江流域的开发与治理。

总而言之，推动流域合理有序治理、健康有节发展，非一日之功。流域的治理与开发应坚持绿水青山就是金山银山的理念，坚持生态优先、绿色发展。这其中的宝贵经验是从古至今积累下来的，为我国新时代治水、开发成就奠定了坚实的基础，并为我国流域治理完成举世瞩目的成就提供了重要支撑，形成了属于我国不同流域的治理与开发路线。

三、国内外经验对比与启示

从国外莱茵河、多瑙河、尼罗河、田纳西河和密西西比河这 5 个有代表性的河流的治理与开发情况来看，尽管这些流域开发背景不同，面临的问题也不同，但大都具有以下特点：一是这些河湖都是跨地区或跨国的流域，面积大、人口多，因此注重了多方主体参与的共治；二是虽然流域治理的重点问题涉及水资源、水环境、航运、防洪等多个问题，不同流域侧重点不同，但皆采取了综合治理的方式，即将河流治理与开发同生态治理与保护、地区产业转型升级等统筹协调起来，从而实现根本性治理；第三，在治理的过程中，注重通过严格立法以及组建治理与开发机构，来保障流域治理与开发的有序性（表 10-1-1）。

表 10-1-1 国外流域经验与启示表

流域	早期核心问题	主要治理与开发措施	新模式
莱茵河	污染与利益分配	污染协同治理＋产业转型	多国协同治理 综合治理与开发
多瑙河	防洪与利益分配	协同防洪＋污染协同治理＋航运合作	
田纳西河	贫穷与洪水灾害	防洪＋灌溉＋航运＋成立流域管理局	多目标协同
尼罗河	污染与水资源分配	污染协同治理＋建立对话框架	建立合作框架
密西西比河	洪灾与泥沙问题	立法＋科研设计＋成立委员会	全社会治理

我国长江流域、黄河流域、珠江流域等的治理与开发历史悠久，时间远远超过上述几个国外典型河流。在近 5000 年的治理历史中，既有治理失败的经历，也取得了显著的成就。通过总结发现，我国流域治理的大体特征如下：一是各流域在历次综合规划后，经过不断修正使各流域生态环境及经济态势得到了有效提升；二是随着整治的推进，流域综合治理与开发的观念逐步加深，逐渐建立起跨越省域边界的流域综合治理机构；三是流域治理的重点都以生态保护为战略前提，有效保护了生态环境及水资源，同时兼顾立法和全社会治理，确保流域长治久安。

从治理情况看，大多数河湖都经历了少则几十年，多则几百年的治理。从治理趋势看，都呈现出由单项治理开发向综合治理开发拓展，由被动的治理向主动的水资源利用和管理发展，由短期治理开发向长期战略性开发发展，由有限惩罚机制向立法保护流域水安全转变的大趋势。流域治理与开发逐步走向科学化。

第二节 流域综合治理与开发的基本原则与措施

流域综合治理与开发的基本原则是流域管理的基石，是流域未来管理的准绳、方向和道路。在基本原则的指导下，施以有效的管理措施，才能实现更高质量、更高效率、更多公平、更可持续、更加安全的流域治理与开发，为生态文明目标下的流域可持续发展提供引导性作用。

一、流域综合治理与开发的基本原则

流域综合治理与开发是生态文明建设的重要领域，是落实习近平总书记“十六字”治水思路的重要载体和综合体现。流域综合治理与开发具有综合性、复杂性和阶段性。其不仅涉及河流水的要素，还包括流域生态环境保护与经济发展；又由于流域是由河流连接起来的复杂区域，因此流域综合治理与开发涉及上下游、左右岸多类地区。此外，流域治理与开发还随着地区发展阶段的变化，治理目标与手段也因势而变。因此，流域的综合治理与开发，要遵循综合发展原则、空间均衡原则、系统管理原则和全社会参与原则，突出重点治理与综合开发相结合、经济发展与资源环境相协调、长远战略与目标可达相结合，促进流域的可持续发展。

（一）系统治理原则

水是流域自然系统的核心要素，通过水资源的循环系统，将流域内的山水林田湖草沙等各种生态要素紧密联系起来组成生态系统。因此，要治水必须统筹流域内的水资源、水环境、水生态和水灾害。河流水量减少、泥沙含量多、水污染等病在水中、根子在岸上。因此，需要把水下和岸上联系起来，将山水林田湖草有机整合起来，水岸同治，统筹山水林田湖草沙治理，由以往河流治理侧重于单一的防洪和供水向流域空间上水岸同治转变，强调水土资源的开发、利用、保护与合理配置。

（二）综合治理原则

以水为核心的生态系统稳定是流域存在的基础，而流域内社会经济活动的调控是流域治理与开发的重要抓手。各系统之间相互依存、能量转化和物质循环的复杂联系，共同组成流域生态共同体，而实现对社会经济系统和生态系统之间的协调来保障流域的可持续发展是流域治理与开发的根本。生态环境保护和流域发展是辩证统一的关系，绿水青山既是自然财富、生态财富，又是社会财富、经济财富，它兼有公共产品和私人产品的复合性质，流域系统管理就是要将流域内自然资源、环境要素和人类活动作为一个有机整体进行综合管理，推动绿色增长，即“在确保自然资产能够继续为人类幸福提供各种资源和环境服务的同时，促进经济增长和发展”，实现生态效益、经济效益和社会效益等综合效益的持续增长。

（三）空间均衡原则

一方面在具体的空间将水资源承载能力作为流域可持续发展的外部边界条件。坚持以水定城、以水定地、以水定人、以水定产的原则，在流域和区域发展对水资源需求不断提高的情况下，处理好开源与节流的关系，促进经济社会发展布局与水资源条件相匹配。另一方面，流域是涉及上下游、左右岸不同空间单元的系统，因此在流域治理和开发时要充分考虑上中下游的差异，牢固树立“一盘棋”思想，处理好不同空间单元承载能力的动态均衡。

（四）全社会参与原则

流域水问题的复杂性及涉水事务增多导致流域治理与开发涉及到多部门和多方主体。在需求方面，公众对水生态、水环境、水资源等综合治理的需求催生巨大的生态产业市场；在供给方面，我国的制度变迁进程、经济和财政以及金融方面的改革也将释放出巨大的政策红利，人民群众的需求和政策的支持为社会资本参与流域综合治理提供重要契机。因此，流域综合治理与开发不仅需要加强政府及有关部门的协调配合，还需要统筹发挥社会各方合力。

二、建立流域生态文明治理体系

流域是人类文明的摇篮和中心，是人与自然共生的主体空间之一。在我国辽阔国土上广泛分布着大江大河，交汇成的流域整体承载着全国最主要的人口和经济。党的十八大以来，我国高度重视以流域为基础的生态文明建设，突破行政区的思维定势，打开综合性、系统性、一体化的战略视野，共抓大保护、不搞大开发，生态文明建设发生了历史性、转折性、根本性变化。“十四五”时期，为实现更高质量、更高效率、更多公平、更可持续、更安全的发展，应该更加重视基于流域的生态文明治理体系建设。

构建江河流域生态文明治理体系是践行生态文明战略的客观要求，关系到国家生态文明现代化建设工作的发展大局。长期以来，我国高速工业化和城镇化进程导致江河流域开发强度过大、流域水资源污染严重、流域生态环境退化等问题，同时流域产业战略布局尚缺乏统筹协调机制、区域发展不平衡不充分的问题仍然十分突出。而整体推进“五位一体”和生态补偿制度等生态文明“四梁八柱”也亟待建构与完善。因此，要从源头上扭转流域生态环境质量的整体恶化趋势，必须构建流域生态文明建设的治理机制与模式。目前我国正实施的长江经济带共抓大保护、不搞大开发的发展理念，以及黄河流域生态保护和高质量发展的战略都是在探索建立流域生态文明的治理模式。

（一）确定流域发展为基本道路

2020 年夏季主汛期，长江和淮河河流发生超过警戒水位的洪水，说明我国水问题形势依旧严峻。故“十四五”时期我国将流域综合治理与开发放在主导战略位置。习近平总书记“以水定城、以水定地、以水定人、以水定产”“表象在黄河，根子在流域”“上下游、干支流、左右岸统筹谋划”等诸多重要科学观点，均体现了区域水生态安全文明工作的重要地位，明确阐述了要从全流域尺度来综合考量流域的治理与开发。应以流域生态文化为灵魂，以流域生态经济为物质基础，以流域生态安全为重点，以生态目标责任管理为手段，以流域生态文明制度为保障，以流域国土空间开发保护为支撑，正确把握整体推进和重点突破、生态环境保护和经济发展、总体谋划和久久为功、破除旧动能和培育新动能、自身发展和协同发展之间的关系，切实构建基于流域的生态文明体系。

（二）注重流域经济发展的生态转型

目前我国长江流域和黄河流域生态环境问题的形成在很大程度上是由于地区社会经济发展规模与地区资源环境承载力不匹配以及产业和城市布局与生态安全格局不匹配。因此，要想在缓解经济发展对地区资源环境压力，尤其是水资源压力的同时，继续保持地区经济增长，以造福流域人民，就必须注重经济发展的模式，以生态优先、绿色发展为主要导向，构建流域全域现代生态经济体系，打造流域生态经济带。要建立经济、社会、自然三方面良性循环的复合型生态系统，融合流域全空间、全领域、全产业、全过程及全要素，以传统产业的绿色化改造、生态资源的产业化培育、新兴产业的生态化创生为目标，推进生态友好型产业集群建设，大力发展有机生态循环农业、生态林业等产业。以“绿色转型”为导向，实现“绿色转化”，发展出成规模的流域经济带生态经济体系。

（三）强化流域生态安全建设

我国的地势西高东低，导致我国主要的江河多为自西向东流，串联其不同地势阶梯的自然地理单元，因此长江、黄河流域等都是我国国土生态安全的关键区域。流域地区不仅是我国北方防沙带、青藏高原生态屏障、黄土高原“两屏三带”生态屏障格局的核心区域，还是重要江河的发源地以及我国淡水资源的重要补给地。《全国主体功能区规划》划定的25个国家重点生态功能区也多分布在该区域，具有重要的水源涵养、防风固沙、水土保持和生物多样性维护功能。对该区域的生态环境实施战略性保护不仅是维系全国生态安全、增强可持续发展能力的基本保障，而且还直接关系到我国中长期生态环境演变格局，在全国生态安全格局中占据着难以替代的突出地位。因此，“十四五”时期，我国将重点构建大流域生态系统安全格局和重要生态环境风险区域有效控制防范体系，发挥重点流域在国家整体生态环境安全防护体系中的核心保障作用。

（四）推进流域五大体系建设

作为生态文明的重要组成部分，流域生态文明建设要全面认识和准确把握流域生态文明建设和绿色发展的理念和内涵，注重流域环境质量、流域保护能力和流域生态功能的全面提升，不断完善流域生态环境管理和控制能力，以确保流域经济社会可持续发展。为此，应从生态经济体系、生态文化体系、生态安全体系、生态文明体系和目标责任体系5个方面构建流域生态文明治理体系。

第一，要以产业生态化和生态产业化为基础，建设环境友好型和低碳经济体系；第二，以生态价值为基础，坚持绿色发展、尊重自然、恪守自然、保护自然，促进人与自然和谐发展，促进人类社会的可持续发展，建构生态文化体系；第三，注重生态系统的良性循环、有效预防环境风险，制定并严格遵守资源消耗上限，环境质量底线和生态保护红线，有效防范生态环境风险，将生态环境风险纳入正常管理，构建一个全过程、多层次的生态环境风险防范体系；第四，建立和完善生态文明体系和规范，加快制度创新、加强制度建设、完善法制制度、健全约束机制，形成有利于生态文明建设的制度体系，为流域生态文明治理体系建设构筑制度和法治保障；第五，建构生态目标责任体系，实施流域污染防治行动计划，提高流域生态环境质量。

第三节　流域综合开发与管理的科学模式

总结国内外众多流域的基础状况、开发历史、经验和教训，结合我国重要流域的特点与现阶段的治理需求，以促进流域统筹可持续发展为目标，提出流域综合开发与管理的科学模式。

一、流域综合开发与治理的多维属性

（一）流域是新时期中国区域治理的重要单元

长期以来，行政区是我国区域治理最基本、最持久和最稳定的区域单元，因为该单元有助于实现区域管理权责的空间统一，尤其是一些规划政策的实施、基础设施和公共服务设施的建设以及相关资金的拨付等，但随着区域之间分工协作关系的深入，空间治理逐步向类型区和政策区扩展。随着可持续发展理念的提出，尤其是生态文明建设日益得到重视，区域治理对自然地理单元愈加重视。

自然地理单元是在水、土等自然要素交互作用过程中形成的相对完整且

具有地域差异性的空间单元。这种自然地域特色通过对区域文化经济社会系统的渗透和影响给区域人类活动系统留下了深刻烙印，区域也因自然地理单元的完整性以及人地关系的相互作用而具有极强的整体性。因此，近年来我国陆续出台了以湾区、流域等地理单元为核心的重大区域发展战略和规划。这种区域治理模式往往把生态保护作为高质量发展的前提和主要组成部分，强调保护中开发以及资源环境承载力的作用，强调发挥比较优势优化生产力布局等。这种治理单元的转变，是我国区域发展和空间治理上升到更高水平的着力点，符合从建设小康社会到全面建设社会主义现代化、由传统工业文明到生态文明转变的根本要求。

（二）流域综合开发与治理的多维属性

在流域综合开发与治理中，由于核心的自然要素“水”的流动性，以及水在生态圈中与土地、人等要素的交互作用关系，使流域的开发与治理是一个涉及多种自然社会要素、多种社会经济主体、流域上中下和左右岸不同空间单元的复杂巨系统。且随着流域系统中人地关系的演变，在不同时期的治理目标也不同。因此，新时期流域的开发与治理具有多维性。包括多要素的综合利用、多目标的统筹调度、多时间的开发管理方向、多空间的合作联动及多主体的系统性管理（图 10–3–1）。科学的流域综合开发与治理模式就是在一定的空间和时间尺度下，在多方主体参与下实现多要素的协调与多目标的统一。

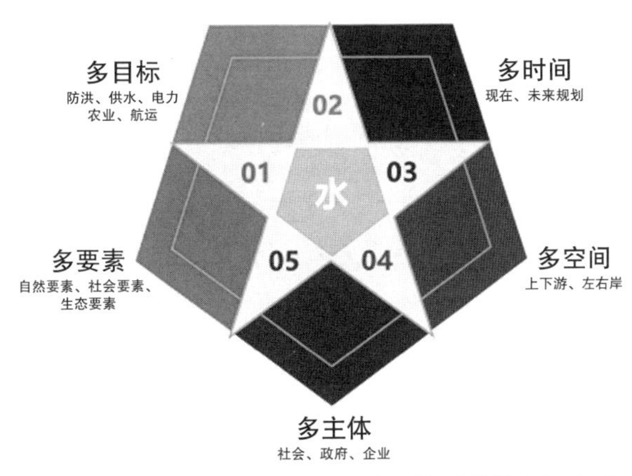

图 10–3–1　流域综合开发与管理的科学模式概念图

二、流域多维系统开发与治理科学模式的内涵

（一）多要素的综合利用

流域水、生态、经济、社会系统及其内部包含着各种不同性质的要素、结构和功能。

第一，水资源系统是流域系统赖以存在的基础。水是流域自然系统的核心要素，没有水，就无所谓河，更没有不同水系的流域区划，保护水资源是维护河流健康生命的首要目标。

第二，生态系统是流域重要的环境宝库。人与自然是命运共同体，生态环境保护和流域发展是辩证统一的关系，管理好流域的生态环境就是流域可持续发展的重中之重。保护好流域的生态系统就是打开绿色财富的一把钥匙，要高度重视全球气候变化的复杂深刻影响，从安全角度积极应对，全面提高灾害防控水平；加大对流域内生态物种的保护，维护好生态系统的多样性，进而提升生态系统的稳定性；加大对生态系统干扰的控制程度，对生态系统的利用应该适度，不应超过生态系统的自我调节能力。

第三，经济与环境调控是流域系统管理的核心。自然界是人类物质资料的资源库和生命系统支撑的稳定器，同时它又是人类生产生活废弃物的唯一存放地；人类对自然系统服务的占用和消耗必将对自然系统功能产生重大的影响。流域系统管理就是要将流域内自然资源、环境要素和人类活动作为一个有机整体进行统筹，推动绿色增长，即“在确保自然资产能够继续为人类幸福提供各种资源和环境服务的同时，促进经济增长和发展”，实现生态效益、经济效益和社会效益的统一。

第四，良好的社会环境是流域系统健康运行的保障。流域自然资源产权归谁所有、人们在自然资源开发中的地位和作用如何，自然生态产品及其收益如何分配等，都体现了在一定生产力条件下人们所形成的特定生态利益关系。绿水青山既是自然财富、生态财富，又是社会财富、经济财富，它兼有公共产品和私人产品的复合性质。因此，完善全社会共建共享的绿色福利供

给机制，是实现流域系统可持续发展的应有之义。

（二）多目标的统筹调度

重大河流不仅承载着水资源供给和水环境承载的功能，还可以提供航运、发电等服务。因此，从流域治理与开发的角度来看，要从流域整体出发，统筹考虑防洪、供水、发电、农业、航运等多目标，协调省市间、部门间不同调度需求，推进流域水工程调度协调有序。

实现多目标统筹调度，要在确保防洪安全的前提下，通过调度增加流域水资源供给，进一步增加流域的水资源效应，提升水电开发效率，优化农业用水方式，推进内河流域航运升级，最终改善流域水环境，达成多目标下流域的统筹管理工作。

建立流域多目标统筹调度机制是维护流域健康生命的有效手段，是进一步推进流域开发与管理的重要支撑，更是满足人民美好生活需要的必然要求。根据多目标导向性的高效模式，通过强化合作协同，以流域自然本底特征、经济社会发展需要、生态环境保护要求为基本原则，统筹规划各目标的时间节点、发展趋势、最终效益，增强流域规划权威性，构建流域开发与管理的整体格局，最终在流域多目标统筹调度下，实现多要素、多时间、多空间、多主体的协同作用。统筹协调上下游、左右岸、干支流关系，综合考虑工程功能定位、区域分布，科学确定工程布局、规模、标准，合理区分轻重缓急，统筹安排工程实施优先序，做到目标一致、布局一体、步调有序。

（三）多时间的管理方向

流域治理与开发的目标和任务是随着流域社会经济发展的进程而持续变化的。在历史上对于黄河流域的开发也从最早的防洪逐步演化为增加了灌溉、航运，后增加了发电等。随着黄河水文条件的变化，逐步又演化为目前的防洪、灌溉、发电和治沙 4 个管理目标。因此，根据国家区域发展的需求以及流域发展条件的变化，合理确定不同时期流域治理与开发的目标和任务是流域科学管理的重要内容。

目前，我国相继设立各流域开发管理机构、水利委员会、流域生态环境监督局等重要机构，确定了不同流域的主要任务。防洪筑坝、减沙清淤、有效控制水患灾害、合理开发利用水资源、建立生态安全格局成为本时期流域管理和开发的重要内容。长江中上游流域系列大型水电站的修建有效促进了长江洪水的调节和水能资源的开发；黄河小浪底水利枢纽等工程的建设也有效调节了黄河下游的水沙分布。同时，针对不同流域水资源分布不均等问题，还实施了引滦入津、引黄济青、南水北调等跨流域调水工程。

未来，我国的流域开发与管理，不仅要保障现有的流域重大工程稳中有序发展，更要在生态文明建设的新时代下，建立多要素协调、多空间均衡、多目标统筹及多主体保护等机制，结合各流域不同的功能定位及未来发展规划，坚定不移地在"人与自然和谐共处"的原则下进行可持续、高质量的流域发展战略规划，为我国新时代流域治理、开发与管理不断提出更高效、更节约、更利民的发展方向。

（四）多空间的合作联动

流域是以河流水资源为纽带形成的自然地理单元区域。由于地形地貌、气候条件、资源禀赋等存在较大差异，加之人类经济社会活动的各种影响，形成了流域在上下游、左右岸等不同空间上的分异特性。尤其如长江、黄河等河流自西向东流经三大地势单元，流域发展存在着两个互为逆向的梯度差：一是由西向东生态环境利用逐步增强的梯度差，二是由东向西逐步降低的经济发展水平的梯度差。整个流域形成了资源中心偏西，而经济重心向东的基本空间格局。同时，由于地貌差异、资源分布和发展路径依赖等因素，流域经济活动沿河道分布、人口和经济要素向中心城市集聚的趋势长期存在。因此协调不同空间单元之间的水资源分配和水环境，以及不同单元之间的经济协作和开发，是促进流域可持续发展、建立流域生态文明治理体系的重要内容。

为构建生产空间新格局、完善生活空间新常态、形成生态空间保护新机制，要以协调流域内区域发展差异、确定流域不同空间主体功能定位及发展联动为目标，建立流域管理与行政区域管理相结合的管理体制，不断协调和平衡区域间关系。一方面，要根据流域内关键生态环境要素的承载力和功能区划，合理确定空间开发范围和开发强度，优化流域经济空间布局。以水定人、以水定地、以水定产和以水定城，量水而行。另一方面，要促进流域不同空间单元之间的分工协作与生态共治，协调区际政府之间、职能部门之间、政府和市场、社会公众之间的利益冲突，协同推进河流水资源分配与水源地保护、跨界水污染防治和区际生态补偿等。并积极依托地区产业基础与发展优势，确定地区重点城市群和产业的发展方向，逐渐形成有效的区域分工与协作格局。

（五）多主体的系统管理

流域开发管理的最终落脚点在于能够持续提供优质流域水资源、生态环境及社会效益，有效回应社会基本需求，不断满足人民的根本利益。因此要协调好社会、政府、企业等多元主体在区域公共事务中的共同参与，从而形成新时期国家事务管理和资源配置的协调新机制。

第一，加强流域治理的公共属性意识，多主体发挥重要作用。我国流域具有显著的共用性，在用水需求日渐增大和争水问题日益突出的现实情况下，部分流域城市面临水资源提供不足困境。根据流域属性和特点，社会整体应提供力所能及的保护行动和传播流域保护意识；政府应发挥管理核心主体作用，强化顶层设计和系统治理；企业应在水资源取用和污水排放方面主动加强监管意识和保护意识，为流域可持续发展提供重要保障。

第二，加强流域管理和水资源利用立法，为开展流域综合管理、公平利用和合理分配水资源等奠定法律基础；制定全流域保护和发展规划，协调社会、政府、企业和生产、生活、生态用水等各方面的关系，促进流域经济社会和生态环境全面协调可持续发展；在流域开发管理中不断提高流域生态的效益，贯彻“绿水青山就是金山银山”的时代号召，进一步为新时代流域科学治理建设重要的科学体制。

第三，通过不同主体的不同功能定位，明晰国家对流域的主体治理模式及开发方向，进而制定行之有效的措施进行开发和管理。我国江河众多，社会、政府、企业在参与治理与开发的过程中，必将面对错综复杂的现实条件，因此全社会治理是一条艰难之路，但这也是我国流域开发管理迈上新时代台阶的必由之路。通过社会大环境、政府重要政策、企业未来发展，不断确定主体功能定位，进而发挥不同主体角色功能和优势，最终建立属于我国的“社会治理、政府管控、企业协作”的多主体流域开发管理模式。

总而言之，“多要素、多目标、多时间、多空间、多主体”是新时代具有创新性的流域综合开发与管理的科学模式。它包括多项工作，如实现防洪减灾、航运发展、社会治理等目标，划分流域不同功能区和定位流域未来发展的重要方向，建立属于全体流域共用或部分流域使用的流域生态文明体制等。流域科学管理模式中的脉络关系层层递进、错综复杂，全面覆盖了经济、社会、生态等各维度要素，同时兼顾流域开发与管理的综合性、协同性、系统性，为我国流域治理与开发提供了一个新的流域管理模式。

三、科学模式赋能黄河流域生态保护和高质量发展

中共中央、国务院印发的《黄河流域生态保护和高质量发展规划纲要》，提出要把黄河流域建设成“大江大河治理的重要标杆”，这为探索流域综合治理与开发的科学模式与流域生态文明治理体系提供了难得的历史机遇。落实国家重大战略要求，必须遵循流域发展的自然规律和客观规律，树立生态保护为核心、高质量发展为抓手的思想，坚持生态优先、绿色发展，因地制宜、分类施策，统筹谋划、协同推进，以科学的流域综合开发与管理模式赋能黄河流域生态保护和高质量发展。

党的十八大以来，习近平总书记高度重视黄河流域生态环境问题，他指出“治理黄河，重在保护，要在治理。要坚持山水林田湖草综合治理、系统治理、源头治理，统筹推进各项工作，加强协同配合，推动黄河流域高质量发展”，同时“要科学分析当前黄河流域生态保护和高质量发展形势，把握好推动黄河流域生态保护和高质量发展的重大问题，咬定目标、脚踏实地，埋头苦干、久久为功，确保‘十四五’时期黄河流域生态保护和高质量发展取

得明显成效”。这充分体现了总书记对于流域综合治理与开发的多目标、多要素、多时间、多空间和多主体内涵的重视。

自《黄河流域生态保护和高质量发展规划纲要》发布以来，沿黄各省区协力推进黄河治理和开发，强化综合性防洪减灾体系建设，搭建黄河保护治理“四梁八柱”。根据水资源和生态环境承载力，优化能源开发布局，统筹考虑全流域水资源科学配置，合理开发和高效利用国土空间。尤其是习近平总书记提出的“节水优先、空间均衡、系统治理、两手发力”的新时期治水理念，以及“推动经济发展质量变革、效率变革、动力变革”等不难看出，流域的综合治理开发要注重流域的系统性、协同性、综合性问题，要以多要素、多主体的合理需求为前提，进行多时空角度的分析，兼顾水资源与流域的核心要素，最终完成多目标的达成。

黄河流域的综合治理与开发，核心虽为治水，但是要克服就水论水的片面性，突出黄河治理的全局性、整体性和协同性，通过山水林田湖草沙的综合发力，以及对黄河源头至入海口的全域统筹和科学调控，从而实现黄河安澜。上游要注重水源涵养、中游则要着重水土保持治沙、下游要以保护湿地和滩区治理为主进行生态保护，配合产业绿色转型，水—人—地—产—城的空间均衡配置，水资源的节约集约利用，水环境污染的综合治理，多元发力，以实现流域水沙协调、生态友好、经济高质量发展的目标。随着黄河流域综合治理与开发的推进，其治理的目标也在不断演进。近期重点是改善人水关系，提升流域的水资源保障与水安全能力，同时使经济发展动力和效率大幅提升，使流域生态共治、环境共保、城乡区域协调联动发展的格局逐步形成，即着重在治水和高质量发展模式形成方面取得成效。到远期则要实现黄河流域生态环境的全面改善、现代化经济体系的基本建成，实现流域综合要素和目标的协同发展。

习近平总书记曾说过“黄河宁，天下平”，黄河流域的长治久安是保障国家统一、社会稳定的重中之重。我国对于黄河流域治理、开发与管理的历史探索脚步从未停歇，如今面对新时代、新理念、新发展态势，我国在黄河治理中着眼于生态文明建设全局，加大治理和生态保护力度，黄河流域经济社会发展和百姓生活发生了很大的变化，这是中国新时代经济发展与环境保护的新平衡，是流域未来发展的明灯。通过国内外流域治理、开发与管理的不同情况，总结出属于我国及黄河流域的新科学模式是历史进步的必然结果，也是未来流域发展的必由之路，虽前路漫漫，但黄河流域生态保护和高质量发展将坚定不移地一直向前！

参考文献

［1］Chen XJ, Hu CH, An YQ, et al. Comprehensive evaluation method for sediment allocation effects in the Yellow River［J］. *International Journal of Sediment Research*, 2020, 35.

［2］IPCC. AR6 Climate Change 2021: The Physical Science Basis［R］.2021.

［3］Wang GQ, Wu BS, Wang ZY. Sedimentation problems and management strategies of Sanmenxia Reservoir, Yellow River, China［J］. *Water Resources Research*, 2005, 41, W09417.

［4］Wang YF, Fu BJ, Chen LD, et al. Check dam in the Loess Plateau of China: Engineering for environmental services and food security［J］. *Environmental Science & Technology*, 2011, 45.

［5］Zhang JL, Shang YZ, Liu JY, et al. Optimisation of reservoir operation mode to improve sediment transport capacity of silt-laden rivers［J］. *Journal of Hydrology*, 2021, 594, 125951.

［6］K. 拉姆，张沙，张兰．莱茵河水资源管理的创新［J］. 水利水电快报，2009，30（9）.

［7］北极星环保网．陕西省黄河流域生态保护和高质量发展规划［EB/OL］. https://huanbao.bjx.com.cn/news/20220425/1220398.shtml, 2022-04-25/2022-06-01.

［8］毕华兴，刘立斌，刘斌．黄土高塬沟壑区水土流失综合治理范式［J］.

中国水土保持科学，2010，8（4）.

［9］毕雪燕，赵爽．黄河非遗衍生品传播与经济开发协同发展研究［J］.新闻爱好者，2021（8）.

［10］曹楚生，张丛林．当前黄河干流治理的策略［J］．人民黄河，2012，34（7）.

［11］曾贤刚．生态产品价值实现机制［J］．环境与可持续发展，2020，45（6）.

［12］陈翠霞，安催花，罗秋实，等．黄河水沙调控现状与效果［J］．泥沙研究，2019，44（2）.

［13］陈康，苏佳林，王延贵，等．黄河干流水沙关系变化及其成因分析［J］．泥沙研究，2019，44（6）.

［14］陈文龙，刘培，陈军．珠江河口治理与保护思考［J］．中国水利，2020（20）.

［15］陈祖煜，李占斌，王兆印．对黄土高原淤地坝建设战略定位的几点思考［J］．中国水土保持，2020（9）.

［16］打造新时代黄河文化地标全面展示黄河文化魅力［EB/OL］．http://theory.workercn.cn/33915/202007/29/200729101219337_2.shtml.

［17］党丽娟．黄河流域水资源利用效率分区研究［J］．水资源开发与管理，2021（12）.

［18］邓生菊，陈炜．新中国成立以来黄河流域治理开发及其经验启示［J］．甘肃社会科学，2021（4）.

［19］邓祥征，杨开忠，单菁菁，等．黄河流域城市群与产业转型发展［J］．自然资源学报，2021，36（2）.

［20］丁民．对流域保护治理工作的几点思考［J］．水利发展研究，2020，20（3）.

［21］董锁成，史丹，李富佳，等．中部地区资源环境、经济和城镇化形势与绿色崛起战略研究［J］．资源科学，2019，41（1）.

[22] 董力．适应新时代水利改革发展要求推进幸福河湖建设论文集[M]．武汉：长江出版社，2021.

[23] 鄂尔多斯市人民政府．鄂尔多斯市民营经济促进条例[EB/OL]. http://www.ordos.gov.cn/xw_127672/jreeds/202110/t20211025_3028526.html,2021-10-23/2022-06-01.

[24] 樊杰，王亚飞，王怡轩．基于地理单元的区域高质量发展研究——兼论黄河流域同长江流域发展的条件差异及重点[J]．经济地理，2020，40（1）.

[25] 樊杰，赵艳楠．面向现代化的中国区域发展格局：科学内涵与战略重点[J]．经济地理，2021（1）.

[26] 樊杰，周侃．以“三区三线”深化落实主体功能区战略的理论思考与路径探索[J]．中国土地科学，2021，35（9）.

[27] 方露露，许德华，王伦澈，等．长江、黄河流域生态系统服务变化及权衡协同关系研究[J]．地理研究，2021，40（3）.

[28] 冯彦，何大明．多瑙河国际水争端仲裁案对我国国际河流开发的启示[J]．长江流域资源与环境，2002（5）.

[29] 弗雷兹，曼吉尔，邢勇梁．从多瑙河到莱茵河流域的大规模调水[J]．海河水利，1983（S2）.

[30] 福建省水利厅．中共中央办公厅、国务院办公厅《国家生态文明试验区（福建）实施方案》[EB/OL]. http://slt.fujian.gov.cn/xxgk/fggw/gjzcxwj/202103/t20210301_5542568.htm, 2021-03-01/2022-06-01.

[31] 甘肃日报．省委省政府印发《甘肃省黄河流域生态保护和高质量发展规划》[EB/OL]. http://www.gansu.gov.cn/gsszf/gsyw/202110/1878182.shtml, 2021-10-27/2022-06-01.

[32] 甘肃日报．甘肃省人民政府办公厅印发《关于构建亲清新型政商关系的意见》[EB/OL]. http://szb.gansudaily.com.cn/gsrb/201806/28/c71896.html. 2018-06-28/2022-06-01.

［33］甘肃省人民政府关于印发甘肃省国民经济和社会发展第十四个五年规划和二〇三五年远景目标纲要的通知［EB/OL］. http://www.gansu.gov.cn/gsszf/c100054/202103/1367563.shtml, 2021-03-02/2022-06-01.

［34］甘肃省生态环境厅．全文实录|甘肃省生态环境厅召开2022年第1次新闻发布会［EB/OL］. http://sthj.gansu.gov.cn/sthj/c113072/202201/1960492.shtml,2022-01-25/2022-06-15.

［35］甘肃省税务局．甘肃省深化“放管服”改革取得新成效［EB/OL］. https://baijiahao.baidu.com/s?id=1695526932795630391&wfr=spider&for=pc,2021-03-29/2022-06-01.

［36］高国力，贾若祥，王继源，等．黄河流域生态保护和高质量发展的重要进展综合评价及主要导向［J］. 兰州大学学报（社会科学版）,2022,50(2).

［37］高海东，贾莲莲，庞国伟，等．淤地坝“淤满”后的水沙效应及防控对策［J］. 中国水土保持科学，2017，15（2）.

［38］戈大专，陆玉麒，孙攀．论乡村空间治理与乡村振兴战略［J］. 地理学报，2022，77（4）.

［39］耿凤娟，苗长虹，胡志强．黄河流域工业结构转型及其对空间集聚方式的响应［J］. 经济地理，2020（6）.

［40］工业和信息化部．“十四五”工业绿色发展规划［EB/OL］. https://www.miit.gov.cn/zwgk/zcwj/wjfb/tz/art/2021/art_4ac49eddca6f43d68ed17465109b6001.html.

［41］共产党员网．党的十九大报告［EB/OL］. https://news.12371.cn/2018/10/31/ARTI1540950310102294.shtml, 2018-10-31/2022-06-01.

［42］郭利君，张瑞美，尤庆国．河湖长制背景下加强流域水政执法监管的思考与建议［J］. 水利发展研究，2020，20（5）.

［43］国家发展改革委、农业部、国家林业局印发特色农产品优势区建设规划纲要［EB/OL］. http://www.ghs.moa.gov.cn/gzdt/201904/t20190418_6180943.htm.

［44］中华人民共和国国家发展和改革委员会．国家发展改革委负责同志就《关于扩大战略性新兴产业投资 培育壮大新增长点增长极的指导意见》答记者问［EB/OL］. https://www.ndrc.gov.cn/xxgk/jd/jd/202009/t20200923_1239481.html? code=&state=123.

［45］国务院．优化营商环境条例［EB/OL］. http://www.gov.cn/zhengce/content/2019-10/23/content_5443963.htm.

［46］国务院国有资产监督管理委员会．陕西省国企改革三年行动取得实质性进展［EB/OL］. http://www.sasac.gov.cn/n2588025/n2588129/c24755648/content.html,2022-05-25/2022-06-01.

［47］海报新闻．踔厉笃行推进新旧动能转换　全面开创山东高质量发展新局面［EB/OL］. https://baijiahao.baidu.com/s?id=1733793775637286862&wfr=spider&for=pc.

［48］海报新闻．按需放权、市县同权、“负面清单”授权……山东一系列措施推动权力“放得下”［EB/OL］. https://baijiahao.baidu.com/s?id=1687394273104104904&wfr=spider&for=pc,2020-12-29/2022-06-01.

［49］韩佳希．德国莱茵河流域生态经济发展的经验对我国长江生态经济发展的启示［D］．大连：东北财经大学，2007.

［50］韩其为．三门峡水库的功过与经验教训［J］．人民黄河，2013，35（11）.

［51］韩全林，游益华．论习近平治水思想的哲学内涵与实践意义［J］．水利发展研究，2019，19（1）.

［52］韩若冰，黄潇婷．“日常生活”视角下黄河文化与文旅融合创新发展［J］．民俗研究，2021（6）.

［53］河南日报．中共河南省委办公厅、河南省人民政府办公厅印发《关于规范政商交往行为构建亲清政商关系的若干意见》［EB/OL］. https://baijiahao.baidu.com/s?id=1683701912591951159&wfr=spider&for=pc,2020-11-18/2022-06-01.

［54］河南省人民政府．河南省国民经济和社会发展第十四个五年规划和二〇三五年远景目标纲要［EB/OL］．https://www.henan.gov.cn/2021/04-13/2124914.html,2021-04-13/2022-06-01.

［55］河南省人民政府门户网站．全省首批社会信用体系建设示范县（市、区）评定视频会召开［EB/OL］．http://www.henan.gov.cn/2022/01-10/2380218.html,2022-01-10/2022-06-01.

［56］河南省人民政府门户网站．央媒看河南丨河南首批重组国企集中挂牌［EB/OL］．http://www.henan.gov.cn/2022/04-05/2426028.html,2022-04-05/2022-06-01.

［57］洪宇．国际跨界水环境管理经验探析——以莱茵河为例［J］．科技情报开发与经济，2008（26）．

［58］后立胜，许学工．密西西比河流域治理的措施及启示［J］．人民黄河，2001（1）．

［59］胡春宏，张双虎，张晓明．新形势下黄河水沙调控策略研究［J］．中国工程科学，2022，24（1）．

［60］胡春宏，张晓明．黄土高原水土流失治理与黄河水沙变化［J］．水利水电技术，2020，51（1）．

［61］胡春宏．构建黄河水沙调控体系，保障黄河长治久安［J］．科技导报，2020，38（17）．

［62］胡文俊，陈霁巍，张长春．多瑙河流域国际合作实践与启示［J］．长江流域资源与环境，2010，19（7）．

［63］胡文俊，杨建基，黄河清．尼罗河流域水资源开发利用与流域管理合作研究［J］．资源科学，2011，33（10）．

［64］胡咏君，吴剑，胡瑞山．生态文明建设“两山”理论的内在逻辑与发展路径［J］．中国工程科学，2019（5）．

［65］胡智丹，郑航，王忠静．黄河干流水量分配的演变及多数据流模型分析［J］．水力发电学报，2015，34（8）．

［66］黄河流域水系统治理战略与措施项目组．黄河流域水系统治理战略研究［J］．中国水利，2021（5）．

［67］黄河上中游管理局．推进小流域综合治理　建设生态文明［EB/OL］．http://umb.yrcc.gov.cn/News/17711, 2016.

［68］黄河网．枢纽工程［EB/OL］．http://yrcc.gov.cn/hhyl/sngc, 2011-08-13/2022-06-01.

［69］黄河文化旅游带重点项目分析与解读［EB/OL］．http://icit.ruc.edu.cn/zxdt/ef180f9eae3d42fca69fa93ecf8598d2.htm.

［70］黄河中上游管理局．黄河中上游管理局积极探索建立黄河上中游流域监督协调机制［EB/OL］．http://umb.yrcc.gov.cn/News/26175,2021-12-02/2022-06-17.

［71］黄群慧，李芳芳．中国工业化进程报告（2021）—迈向新发展阶段［M］．北京：社会科学文献出版社，2022.

［72］黄润秋．改革生态环境损害赔偿制度，强化企业污染损害赔偿责任［J］．绿色包装，2016（10）．

［73］黄维华，李杰．小浪底水利枢纽生态影响分析与实践［J］．水利建设与管理，2021（12）．

［74］姬鹏程．加快完善我国流域生态补偿机制［J］．宏观经济管理，2018（10）．

［75］季林云，孙倩，齐霁．刍议生态环境损害赔偿制度的建立——生态环境损害赔偿制度改革5年回顾与展望［J］．环境保护，2020，48（24）．

［76］济南市城乡水务局．济南黄河河务局建立济南黄河流域与区域水行政联合执法机制工作方案［EB/OL］．http://jnwater.jinan.gov.cn/art/2021/11/4/art_82196_4767830.html,2021-11-04/2022-06-17.

［77］贾美平，宋喜雷，王育杰．三门峡水库在黄河调水调沙体系中的作用［J］．人民黄河，2017，39（7）．

［78］贾绍凤，梁媛．新形势下黄河流域水资源配置战略调整研究［J］．

资源科学，2020，42（1）.

［79］贾永锋，赵萌，尚长健，等．黄河流域地下水环境现状、问题与建议［J］．环境保护，2021，49（13）.

［80］江恩慧，屈博，曹永涛，等．着眼黄河流域整体完善防洪工程体系［J］．中国水利，2021（18）.

［81］蒋凡，秦涛，田治威．生态脆弱地区生态产品价值实现研究——以三江源生态补偿为例［J］．青海社会科学，2020（2）.

［82］金凤君，马丽，许堞，等．黄河流域产业绿色转型发展的科学问题与研究展望［J］．中国科学基金，2021（4）.

［83］金凤君，马丽，许堞．黄河流域产业发展对生态环境的胁迫诊断与优化路径识别［J］．资源科学，2020（1）.

［84］金凤君，林英华，马丽，等．黄河流域战略地位演变与高质量发展方向［J］．兰州大学学报（社会科学版），2022，50（1）.

［85］金凤君．黄河流域生态保护和高质量发展的协调推进策略［J］．改革，2019（11）.

［86］金凤君，姚作林．新全球化与中国区域发展战略优化对策［J］．世界地理研究，2021，30（1）.

［87］孔祥智，卢洋啸．建设生态宜居美丽乡村的五大模式及对策建议——来自5省20村调研的启示［J］．经济纵横，2019（1）.

［88］兰立军，杨俊，李晓霞，等．黄土高原淤地坝工程水资源利用模式与展望［J］．中国水土保持，2022（2）.

［89］李敏，张旭，郑冬燕．珠江流域综合治理开发与保护思路［J］．人民珠江，2013，34（S1）.

［90］李清杰，付永锋，李克飞．黄河流域节水型社会建设探讨［J］．人民黄河，2013，35（10）.

［91］李文学．黄河骨干水库工程的建设运用实践与启示［J］．人民黄河，2019，41（10）.

［92］李小建，文玉钊，李元征，等．黄河流域高质量发展：人地协调与空间协调［J］．经济地理，2020（4）．

［93］李新杰，周恒，李晖，等．黄河刘家峡水库增建减淤发电工程及调控关键技术研究与应用［J］．西北水电，2021（5）．

［94］李烨，余猛．国外流域地区开发与治理经验借鉴［J］．中国土地，2020（4）．

［95］李智广．试论黄河流域水土保持高质量发展目标与途径［J］．中国水利．2020（10）．

［96］李宗善，杨磊，王国梁，等．黄土高原水土流失治理现状、问题及对策［J］．生态学报，2019，39（20）．

［97］林嵬，邓卫华．黄河陷入"功能性断流"［J］．瞭望新闻周刊，2003（17）．

［98］刘柏君，彭少明，崔长勇．新战略与规划工程下的黄河流域未来水资源配置格局研究［J］．水资源与水工程学报，2020，31（2）．

［99］刘国波．30年来三江源生态系统质量和服务时空变化及其驱动机制研究［D］．北京：中国科学院大学，2021.

［100］刘航，耿煜周，董琦．国外流域开发保护经验及对我国的启示［J］.中国水利，2021（10）．

［101］刘丽．我国国家生态补偿机制研究［D］．青岛：青岛大学，2010.

［102］刘倩．生态环境损害赔偿：概念界定、理论基础与制度框架［J］．中国环境管理，2017，9（1）．

［103］刘同凯，贾明敏，马平召．强化刚性约束下的黄河水资源节约集约利用与管理研究［J］．人民黄河，2021，43（8）．

［104］刘晓燕，高云飞，马三保，等．黄土高原淤地坝的减沙作用及其时效性［J］．水利学报，2018，49（2）．

［105］刘晓燕，高云飞，田勇，等．黄河潼关以上坝库拦沙作用及流域百年产沙情势反演［J］．人民黄河，2021，43（7）．

[106] 刘晓燕，王瑞玲，张原锋，等.黄河河川径流利用的阈值[J].水利学报，2020，51(6).

[107] 刘晓燕.关于黄河水沙形势及对策的思考[J].人民黄河，2020，42(9).

[108] 刘晓燕.科技治河[M].郑州：黄河水利出版社，1997.

[109] 刘永恒，王鹏杰.找准财政杠杆发力点“沟域经济”推动乡村振兴[J].中国财政，2020(19).

[110] 刘长江.乡村振兴战略视域下美丽乡村建设对策研究——以四川革命老区D市为例[J].四川理工学院学报(社会科学版)，2019，34(1).

[111] 刘峥延，李忠，张庆杰.三江源国家公园生态产品价值的实现与启示[J].宏观经济管理，2019(2).

[112] 娄广艳，葛雷，黄玉芳，等.黄河下游生态调度效果评估研究[J].人民黄河，2021，43(7).

[113] 吕彩霞，王海洋.落实水资源刚性约束加强水资源监督管理——访水利部水资源管理司司长杨得瑞[J].中国水利，2020(24).

[114] 马海涛，徐楦钫.黄河流域城市群高质量发展评估与空间格局分异[J].经济地理，2020(4).

[115] 马丽，田华征，康蕾.黄河流域矿产资源开发的生态环境影响与空间管控路径[J].资源科学，2020(1).

[116] 内蒙古自治区发展和改革委.内蒙古自治区发展和改革委员会关于印发《关于进一步完善煤炭价格形成机制实施方案》的通知[EB/OL].http://fgw.nmg.gov.cn/zfxxgk/fdzdgknr/bmwj/202204/t20220428_2047744.html,2022-04-21)/2022-06-01.

[117] 内蒙古自治区人民政府办公厅.内蒙古自治区人民政府办公厅关于印发自治区“十四五”应急体系建设规划的通知[EB/OL].https://www.nmg.gov.cn/ztzl/sswghjh/zxgh/mzfpjz/202201/t20220112_1993262.html，2022-01-12/2022-06-01.

［118］内蒙古自治区人民政府国有资产监督管理委员会．国企改革：开弓没有回头箭［EB/OL］．http://gzw.nmg.gov.cn/ztjj/gqggzzxd/ggdx2022/202205/t20220518_2057352.html,2022-05-18/2022-06-01.

［119］内蒙古自治区生态环境厅．内蒙古自治区召开《内蒙古自治区生态环境损害赔偿工作规定（试行）》政策例行吹风会［EB/OL］．https://sthjt.nmg.gov.cn/hdjl/xwfbh/202203/t20220324_2022543.html,2022-03-24/2022-06-01.

［120］宁佳，邵全琴．黄土高原土地利用及生态系统服务时空变化特征研究［J］．农业环境科学学报，2020，39（4）.

［121］牛玉国，王煜，李永强，等．黄河流域生态保护和高质量发展水安全保障布局和措施研究［J］．人民黄河，2021，43（8）.

［122］农林资讯．我国9种耕地保护制度！要牢记！［EB/OL］．https://baijiahao.baidu.com/s?id=1732981641800908482&wfr=spider&for=pc.

［123］潘彬．黄河水沙变化及其对气候变化和人类活动的响应［D］．济南：山东师范大学，2021.

［124］彭少明，郑小康，严登明，等．黄河流域水资源供需新态势与对策［J］．中国水利，2021（18）.

［125］澎湃新闻．小麦未熟就收割做青贮饲料引关注，农业农村部发通知坚决禁止毁麦［EB/OL］．https://m.thepaper.cn/baijiahao_18049035.

［126］蒲朝勇．奋力推进黄河流域水土保持高质量发展［J］．中国水利，2021（18）.

［127］齐鲁网·闪电新闻．山东产权交易集团正式成立 加挂山东省公共资源（国有产权）交易中心［EB/OL］．https://sdxw.iqilu.com/w/article/YS0yMS03OTI2NjM4.html,2021-06-28/2022-06-01.

［128］秦天玲，吕锡芝，刘姗姗，等．黄河流域水土资源联合配置技术框架［J］．水利水运工程学报，2022（1）.

［129］青海日报．青海省“诚信兴商宣传”活动正式拉开帷幕［EB/OL］．https://epaper.tibet3.com/qhrb/html/202204/06/content_89553.html,2022-04-

06/2022-06-01.

[130] 青海日报. 西宁民营经济发展智库助推高质量发展[EB/OL]. https://baijiahao.baidu.com/s?id=1683509452803693738&wfr=spider&for=pc,2020-11-16/2022-06-01.

[131] 青海新闻网. 强化联合执法巩固黄河禁捕秩序[EB/OL]. http://www.qhnews.com/newscenter/system/2022/06/15/013587595.shtml,2022-06-15/2022-06-17.

[132] 人民网. 中共中央关于全面深化改革若干重大问题的决定[EB/OL]. http://politics.people.com.cn/n/2013/1116/c1001-23560979.html,2013-11-16/2022-06-01.

[133] 人民网-内蒙古频道. 2021 内蒙古自治区"诚信兴商宣传月"活动[EB/OL]. http://nm.people.com.cn/n2/2021/1009/c196689-34948386.html,2021-10-09/2022-06-01.

[134] 融媒体背景下黄河文化传播的策略研究[EB/OL]. https://baijiahao.baidu.com/s?id=1695002672442393542&wfr=spider&for=pc.

[135] 赛迪顾问新锐评论. 多措并举发力先进制造业打造黄河流域高质量发展的动力源[EB/OL]. https://www.ccidgroup.com/info/1105/33670.htm.

[136] 山东省纪委监委网站. 厘清政商交往定位规范政商交往行为——山东出台《关于规范政商交往推进构建亲清新型政商关系的工作意见(试行)》[EB/OL]. http://www.sdjj.gov.cn/ywyl/201904/t20190422_11436613.html,2019-04-22/2022-06-01.

[137] 山东省人民政府. 鲁豫签订省际横向生态补偿协议 共同支持黄河流域生态保护[EB/OL]. http://www.shandong.gov.cn/art/2021/5/9/art_97560_412565.html,2021-05-09/2022-06-01.

[138] 山东省人民政府. 山东省国民经济和社会发展第十四个五年规划和2035 年远景目标纲要的通知[EB/OL]. http://www.shandong.gov.cn/art/2021/4/25/art_239598_515217.html,2021-04-25/2022-06-01.

[139] 山东省人民政府．山东省黄河流域生态保护和高质量发展规划[EB/OL]．http://www.shandong.gov.cn/art/2022/2/15/art_107851_117497.html 2022-02-15/2022-06-01.

[140] 山东省生态环境厅．山东省生态环境厅 2021 年度法治政府建设情况报告[EB/OL]．http://sthj.shandong.gov.cn/zwgk/gsgg/202203/t20220310_3873367.html,2022-03-10/2022-06-01.

[141] 山东省统计局．2021 年山东省国民经济和社会发展统计公报[EB/OL]．http://tjj.shandong.gov.cn/art/2022/3/2/art_104039_10294365.html?xxgkhide=1,2022-03-02/2022-06-01.

[142] 山东水利厅．完善政策法规 强化监督管理 努力在实施深度节水控水行动中走在前[EB/OL]．http://qgjsb.mwr.gov.cn/zwxw/jsyw/202203/t20220304_1563553.html,2022-03-04/2022-06-01.

[143] 山西省发展和改革委员会．山西省发展和改革委员会关于贯彻落实《国家发展改革委关于进一步完善煤炭市场价格形成机制的通知》的通知[EB/OL]．http://fgw.shanxi.gov.cn/sxfgwzwgk/sxsfgwxxgk/xxgkml/zfxxgkxgwj/202204/t20220411_5832651.shtml,2022-03-28/2022-06-01.

[144] 山西省高级人民法院．省高院发布《山西环境资源审判白皮书(2021)》及典型案例[EB/OL]．https://shanxify.chinacourt.gov.cn/article/detail/2022/06/id/6719317.shtml,2022-06-02/2022-06-15.

[145] 山西省人民政府．《山西省黄河流域生态保护和高质量发展规划》印发实施[EB/OL]．http://www.shanxi.gov.cn/zw/zfgkzl/fdzdgknr/ghxx/202204/t20220407_ 961719.shtml,2022-04-07/2022-06-01.

[146] 山西省人民政府．【奋进新征程 建功新时代——伟大变革】营商环境优化 市场活力迸发[EB/OL]．http://www.shanxi.gov.cn/yw/sxyw/202206/t20220602_967764_slb.shtml,2022-06-02/2022-06-03.

[147] 山西省人民政府．全省政法系统划出“十个不准”“五个不得”[EB/OL]．http://www.shanxi.gov.cn/yw/sxyw/202005/t20200511_799707.shtml, 2020-05-

11/2022-06-01.

［148］山西省水利厅．山西省水利厅等部门联合印发了《关于服务保障黄河流域生态保护和高质量发展加强协作的意见》［EB/OL］．https://slj.sxxz.gov.cn/zwyw/gzdt/202103/t20210309_3608162.html,2021-03-09/2022-06-17.

［149］闪电新闻．改革攻坚在行动，山东省企业诉求“接诉即办”平台：企有所诉 我必有应［EB/OL］．https://www.sohu.com/a/401286159_100023701?_trans_=000014_bdss_dklzxbpcgP3p:CP=,2020-06-11/2022-06-01.

［150］陕西省发展和改革委员会．陕西省发展和改革委员会关于做好我省2022年煤炭中长期合同监管工作的通知［EB/OL］．http://sndrc.shaanxi.gov.cn/fgwj/2022nwj/RNVbYj.htm,2022-03-23/2022-06-01.

［151］陕西省人民政府．陕西省人民政府关于印发国民经济和社会发展第十四个五年规划和二〇三五年远景目标纲要的通知［EB/OL］．http://www.shaanxi.gov.cn/zfxxgk/zfgb/2021/d8q/202104/t20210430_ 2162178.html,2021-04-30/2022-06-01.

［152］陕西省人民政府．陕西省推进职能转变协调小组关于印发《陕西省2018年深化“放管服”改革工作要点》的通知［EB/OL］. http://www.shaanxi.gov.cn/xw/ztzl/zxzt/jjsxtjzfznzbhfgfgg/xgwj_631/stjznzbxdxzwj/201806/t20180620_1484150.html,2018-06-20/2022-06-01.

［153］陕西省生态环境厅．陕西省生态环境厅关于2021年度法治政府建设情况的报告［EB/OL］．http://sthjt.shaanxi.gov.cn/newstype/open/xxgkml/state/list/20220505/78757.html,2022-04-06/2022-06-15.

［154］陕西省西咸新区开发建设管理委员会办公室．关于印发《中国（陕西）自由贸易试验区“十四五”规划》的通知［EB/OL］．http://www.xixianxinqu.gov.cn/zwgk/fdzdgknr/zwwj/gwhwj/ 61adc309f8fd1c0bdc7273da.html,2021-11-10/2022-06-01.

［155］尚文绣，彭少明，王煜，等．小浪底水利枢纽对黄河下游生态的影响分析［J］．水资源保护，2022，38（1）.

［156］邵全琴，樊江文，刘纪远，等．基于目标的三江源生态保护和建设一期工程生态成效评估及政策建议［J］．中国科学院院刊，2017，32（1）．

［157］沈桂花．莱茵河水资源国际合作治理困境与突破［J］．水资源保护，2019，35（6）．

［158］国家发改委、国家能源局等九部门．十四五可再生能源规划［EB/OL］．https://www.ndrc.gov.cn/xxgk/zcfb/ghwb/202206/t20220601_1326719.html?code=&state=123,2022-06-01/2022-06-28.

［159］石嘴山市生态环境局．联手共防 携手共治 共保黄河流域水生态环境安全［EB/OL］．https://mp.weixin.qq.com/s/evnIg8erB_z-EmtZpsSWnA,2022-04-18/2022-06-17.

［160］水利部和国家发展改革委．实施黄河流域淤地坝建设和坡耕地水土流失综合治理“十四五”实施方案［J］．中国水利,2021,（16）.

［161］水利部黄河水利委员会．黄河流域综合规划（2012—2030年）［M］．郑州：黄河水利出版社，2013.

［162］水利部黄河水利委员会．黄委明确“十四五”五大目标任务［EB/OL］．http://www.hwswj.com.cn/news/show-189112.html, 2021-01-28.

［163］水利部黄河水利委员会．黄河年鉴2021［M］．郑州：黄河水利出版社，2021.

［164］水利部黄河水利委员会．山东河务局与山东省人民检察院联合建立协作配合机制［EB/OL］. http://www.yrcc.gov.cn/zwzc/szgl/202110/t20211021_234559.html,2021-10-21/2022-06-17.

［165］水利部小浪底水利枢纽管理中心．发挥联合执法优势 配合开展“禁渔期”巡查［EB/OL］．http://www.xiaolangdi.com.cn/sitesources/xldslsnzx/page_pc/xtdt/article774975b6e8134cdaa1dc5cfd3e4752c7.html?y7bRbp=qqruclVR9Ubo5QBH9eJoVV04gfNc8yHNylkwEEBdBxUW8CgqYimt6Zd63FYYv8lbUjq02H1u7fAROcsYkFcSrVE6Iz7DXQ2tfmdYRZaImEuHLfU82w7F3fp1pFMEo8xsGCvTWCNDdPf6GZcuDs3TxgFIT0x6_uj9TB4c4kTxo0NUX3 ct,2022-04-08/2022-06-17.

［166］四川省发展和改革委员会．四川省2022年社会信用体系建设工作要点［EB/OL］．http://fgw.sc.gov.cn//sfgw/gzdt/2022/3/3/f1ca68dfd21b40b58c775495bcc4b1c5.shtml,2022-03-03/2022-06-01.

［167］苏磊．基于长江流域与多瑙河流域洪水的东亚与欧洲水文比较研究［D］．南京：河海大学，2004.

［168］苏茂林．开展更高水平的黄河水量调度［J］．人民黄河，2021，43（1）.

［169］苏茂林，安新代．黄河水资源管理与调度［M］．郑州：黄河水利出版社，2008.

［170］孙久文，闫昊生．城镇化与产业化协同发展研究［J］．中国国情国力，2015（6）.

［171］孙久文，傅娟．主体功能区的制度设计与任务匹配［J］．重庆社会科学，2013（12）.

［172］孙久文，李方方，张静．巩固拓展脱贫攻坚成果 加快落后地区乡村振兴［J］．西北师大学报（社会科学版），2021，58（3）.

［173］孙久文．新技术变革下的城乡融合发展前景展望［J］．国家治理，2021（Z4）.

［174］孙志燕，施戍杰．优化水资源配置是黄河流域高质量发展的先手棋［EB/OL］．https://www.sohu.com/a/457069457_260616, 2021-03-24.

［175］唐家凯．沿黄河九省区水资源承载力评价与障碍因素研究［D］．兰州：兰州大学，2021.

［176］腾讯网．山东国企改革位居全国A级第一位！企业实力大幅跃升［EB/OL］．https://xw.qq.com/cmsid/20220517A02TN400,2022-05-17/2022-06-01.

［177］王光谦，钟德钰，吴保生．黄河泥沙未来变化趋势［J］．中国水利，2020（1）.

［178］王浩，孟现勇，林晨．黄河流域生态保护和高质量发展的主要问题

及重点工作研究［J］. 中国水利，2021（18）.

［179］王会昌. 尼罗河流域文明与地理环境变迁研究［J］. 人文地理，1996（1）.

［180］王慧，樊霖，程亮. 咬定目标 务实行动 扎实推进新阶段节水工作高质量发展——访全国节约用水办公室主任许文海［J］. 中国水利，2021（24）.

［181］王军涛，李根东，宋常吉，等. 黄河灌区高效节水灌溉发展对策与建议［J］. 灌溉排水学报，2021，40（增2）.

［182］王坤平，黄建胜，赵院. 黄河流域生态工程重点小流域治理经验与做法［J］. 中国水土保持，2002（10）.

［183］王猛飞，高传昌，张晋华，等. 黄河流域水资源与经济发展要素时空匹配度分析［J］. 中国农村水利水电，2016（6）.

［184］王庆忠. 国际河流水资源治理及成效——湄公河与莱茵河的比较研究［J］. 安徽广播电视大学学报，2017（1）.

［185］王胜鹏，乔花芳，冯娟，等. 黄河流域旅游生态效率时空演化及其与旅游经济互动响应［J］. 经济地理，2020（5）.

［186］王思凯，张婷婷，高宇，等. 莱茵河流域综合管理和生态修复模式及其启示［J］. 长江流域资源与环境，2018，27（1）.

［187］王益明，任婷婷. 复兴大坝与尼罗河流域的水资源竞争［J］. 区域与全球发展，2021，5（1）.

［188］王煜，彭少明，尚文绣，等. 基于水—沙—生态多因子的黄河流域水资源动态配置机制探讨［J］. 水科学进展，2021，32（4）.

［189］王煜，彭少明，武见，等. 黄河“八七”分水方案实施30年回顾与展望［J］. 人民黄河，2019，41（9）.

［190］王煜，彭少明，郑小康，等. 黄河“八七”分水方案的适应性评价与提升策略［J］. 水科学进展，2019，30（5）.

［191］王震中. 胶东早期海洋文明与海上丝绸之路之始［J］. 鲁东大学学报（哲学社会科学版），2016，33（1）.

［192］王忠静，郑航．黄河“八七”分水方案过程点滴及现实意义［J］．人民黄河，2019，41（10）．

［193］魏后凯，年猛，李功．“十四五”时期中国区域发展战略与政策［J］．中国工业经济，2020（5）．

［194］文园．黄河流域的史前文化［J］．化石，1995（4）．

［195］吴静．国家公园体制改革的国际镜鉴与现实操作［J］．改革，2017（11）．

［196］习近平．论把握新发展阶段、贯彻新发展理念、构建新发展格局［M］．北京：中央文献出版社，2021.

［197］习近平．在黄河流域生态保护和高质量发展座谈会上的讲话［J］．求是，2019（20）．

［198］习近平．在黄河流域生态保护和高质量发展座谈会上的讲话［J］．中国水利，2019（20）．

［199］夏军，刘柏君，程丹东．黄河水安全与流域高质量发展思路探讨［J］．人民黄河，2021，43（10）．

［200］谢疆．中国传统治水思想中的天人观念［J］．内蒙古水利，2013（4）．

［201］谢永刚．新中国70年治水的成就、方针、策略演变及未来取向［J］．当代经济研究，2019（9）．

［202］新华网．习近平在甘肃考察时强调 坚定信心开拓创新真抓实干 团结一心开创富民兴陇新局面［EB/OL］．http://www.xinhuanet.com/2019-08/22/c_1124909349.htm,2019-08-22/2022-06-17.

［203］徐国冲，何包钢，李富贵．多瑙河的治理历史与经验探索［J］．国外理论动态，2016（12）．

［204］徐辉，师诺，武玲玲，等．黄河流域高质量发展水平测度及其时空演变［J］．资源科学，2020（1）．

［205］央视网．习近平在全面推动长江经济带发展座谈会上强调 贯彻落实党的十九届五中全会精神 推动长江经济带高质量发展［EB/OL］．https://

news.cctv.com/2020/11/15/ARTIX6ozQAeGDyPIw0DZjsKa201115.shtml, 2020-11-15/2022-06-01.

[206] 杨得瑞. 深入推进黄河流域以水而定量水而行 [J]. 中国水利, 2021 (18).

[207] 杨希刚. 黄河干流骨干工程开发应注意的几个问题 [J]. 人民黄河, 1997 (6).

[208] 杨小柳, 邱雪莹. 流域管理的外部环境评价——以长江、莱茵河、多瑙河为例 [J]. 水利经济, 2013, 31 (1).

[209] 杨永春, 穆焱杰, 张薇. 黄河流域高质量发展的基本条件与核心策略 [J]. 资源科学, 2020 (3).

[210] 杨玉萍. 非洲尼罗河流域国家的生态安全评价 [D]. 兰州: 兰州大学, 2017.

[211] 杨越, 李瑶, 陈玲. 讲好"黄河故事": 黄河文化保护的创新思路 [J]. 中国人口·资源与环境, 2020, 30 (12).

[212] 杨正波. 莱茵河保护的国际合作机制 [J]. 水利水电快报, 2008 (1).

[213] 姚文艺, 侯素珍, 丁赟. 龙羊峡、刘家峡水库运用对黄河上游水沙关系的调控机制 [J]. 水科学进展, 2017, 28 (1).

[214] 银川日报. 银川: 推动民营经济高质量发展 [EB/OL]. http://ycrb.ycen.com.cn/epaper/ycrb/html/2022-03/07/content_7153.htm.

[215] 游进军, 王婷, 贾玲, 等. 黄河流域水资源供需合理调控方向与对策浅析 [J]. 国土资源情报, 2021 (4).

[216] 游志斌. 健全国家应急管理体系 提高处理急难险重任务能力 [J]. 中国应急管理科学, 2020 (2).

[217] 榆林网. 榆林: "十大亮点" 加快非公有制经济发展 [EB/OL]. http://www.ylrb.com/2017/0523/362627.shtml, 2017-05-23/2022-06-01.

[218] 袁和第, 信忠保, 侯健, 等. 黄土高原丘陵沟壑区典型小流域水土流失治理模式 [J]. 生态学报, 2021, 41 (16).

[219] 越少芳. 美国罗斯福新政期间对田纳西河流域的治理与开发研究[D]. 呼和浩特：内蒙古大学，2013.

[220] 詹森杨. 河流、景观与遗产互联的黄河文化生态保护[J]. 民俗研究，2021（3）.

[221] 张保伟，崔天. 黄河流域治理共同体及其构建路径分析[J]. 人民黄河，2020，42（8）.

[222] 张滇军，张继宇. 浅谈落实黄河流域水资源刚性约束的强监管措施[J]. 四川水利，2020（4）.

[223] 张红武，方红卫，钟德钰，等. 宁蒙黄河治理对策[J]. 水利水电技术，2020，51（2）.

[224] 张红武，张罗号，景唤，等. 山东对黄河流域生态保护和高质量发展的作用不可替代[J]. 水利水电技术（中英文），2021，52（1）.

[225] 张建军，彭勃，郝伏勤，等. 黄河流域水资源保护措施[J]. 人民黄河，2013，35（10）.

[226] 张金良，胡春宏，刘继祥. 多沙河流水库"蓄清调浑"运用方式及其设计技术[J]. 水利学报，2022，53（1）.

[227] 张金良，刘继祥. 黄河水沙调控体系与机制建设研究[J]. 中国水利，2021（18）.

[228] 张金良，鲁俊，韦诗涛，等. 小浪底水库调水调沙后续动力不足原因和对策[J]. 人民黄河，2021，43（1）.

[229] 张金良. 关于完善黄河流域防洪工程体系相关举措的思考[J]. 人民黄河，2022，44（1）.

[230] 张细兵. 中国古代治水理念对现代治水的启示[J]. 人民长江，2015，46（18）.

[231] 张新海，赵麦换，杨立彬. 黄河流域水资源配置方案研究[J]. 人民黄河，2011，33（11）.

[232] 张学良，贾文星，费婷怡. 黄河流域生态保护和郑洛西高质量发展

合作带建设座谈会综述［J］. 区域经济评论，2021（4）.

［233］赵广举，穆兴民，高鹏，等. 简析治河史探黄河现代治理之策［J］. 人民黄河，2021，43（6）.

［234］赵虎，杨松，郑敏. 济南黄河文化遗产构成体系及保护策略研究［J］. 中国文化遗产，2021（1）.

［235］赵楠，刘毅，陈吉宁，等. 流域水污染防治的比较研究——淮河与莱茵河、多瑙河［J］. 环境科学与管理，2009，34（9）.

［236］赵鹏飞. 三江源国家公园生态补偿调研现状及对策研究［J］. 法制与经济，2018（12）.

［237］赵瑞，申玉铭. 黄河流域服务业高质量发展探析［J］. 经济地理，2020（6）.

［238］郑岩. 人民网评：生态保护补偿制度点亮绿色未来［EB/OL］. http://opinion.people.com.cn/n1/2021/0914/c223228-32226834.html,2021-09-14/2022-06-01.

［239］郑燕. 黄河故事的IP化打造和产业化开发策略研究［J］. 东岳论丛，2021，42（9）.

［240］李政海，王海梅，韩国栋，等. 黄河下游断流研究进展［J］. 生态环境，2007（2）.

［241］中共天水市委党校. 关于建立渭河全流域生态补偿机制的建议［EB/OL］. http://www.zgtsswdx.com/index.php?m=content&c=index&a=show&catid=27&id=3537,2021-01-18/2022-06-01.

［242］中共中央党校（国家行政学院）. 在深入推动长江经济带发展座谈会上的讲话［EB/OL］. https://www.ccps.gov.cn/xxsxk/zyls/201908/t20190831_133922.shtml, 2019-08-31/2022-06-01.

［243］中国发展网. 打响“诚信山东”品牌 山东出台“十四五”社会信用体系建设规划［EB/OL］. http://www.chinadevelopment.com.cn/fgw/2021/07/1737498.shtml.

［244］魏明生．中国共产党五十年来治理开发长江流域的历史进程和主要成就［J］．中共党史研究，2000（2）．

［245］中国经济网．打造四大科创平台，助力科技成果转移转化［EB/OL］．https://baijiahao.baidu.com/s?id=1708861005720113806&wfr=spider&for=pc，2021-08-23/2022-06-01.

［246］中国能源网．山西与十四省区市签订煤炭保供合同［EB/OL］．http://www.cnenergynews.cn/meitan/2021/10/14/detail_20211014108388.html,2021-10-14/2022-06-01.

［247］中华人民共和国国家发展和改革委员会．关于印发《支持宁夏建设黄河流域生态保护和高质量发展先行区实施方案》的通知［EB/OL］．https://www.ndrc.gov.cn/xwdt/tzgg/202204/t20220428_1323777.html?code=&state=123,2022-04-28/2022-06-17.

［248］中国新闻网．青海省市场主体8年增长超33万户［EB/OL］．http://www.chinanews.com.cn/cj/2022/02-10/9673114.shtml, 2022-02-10/2022-06-01.

［249］中华全国工商业联合会．甘肃：兰州市多举措精准支持服务民营企业鼓励民营企业放心大胆发展［EB/OL］．http://www.acfic.org.cn/gdgsl_362/gansu/gsfgdt/202106/t20210609_259419.html,2021-06-09/2022-06-01.

［250］中共中央办公厅 国务院办公厅印发《生态环境损害赔偿制度改革方案》［EB/OL］．http://www.gov.cn/zhengce/2017-12/17/content_5247952.htm,2017-12-17/2022-06-15.

［251］财政部 生态环境部水利部 国家林草局关于印发《支持引导黄河全流域建立横向生态补偿机制试点实施方案》的通知［EB/OL］．http://www.mof.gov.cn/gkml/caizhengwengao/202001wg/wg202006/202010/t20201014_3603617.htm,2020-10-14/2022-06-01.

［252］中华人民共和国国家发展和改革委员会．国家发展改革委关于进一步完善煤炭市场价格形成机制的通知［EB/OL］．https://www.ndrc.gov.cn/

xxgk/zcfb/tz/202202/t20220225_1317003_ext.html, 2022-02-25/2022-06-01.

[253]中华人民共和国国家发展和改革委员会.聚焦“互联网+监管”河南省推动“放管服”改革落地生效[EB/OL].https://www.ndrc.gov.cn/xwdt/ztzl/szhzxhbxd/zxal/202007/t20200713_ 1233621_ext.html,2020-07-13/2022-06-01.

[254]中华人民共和国农业农村部.农业农村部关于调整黄河禁渔期制度的通告[EB/OL]. http://www.moa.gov.cn/nybgb/2022/202203/202204/t20220401_6395107.htm, 2022-04-01/2022-06-17.

[255]中华人民共和国水利部.黄河水利委员会积极推动跨区域跨部门联合执法机制建设[EB/OL]. http://www.mwr.gov.cn/xw/sjzs/202111/t20211103_1550089.html,2021-11-03/2022-06-17.

[256]中共中央办公厅 国务院办公厅印发《关于建立健全生态产品价值实现机制的意见》[EB/OL]. http://www.gov.cn/zhengce/2021-04/26/content_5602763.htm,2021-04-26/2022-06-15.

[257]中共中央办公厅 国务院办公厅印发《生态环境损害赔偿制度改革试点方案》[EB/OL]. http://www.gov.cn/zhengce/2015-12/03/content_5019585.htm,2015-12-03/2022-06-01.

[258]国务院关于印发全国主体功能区规划的通知[EB/OL]. http://www.gov.cn/zhengce/content/2011-06/08/content_1441.htm,2021-10-21/2022-06-17.

[259]中共中央 国务院关于加快建设全国统一大市场的意见[EB/OL]. http://www.gov.cn/zhengce/2022-04/10/content_5684385.htm,2022-04-10/2022-06-01.

[260]中华人民共和国最高人民检察院.青海：发布服务生态文明高地建设典型案例[EB/OL]. https://www.spp.gov.cn/spp/dfjcdt/202206/t20220614_559823.shtml,2022-06-14/2022-06-15.

[261]人民资讯.中华文化保护传承弘扬的重要承载区[EB/OL].https://

baijiahao.baidu.com/s?id=1713093106227221325&wfr=spider&for=pc，2021-10-09/2022-06-04.

［262］中新经纬．国办：确保粮食种植面积不减少、产能有提升、产量不下降［EB/OL］. https://baijiahao.baidu.com/s?id=1683600090527557928&wfr=spider&for=pc,2020-11-17/2022-06-05.

［263］中央纪委国家监委网站．宁夏：出台意见规范政商交往行为［EB/OL］. https://www.ccdi.gov.cn/yaowen/202012/t20201217_232073.html,2020-12-18/2022-06-01.

［264］周刚炎．莱茵河流域管理的经验和启示［J］．水利水电快报，2007（5）.

［265］朱鹏．科学配置 精细调度 严格监管 黄河实现连续20年不断流［J］.人民黄河，2019，41（9）.

［266］陈明媚．珠江流域水污染治理的问题与对策［J］．人民珠江，2012，33（3）.

［267］刘中会．主动融入国家战略 全力推进黄河流域治理保护［J］．中国水利，2020（19）.

［268］左其亭，吴滨滨，张伟，等．跨界河流分水理论方法及黄河分水新方案计算［J］．资源科学，2020，42（1）.